工程训练

主　编　卢孔宝
副主编　卢巨星　陈建军　王梁华
参　编　钟建国　袁鸿斌　戚恩平　张玉芳
主　审　高永伟

机 械 工 业 出 版 社

本书是根据教育部机械基础课程教学委员会对高校工程训练教学的基本要求编写的。本书内容包括传统机械制造技术、先进加工技术、机械创新训练三大部分，涉及钳工加工、车削加工、铣削加工、焊接加工、铸造加工、数控加工、特种加工、3D打印技术、机械创新等，包括工程训练任务设置、安全操作规程、设备认知、基本操作、知识拓展、理论测试等。本书内容力求精简、图文并茂、指导性强、实用性强，易懂易上手，可快速掌握并能独立进行设备操作，并起到举一反三的效果。

本书适合作为普通本科院校、高职高专院校及中等职业技术学校工程训练或金工实训的教材或教学参考书，也适合作为机械制造行业技术人员的培训用书。

图书在版编目（CIP）数据

工程训练/卢孔宝主编. —北京：机械工业出版社，2022.9
ISBN 978-7-111-71459-0

Ⅰ.①工… Ⅱ.①卢… Ⅲ.①机械制造工艺-高等学校-教材
Ⅳ.①TH16

中国版本图书馆CIP数据核字（2022）第153798号

机械工业出版社（北京市百万庄大街22号 邮政编码100037）
策划编辑：李万宇 责任编辑：李万宇 杨 璇
责任校对：张晓蓉 王 延 封面设计：马精明
责任印制：郜 敏
三河市骏杰印刷有限公司印刷
2023年1月第1版第1次印刷
169mm×239mm · 19印张 · 349千字
标准书号：ISBN 978-7-111-71459-0
定价：59.00元

电话服务
客服电话：010-88361066
010-88379833
010-68326294

网络服务
机 工 官 网：www.cmpbook.com
机 工 官 博：weibo.com/cmp1952
金 书 网：www.golden-book.com
机工教育服务网：www.cmpedu.com

前 言

PREFACE

本书是为满足机械行业高素质、高技能人才培养的需求编写的，书中着重介绍机械加工中常见工种的技能训练与操作，图文结合，通俗易懂，以目前国内高等院校、职业技术院校及大多数生产企业中较为先进的设备为例进行讲解，由易到难，知识点充分，内容翔实，可作为高等院校、职业院校培养机械制造技能人才的教材，以及企业技术人员技能培训用书。

本书由浙江水利水电学院卢孔宝任主编，由慈溪技师学院卢巨星、萧山技师学院陈建军、萧山技术学院王梁华任副主编，浙江水利水电学院钟建国、杭州师范大学钱江学院袁鸿斌、慈溪技师学院戚恩平、萧山技师学院张玉芳参加编写。全书由卢孔宝进行统稿，其中第1、2章由陈建军、王梁华、张玉芳、卢孔宝编写，第3章由钟建国、卢孔宝编写，第4章由卢巨星、戚恩平编写，第5章由袁鸿斌、卢巨星编写，第6、7章由卢孔宝编写，第8章由钟建国、卢孔宝编写，第9章由卢孔宝编写。本书在编写过程中参考了相关设备的操作说明书，同时也参照了部分同行编写的书籍，编者在此对相关人员一并表示衷心的感谢。

本书适合作为普通本科院校、高职高专院校及中等职业技术学校工程训练或金工实训的教材或教学参考书，也适合作为机械制造行业技术人员的培训用书。

本书在编写过程中虽然力求完善并经过反复核对，但因编者水平有限，书中难免存在不足和疏忽之处，敬请广大读者批评指正，以便进一步修改。同时，也欢迎大家加强交流，共同进步，编者邮箱：hzlukb029@163.com。

编　者

目录

CONTENTS

第 1 篇　传统机械制造技术

第1章

钳工加工

1.1 钳工加工工艺

钳工是使用钳工工具或设备，主要从事工件的划线与加工、机器的装配与调试、设备的安装与维修及工具的制造与修理等工作的工种，应用于机械加工设备不方便或难以解决的场合。钳工的特点是以手工操作为主、灵活性强、工作范围广、技术要求高，操作者的技能水平直接影响产品质量。因此，钳工是机械制造业中不可缺少的工种。

伴随着科学技术的飞速发展，机械制造正在经历着从技艺型为主的传统制造技术向自动化、最优化、柔性化、绿色化、智能化、集成化和精密化方向发展的巨大变化过程。各种新工艺、新设备、新技术、新材料的大量出现与推广应用，客观上使钳工的工作范围越来越广泛，分工越来越细致，对钳工的技术水平也提出了更高的要求。

1.1.1 钳工概述

1. 钳工工作主要任务与内容

钳工主要是对各类零件进行加工、装配、修整。

（1）钳工工作主要任务

1）加工工件。一些采用机械加工设备不适宜或不能解决的加工，都可由钳工来完成，如工件加工过程中的划线、刮削、研磨、制作磨具以及检验和修配等。

2）装配。把零件按机械设备的装配技术要求进行组件、部件装配和总装配，并经过调整、检验和试车等，使之成为合格的机械设备。

3）设备维修。当机械设备在使用过程中产生故障、出现损坏或长期使用后精度降低影响使用时，也要由钳工进行维护和修理。

4）制造和修理。制造和修理各种工具、夹具、量具、模具及各种专用设备。

（2）钳工工作主要内容　作为钳工必须掌握本工种的各项基本操作技能，其工作主要内容有划线、錾削、锯削、锉削、孔加工、螺纹加工、矫正与弯形、铆接、刮削、研磨、机器装配调试、设备维修、测量和简单热处理等。

2. 钳工的种类

目前，我国“国家职业标准”将钳工划分为装配钳工、机械钳工和工具钳工三类。

1）装配钳工：主要从事工件加工、机械设备的装配和调整工作。

2）机械钳工：主要从事机械设备的安装、调试和维修工作。

3）工具钳工：主要从事工具、夹具、量具、辅具、模具、刀具的制造和修理工作。

尽管分工不同，但无论是哪类钳工，都应当掌握扎实的专业理论知识，具备精湛的操作技艺。

1.1.2　划线

1. 划线概述

划线是指在毛坯或工件上，用划线工具划出待加工部位的轮廓线或作为基准的点和线，这些点和线标明了工件某部分的形状、尺寸或特性，并确定了加工的尺寸界线。

划线分为平面划线和立体划线两种。只需要在工件的一个表面上划线即能明确表示加工界线的，称为平面划线。需要在工件的几个互成不同角度的表面上划线，才能明确表示加工界线的，称为立体划线。

2. 划线工具及使用方法

（1）钢直尺　钢直尺是一种简单的测量工具和划线的导向工具，其规格有30mm、150mm、500mm、1000mm 等几种。钢直尺的使用方法如图 1-1 所示。

（2）划线平台　划线平台是用铸铁毛坯精刨或刮削制成的，其用途是安放工件和划线工具，并在其工作面上完成划线及检测过程。

（3）划针　划针用来在工件上划线，由弹簧钢或高速钢制成，直径一般为3~5mm，长度为200~300mm，尖端磨成10°~20°的夹角，并经淬火使之硬化。划针如图 1-2 所示。

（4）90°角尺　90°角尺是钳工常用的工具，如图 1-3 所示，常用来划平行线或垂直线，也可用来找正工件在划线平台上的垂直位置。

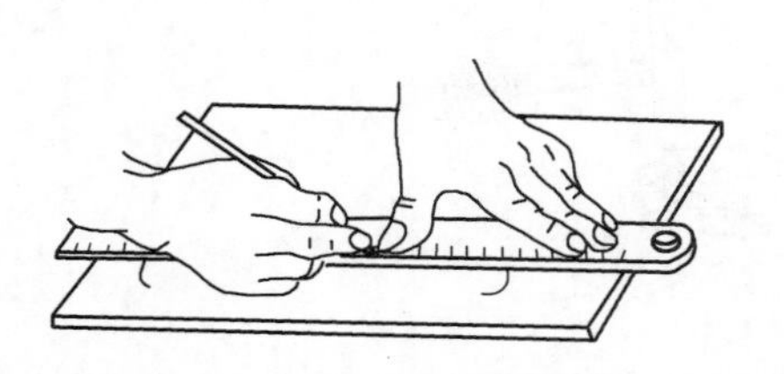

图 1-1　钢直尺的使用方法

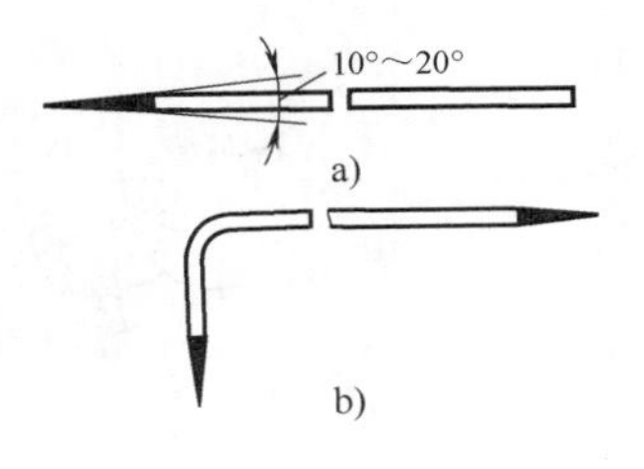

图 1-2　划针

a）直划针　b）弯头划针

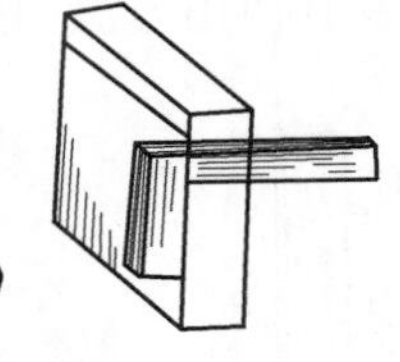

图 1-3　90°角尺及其使用

（5）划规　划规用来划圆和圆弧、等分线段、等分角度以及量取尺寸等。在滑杆上调整两个划规脚，即可得到所需尺寸。使用时，划规两脚的长短要磨得稍有不同，而且两脚合拢时脚尖能靠紧，这样才可划出尺寸较小的圆弧；划规的脚尖保持尖锐，以保证划出的线条清晰；用划规划圆时，作为旋转中心的一脚应加以较大的压力，另一脚则以较轻的压力在工件表面上划出圆或圆弧，以避免中心滑动，如图 1-4 所示。

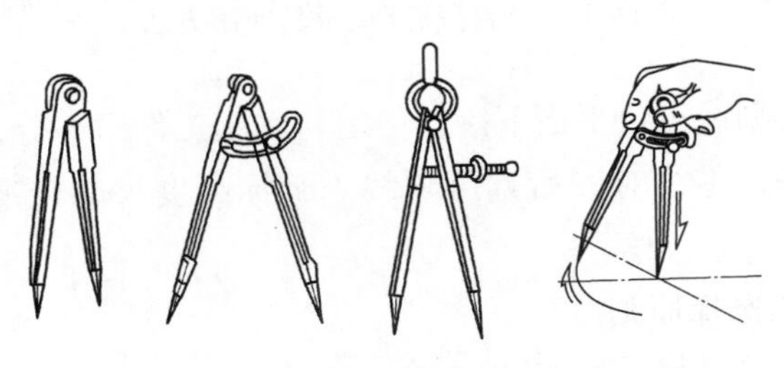

图 1-4　划规划圆

（6）样冲　样冲用于在工件所划加工线条上打样冲眼，作为加强界线标志或作为划圆弧和钻孔时的定位中心。开始打样冲眼时，样冲向外倾斜，使样冲尖端对正线的中部，然后直立样冲，用小锤子打击样冲顶部，如图 1-5 所示。对薄壁零件要轻敲，粗糙表面要重敲，精加工表面禁止打样冲眼。

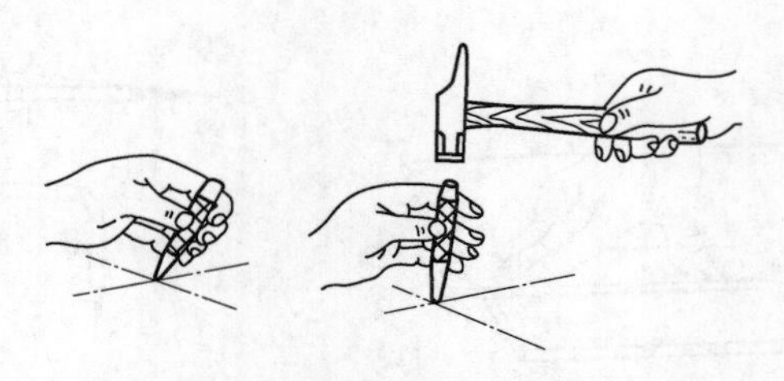

图 1-5　样冲的使用方法

（7）游标高度尺　游标高度尺是一种既能划线又能测量的工具。它附有划线脚，能直接表示出高度尺寸，其读数精度一般为 0.02mm，可作为精密划线工具。游标高度尺及其使用方法如图 1-6 所示。

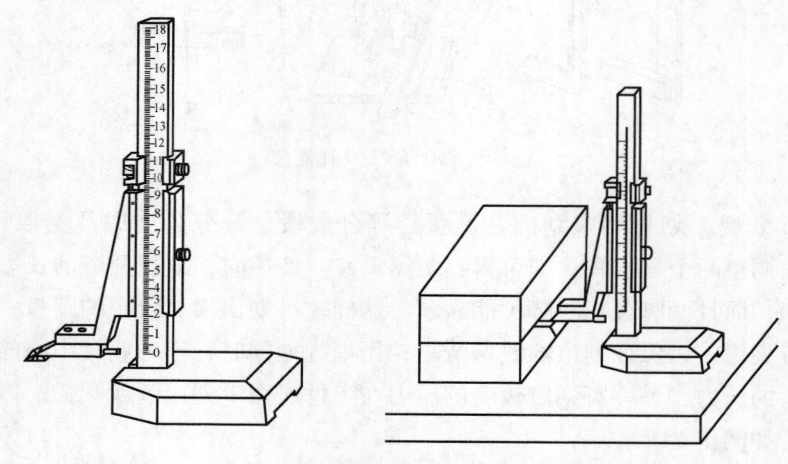

图 1-6　游标高度尺及其使用方法

使用前，应将划线刃口平面下落，使之与底座工作面平行，再看尺身零线与游标零线是否对齐，零线对齐后方可划线。游标高度尺的校准可在精密平板上进行。

3. 划线基准的选择原则

1）划线基准应尽量与设计基准重合。

2）对称零件或回转零件，应以对称中心或回转中心为基准。

3）在未加工的毛坯上划线，应以主要的非加工面作为基准。

4）在半成品件上划线，应以加工过的精度较高的表面作为基准。

1.1.3　锯削

用锯对材料或工件进行切断或切槽等加工方法称为锯削。锯削是一种粗加工，平面度一般可控制在 0.2mm 之内。它具有操作方便、简单、灵活的特点，应用较广。

1. 手锯的组成

手锯由锯弓和锯条构成，如图 1-7 所示。锯弓是用来安装锯条的，它有可调式和固定式两种。固定式锯弓只能安装一种长度的锯条；可调式锯弓通过调整可以安装几种长度的锯条，并且可调式锯弓的锯柄形状便于用力，所以目前被广泛使用。

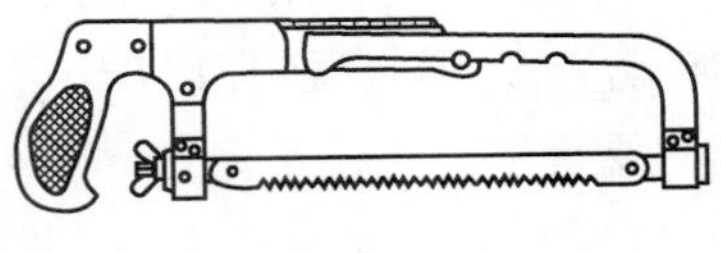

图 1-7　手锯

2. 锯条的正确选用

锯弓上所用的锯条主要是单面齿锯条。锯削时，锯入工件越深，缝道两边对锯条的摩擦阻力就越大，甚至会把锯条咬住。为了避免锯条在锯缝中被咬住，锯齿就做成几个向左，几个向右，形成波浪形（凹凸锯路）或折线形的锯齿排列，各个锯齿的作用相当于一排同样形状的錾子。锯削时，要切下较多的锯屑，因此锯齿间要有较大的容屑空间。齿距大的锯条容屑空间大，称为粗齿锯条；齿距小的锯条称为细齿锯条。一般来说，在 25mm 长度内有 14~18 个齿的锯条为粗齿锯条；在 25mm 长度内有 24~32 个齿的锯条为细齿锯条。锯条的粗细应根据所锯材料的硬度、厚薄来选择。

（1）锯削软材料或厚材料时应该选用粗齿锯条　锯削软材料时，锯条容易切入，锯屑厚而多；锯削厚材料时锯屑比较多，要求有较大的容屑空间容纳锯屑，因此锯削软材料或厚材料时应选用粗齿锯条，若使用细齿锯条则锯屑容易堵塞，只能锯得很慢，浪费工时，很不经济。

（2）锯削硬材料或薄材料时应该选用细齿锯条　锯削硬材料时，锯齿不易切入，锯削量少，就不需要很大的容屑空间，若使用粗齿锯条，则同时工作齿数少了，锯齿容易磨损。锯削薄材料时，若使用粗齿锯条，则锯削量往往集中在一、两个齿上，锯齿就会崩裂。锯削硬材料或薄材料时使用细齿锯条可避免以上情况。

一般锯削时至少要有三个齿同时工作，选择锯齿粗细，确定锯削方法时都要考虑到这点。

一般来说，粗齿锯条适用于锯削纯铜、青铜、铝、层压板、铸铁、低碳钢和中碳钢等；细齿锯条适用于锯削硬钢、各种管子薄板料、电缆、薄的角铁等。

3. 锯条材料

锯条一般用渗碳软钢冷轧而成，也有用碳素工具钢或合金钢制成的，并经热处理淬硬。

4. 锯削姿势及要领

1）握法。右手满握锯柄，左手轻扶在锯弓前端，手锯的握法如图 1-8 所示。

2）姿势。锯削时的站立位置和身体摆动姿势与锉削（见 1.1.4 节）基本相似，摆动要自然。

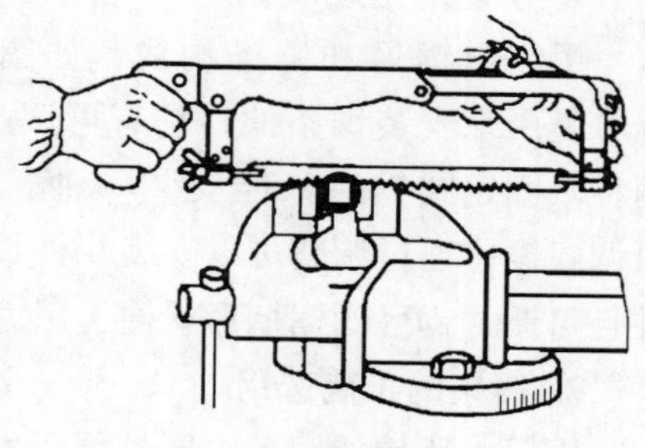
图 1-8　手锯的握法

3）压力。锯削运动时，推力和压力由右手控制，左手主要配合右手扶正锯弓，压力不要过大。手锯推出时为切削行程，应施加压力，返回行程不切削，不加压力做自然拉回。工件将断时压力要小。

4）运动和速度。锯削运动一般采用小幅度的上下摆动式运动，即手锯推出时，身体略向前倾，双手随着压向手锯的同时，左手上翘，右手下压，回程时右手上抬，左手自然跟回。对锯缝底面要求平直的锯削，必须采用直线运动。锯削运动的速度一般为 40 次/min 左右，锯削硬材料慢些，锯削软材料快些，同时，切削行程应保持速度均匀，返回行程的速度应相对快些。

5. 锯削操作方法

1）工件的夹持。工件一般应夹在台虎钳的左面，以便操作；工件伸出钳口不应过长（应使锯缝离开钳口侧面约 10mm 左右），以防止工件在锯削时产生振动；锯缝线要与钳口侧面保持平行（使锯缝线与铅垂线方向一致），便于控制锯缝不偏离划线线条；夹紧要牢靠，同时要避免将工件夹变形和夹坏已加工面。

2）锯条的安装。手锯是在前推时才起切削作用，因此锯条安装应使齿尖的方向朝前，如图 1-9a 所示。如果装反了，如图 1-9b 所示，则锯齿前角为负值，就不能正常锯削了。在调节锯条松紧时，翼形螺母不宜旋得太紧或太松：太紧时锯条受力太大，在锯削中用力稍有不当，就会折断；太松则锯削时锯条容易扭曲，也易折断，而且锯出的锯缝容易歪斜。锯条的松紧程度以用手扳动锯条，感觉硬实即可。锯条安装后，要保证锯条平面与锯弓中心平面平行，不得倾斜和扭曲，否则锯削时锯缝极易歪斜。

3）起锯方法。起锯是锯削工作的开始，起锯质量的好坏直接影响锯削质量。如果起锯不当，一是常出现锯条跳出锯缝将工件拉毛或引起锯齿崩裂；二是起锯后的锯缝与划线位置不一致，将使锯削尺寸出现较大偏差。起锯有远起锯（图 1-10a）和近起锯（图 1-10b）两种。起锯时，左手拇指靠住锯条，使锯条能

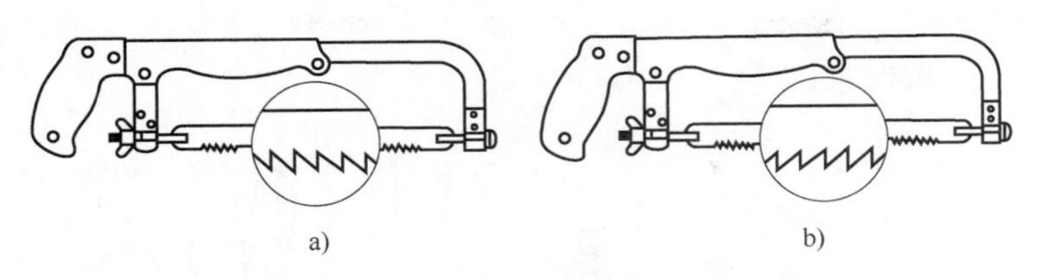

图 1-9　锯条的安装
a）正确　b）错误

正确地锯在所需要的位置上，行程要短，压力要小，速度要慢。起锯角大约在15°左右，如果起锯角太大，则起锯不易平稳，尤其是近起锯时锯齿会被工件棱边卡住引起崩裂。但起锯角不宜太小，否则由于锯齿与工件同时接触的齿数较多，不易切入材料，多次起锯往往容易发生偏离，将工件表面锯出许多锯痕，影响表面质量。

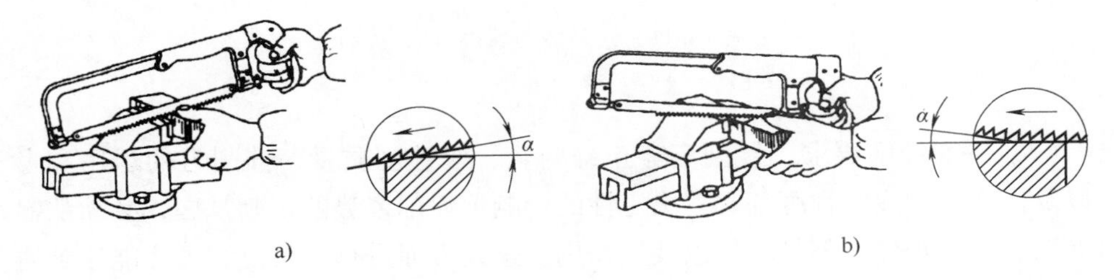

图 1-10　起锯的方法
a）远起锯　b）近起锯

一般情况下采用远起锯较好，因为远起锯锯齿是逐步切入材料，锯齿不易卡住，起锯也较方便。如果用近起锯而掌握不好，锯齿会被工件的棱边卡住，此时也可采用向后拉手锯做倒向起锯，使起锯时接触的齿数增加，再做推进起锯就不会被棱边卡住。起锯锯到槽深有 2～3mm，锯条已不会滑出槽外，左手拇指可离开锯条，扶正锯弓逐渐使锯痕向后（向前）成为水平，然后继续向下正常锯削。正常锯削时应使锯条的全部有效齿在每次行程中都参与切削。

1.1.4　锉削

用锉刀对工件表面进行切削加工，使其尺寸、形状、位置和表面粗糙度等都达到要求，这种加工方法称为锉削。锉削可以加工工件的内外平面、内外曲面、内外角、沟槽和各种复杂形状的表面。在现代工业生产条件下，仍有某些零件的加工，需要用手工锉削来完成，如装配过程中对个别零件的修整、修理，小批量生产条件下某些复杂形状的零件加工以及样板模具的加工等，所以锉削仍是钳工的一项重要的基本操作。

1. 锉削姿势

（1）锉刀柄的装拆方法（图 1-11）

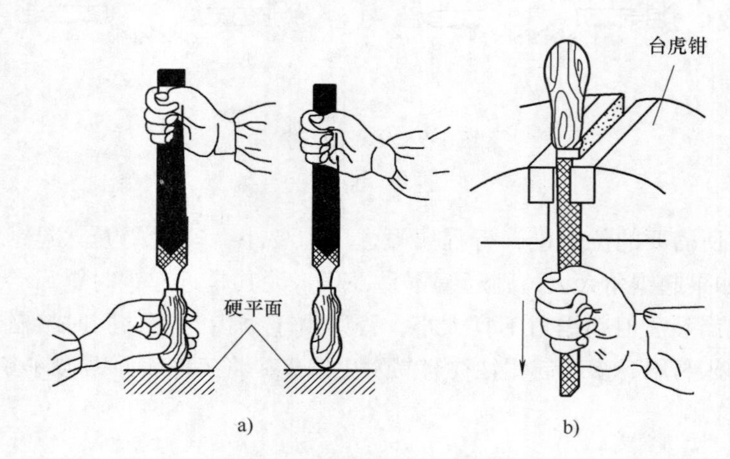

图 1-11　锉刀柄的装拆方法

a）装　b）拆

（2）平面锉削要求　锉削姿势正确与否，对锉削质量、锉削力的运用和发挥以及操作者的疲劳程度都起着决定性的影响。锉削姿势的正确掌握，必须从锉刀握法、站立步位、姿势动作以及操作用力这几方面进行，反复练习才能达到协调一致。

扁锉大于 250mm 的握法如图 1-12 所示。右手紧握锉刀柄，柄端抵在拇指根部的手掌上，大拇指放在锉刀柄上部，其余手指由下而上地握着锉刀柄。左手的基本握法是将拇指根部的肌肉压在锉刀头上，拇指自然伸直，其余四指弯向手心，用中指、无名指捏住锉刀前端。锉削时右手推动锉刀并决定推动方向，左手协同右手使锉刀保持平衡。

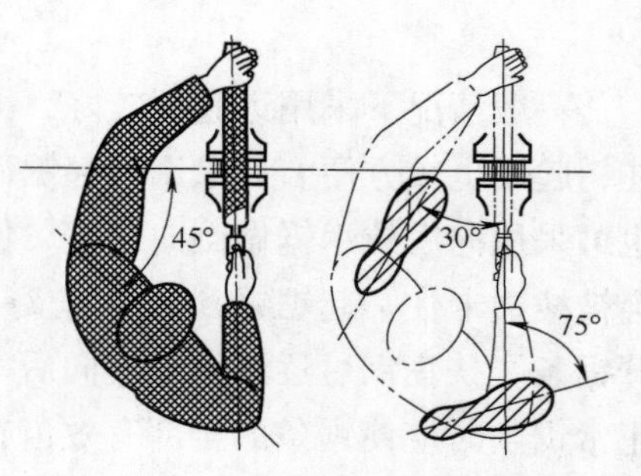

图 1-12　扁锉大于 250mm 的握法

锉削时的站立步位和姿势如图 1-13 所示。锉削动作如图 1-14 所示。两手握住锉刀放在工件上面，左臂弯曲，左小臂与工件锉削面的左右方向保持基本平行，右小臂要与工件锉削面的前后方向保持基本平行。锉削时，身体前倾时带着锉刀一起前行，右脚伸直并稍向前倾，重心在左脚，左膝部呈弯曲状态。当锉刀锉至约 3/4 行程时，身体停止前进，两臂则继续将锉刀推向前锉到头。同时，左脚自然伸直并随着锉削时的反作用力，将身体重心后移，使身体恢复原位，并顺势将锉刀收回。注意锉刀收回时，两手不应该加力，用右手顺势将锉刀收回。当锉刀收回将近结束，身体又开始先于锉刀前倾，做第二次锉削的向前运动。

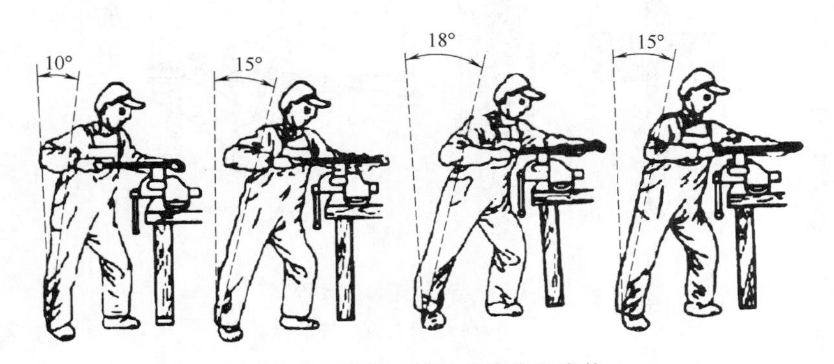

图 1-13　锉削时的站立步位和姿势

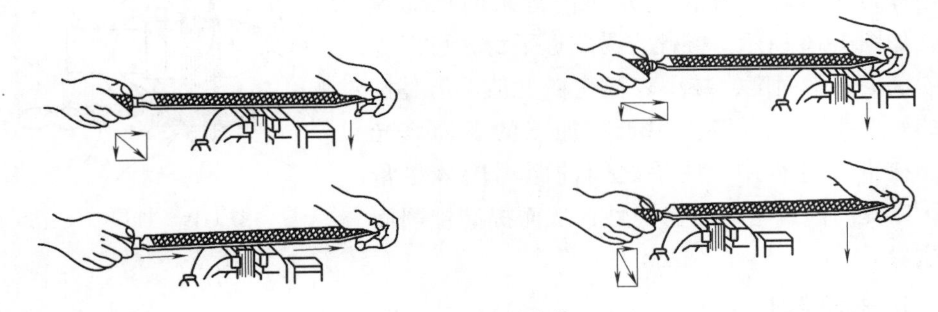

图 1-14　锉削动作

锉削时应注意两手的用力和锉削速度。要锉出平直的平面，必须使锉刀保持直线锉削运动。为此，锉削时右手的压力要随锉刀推动而逐渐增加，左手的压力要随锉刀推动而逐渐减小，始终将锉刀保持水平。回程时不加压力，以减少锉齿的磨损。锉削速度一般应在 40 次/min 左右，推出时稍慢，回程时稍快，动作要自然协调。

2. 平面的锉法

（1）顺向锉　锉刀运动方向与工件夹持方向始终一致，顺向锉如图 1-15a 所示。在锉宽平面时，为使整个加工表面能均匀地锉削，每次退回锉刀时应在横向做适当移动。顺向锉的锉纹整齐一致，比较美观，这是最基本的一种锉削方法。

（2）交叉锉　锉刀运动方向与工件夹持方向约成 30°角，且理纹交叉，交叉锉如图 1-15b 所示。由于锉刀与工件的接触面大，锉刀容易掌握平稳，同时，从锉痕上可以判断出锉削面的高低情况，便于不断地修正锉削部位。交叉锉一般适用于粗锉，精锉时必须采用顺向锉，使锉痕变直，纹理一致。

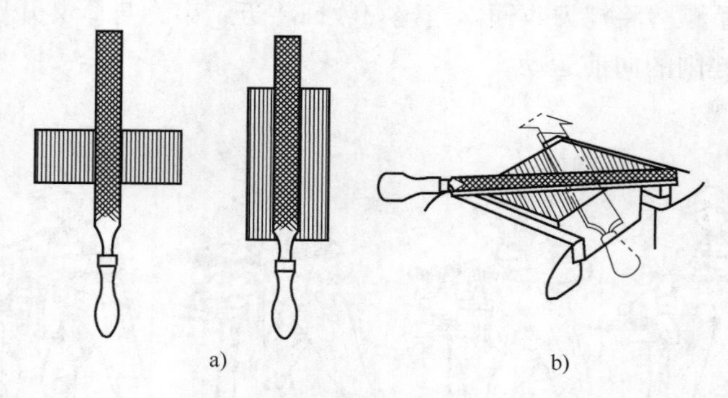

图 1-15 顺向锉和交叉锉
a）顺向锉 b）交叉锉

（3）推锉 锉削时，两手在工件两侧对称横握住锉刀，顺着工件长度方向进行来回推动锉削，如图 1-16 所示。推锉容易掌握平稳，可以提高锉削面的平面度，减小表面粗糙度值。但是推锉的效率很低，一般应用于精加工的表面修光等。在推锉过程中，两手之间的距离应该尽量小，以提高锉刀运动的稳定性，从而提高锉削面的质量。

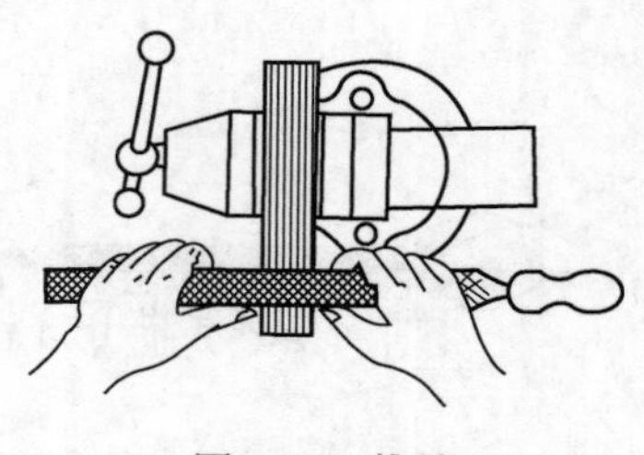

图 1-16 推锉

3. 曲面锉削

曲面锉削包括内、外圆柱面的锉削，内、外圆锥面的锉削，球面的锉削以及各种成形面的锉削等。

（1）锉削外圆弧面

1）顺向圆弧面锉。锉削时，锉刀向前，右手把锉刀柄部往下压，左手随着将锉刀的端部往上提，沿着圆弧面均匀切去一层，如图 1-17a 所示。顺向圆弧面锉适合于圆弧的精加工。

2）横向圆弧面锉。锉削时，锉刀做直线运动，并不断随圆弧面摆动，这种方法切削力比较大，如图 1-17b 所示。横向圆弧面锉效率比较高，适合于圆弧面的粗加工。

（2）锉削内圆弧面 锉削内圆弧面的锉刀可以选用圆锉或半圆锉（小圆弧半径）、小圆锉、方锉（大圆弧半径）。锉削时，锉刀同时完成 3 个动作：前进运动、随圆弧面向左或向右移动、绕锉刀中心线转动，如图 1-18 所示。

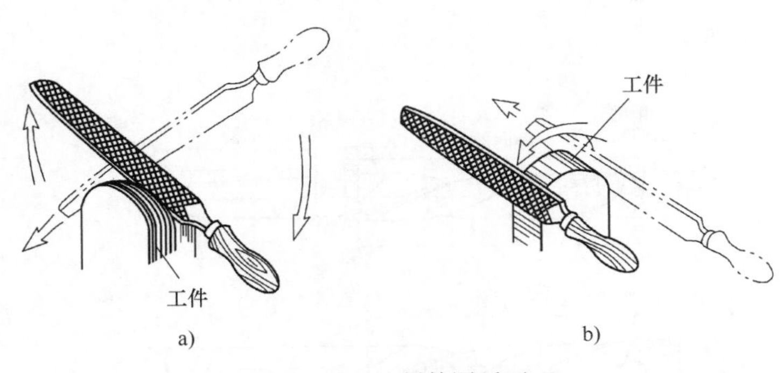

图 1-17　锉削外圆弧面
a）顺向圆弧面锉　b）横向圆弧面锉

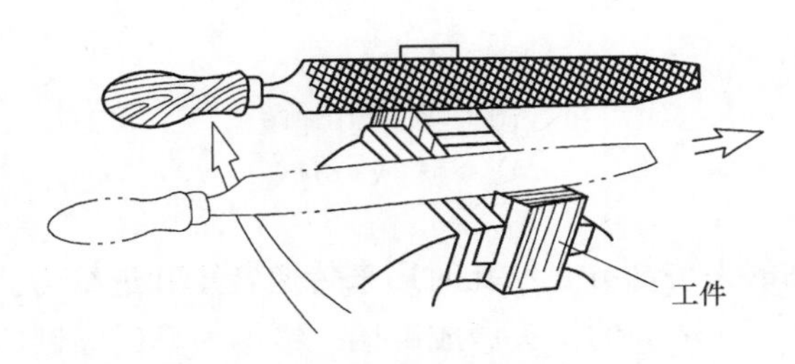

图 1-18　锉削内圆弧面

（3）曲面形状的线轮廓度检查方法　对于曲面形状的线轮廓度，锉削练习时可以用曲面样板进行检查，如图 1-19 所示。

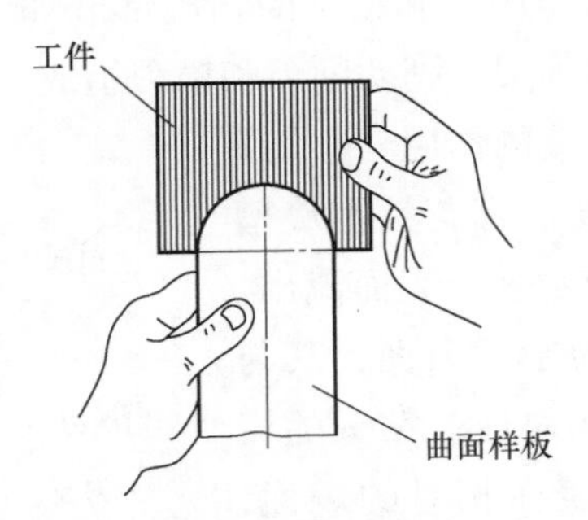

图 1-19　用曲面样板检查曲面形状的线轮廓度

1.1.5　孔加工

1. 钻孔

（1）钻头的形式和组成　钻头的种类较多，有扁钻、中心钻、麻花钻等，其中麻花钻是最常用的一种钻头。麻花钻一般是用高速钢（W18Cr4V 或 W9Cr4V2）制成，淬火后硬度为 62～68HRC。麻花钻由柄部、颈部和工作部分组成，如图 1-20 所示。

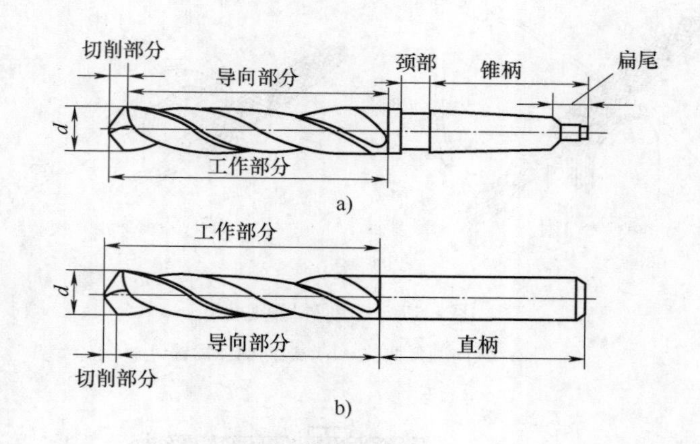

图 1-20　麻花钻
a）锥柄　b）直柄

柄部是麻花钻的夹持部分，钻孔时用来传递转矩和进给力。它有锥柄和直柄两种，一般直径小于 13mm 的钻头做成锥柄，锥柄为莫氏圆锥体。

颈部是工作部分与柄部之间的过渡部分，一般钻头的规格和标号刻注在颈部。

工作部分由切削部分和导向部分组成。切削部分是指两条螺旋槽形成的主切削刃及横刃，起主要切削作用。麻花钻的切削部分如图 1-21 所示，其几何形状由前刀面、后刀面、主切削刃、副切削刃和横刃组成。导向部分有两条对称的螺旋槽，起排屑和输送切削液的作用。

（2）钻头的切削角度　麻花钻螺旋槽表面称为前刀面，切屑沿着这个表面流出。切削部分顶端两曲面称为主后刀面，其与工件加工表面（孔底）相对应。钻头的棱边（刃带）是与已加工表面相对的表面，称为副后刀面。前刀面与主后刀面的交线是主切削刃，钻头上共有两条主切削刃。两个主后刀面的交线是横刃。前刀面与副后刀面的交线是副切削刃，也就是棱刃。所以钻头共有五条切削刃：两条主切削刃、一条横刃担负切削作用，两条副切削刃担负修光作用。

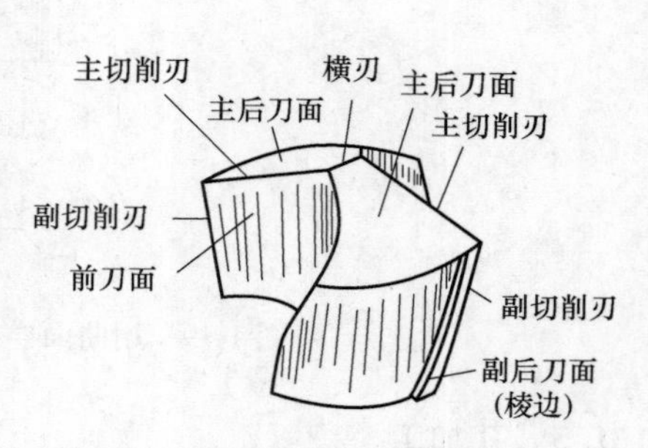

图 1-21　麻花钻的切削部分

钻头两主切削刃间夹角 2ϕ 称为顶角。顶角大，钻尖强度大，但钻削时进给力大。顶角小，进给力小，但钻尖瘦弱。一般钻硬材料顶角磨得大，钻软材料顶角磨得小，目前工具厂出品的标准钻头，顶角磨成 118°±2°。

钻头的螺旋槽一般都是右旋的（只有在自动机床上或特殊情况下才用左旋钻头）。副切削刃的切线和钻头中心线的夹角称为螺旋角。

麻花钻的切削角度如图 1-22 所示。

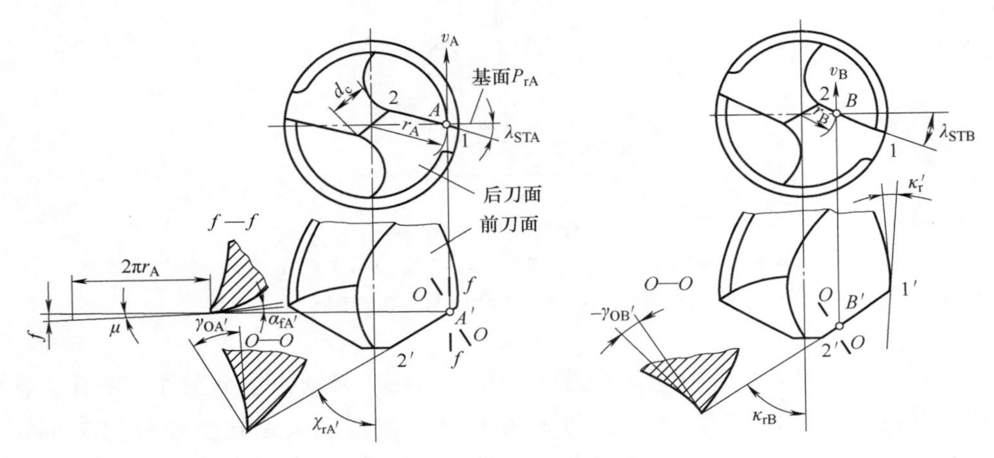

图 1-22　麻花钻的切削角度

2. 钻床

钳工经常使用的钻孔设备有台式钻床、立式钻床和摇臂钻床。

（1）台式钻床（简称为台钻）　台钻是一种小型钻床，如图 1-23 所示。它一般用来加工小型工件上直径不大于 12mm 的小孔。它由底座、工作台、电动机、立柱、传动变速机构等主要部件组成。它的传动变速机构是由电动机通过 V 带带动主轴旋转的，若改变 V 带在塔轮上的位置，就可以得到几种不同快慢的转速。松开螺钉可推动电动机前后移动，从而调节 V 带的松紧。这类台钻最低转速较高，不适用于锪孔和铰孔。操纵电器转换开关，能使电动机起动、正转、反转和停止。主轴的进给运动由手操作进给手柄控制，钻轴头架可在立柱上做上、下移动和绕立柱转动。调整时先松开头架锁紧手柄，转动调整手柄，利用齿轮、齿条装置使钻轴头架做上、下移动，待调好后再将其锁紧。工作台可在立柱上做上下升降，也可绕立柱转动到任意位置。较小工件可以放在工作台上钻孔；较大工件钻孔时，把工作台转开，直接放在台钻底座上钻孔。

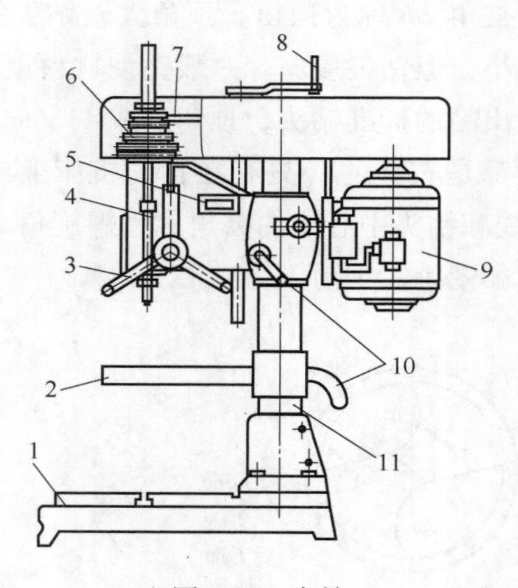

图 1-23　台钻

1—底座　2—工作台　3—进给手柄　4—主轴　5—开关　6—调速塔轮
7—V 带　8—调整手柄　9—电动机　10—锁紧手柄　11—立柱

（2）立式钻床　立式钻床简称为立钻，适用于钻削中小型工件上的孔。它有自动进给机构，切削量较大，生产率较高。它按最大钻孔直径分为 25mm、35mm、40mm、50mm 等几种。立钻主轴转速和进给量有较大的变动范围，能进行钻孔、铰孔和攻螺纹等。

立钻由底座、立柱、主轴变速箱、电动机、主轴箱、自动进给箱、进给手柄和工作台等主要部分组成，如图 1-24 所示。

（3）摇臂钻床　摇臂钻床适用于加工大型工件和多孔的工件，最大钻孔直径为 150mm，转速范围大，可用来进行钻孔、扩孔、铰孔及攻螺纹等多种加工。如图 1-25 所示，它由机座 1、工作台 6、主轴箱 3、立柱 2、摇臂 4 和主轴 5 等组成，摇臂能回转 360°，还可沿立柱上下升降，主轴箱能在摇臂上移动较大距离。在一个工件上加工多个孔时使用摇臂钻床比立钻方便得多，工件可不移动，只要调整摇臂和主轴箱的位置就可以对准钻孔中心。

3. 钻孔夹具

（1）钻头夹具　钻头夹具有钻夹头、锥柄钻套等。

1）用钻夹头装夹。钻夹头用来装夹直径小于 13mm 的圆直柄钻头。图 1-26a 所示为钻夹头和钥匙的外形。装夹时先将钻头的圆柱柄部塞入钻夹头的三卡爪内，其夹持长度不能小于 15mm，如图 1-26b 所示。然后用钻夹头钥匙旋转外套，使外套内环形螺母带动三卡爪移动夹紧钻头，如图 1-26c 所示。

图 1-24　立钻

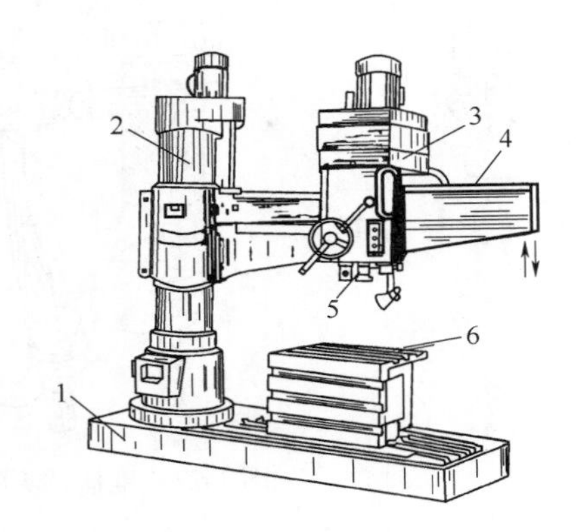

图 1-25　摇臂钻床

1—机座　2—立柱　3—主轴箱　4—摇臂
5—主轴　6—工作台

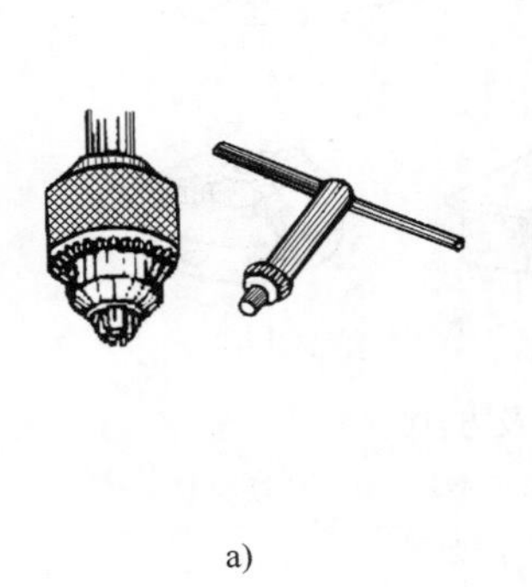

a)

b)

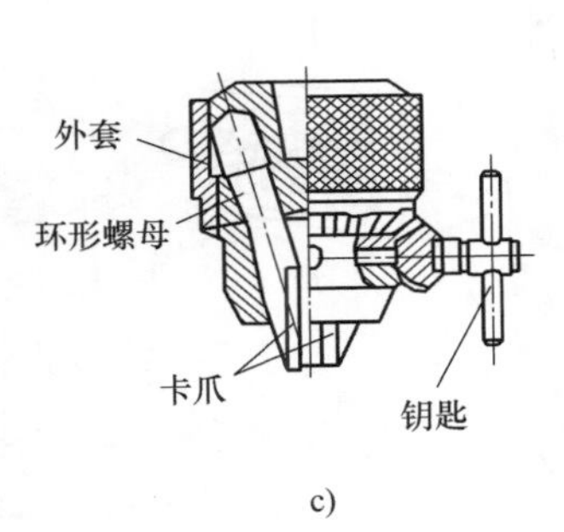

c)

图 1-26　用钻夹头装夹钻头

2）锥柄钻头的装拆。锥柄钻头用柄部的莫氏锥体直接与钻床主轴连接。连接时，必须将钻头锥柄及主轴锥孔擦干净，且使矩形扁尾与主轴上的腰形孔对准，利用加速冲力一次装接；拆卸时，将斜铁敲入钻床主轴上的腰形孔内，斜铁带圆弧的一边要向上与腰形孔接触，再用锤子敲击斜铁后端，利用斜铁斜面所产生的分力，使钻头与主轴分离，如图 1-27 所示。当钻头的锥柄小于主轴锥孔时，可加锥度套筒。

（2）工件夹具　钻孔时，根据工件不同的形状、钻削力以及钻孔直径的大小等情况，采用不同的装夹方法和选用不同夹具，以保证钻孔的质量和安全。常用的夹具有平口钳、V 形铁、螺旋压板、角铁、手虎钳和自定心卡盘等。工件的装夹夹具及方法如图 1-28 所示。

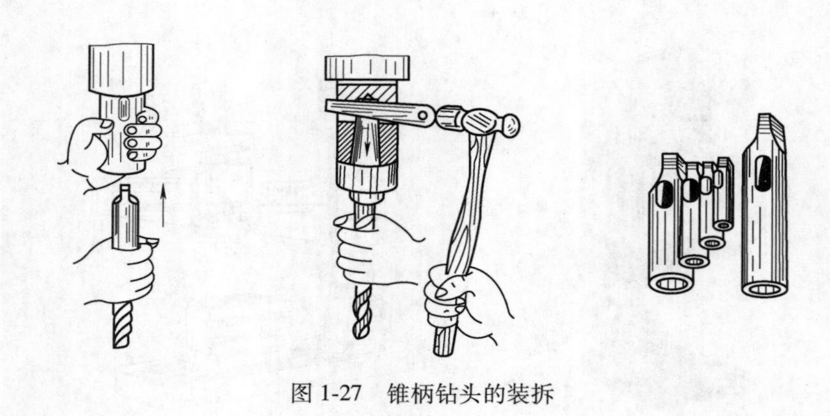

图 1-27　锥柄钻头的装拆

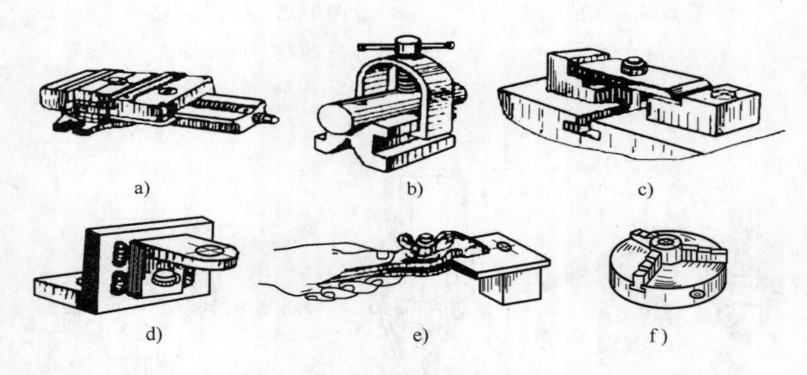

图 1-28　工件的装夹夹具及方法

a）平口钳夹具　b）V 形铁夹具　c）螺旋压板夹具　d）角铁夹具

e）手虎钳夹具　f）自定心卡盘

1）平口钳夹具。在平整的工件上钻孔直径大于 8mm 时用平口钳夹持。钻通孔时在工件下面垫一木块，平口钳用螺钉固定在钻床工作台面上，如图 1-28a 所示。

2）V 形铁夹具。在轴、钢管、套筒等圆柱形类工件上钻孔时，可将工件放在 V 形铁夹具中加工，如图 1-28b 所示。

3）螺旋压板夹具。用螺旋压板装夹较大的工件且钻孔直径在 10mm 以上，如图 1-28c 所示。

4）角铁夹具。用角铁装夹底面不平或加工基准在侧面的工件，如图 1-28d 所示。

5）手虎钳夹具。在小型工件或薄板件上钻 8mm 以下的小孔。当工件基面比较平整时，可以用手虎钳夹持工件进行钻孔，如图 1-28e 所示。

6）自定心卡盘。用自定心卡盘装夹圆柱工件在其端面钻孔，如图1-28f所示。

1.1.6 攻螺纹和套螺纹

用丝锥加工工件内螺纹的操作称为攻螺纹，用板牙加工工件外螺纹的操作称为套螺纹。目前，常见的螺纹是普通螺纹。普通螺纹的主要尺寸有大径、小径。大径是螺纹的最大直径，即螺纹的公称直径。

1. 攻螺纹

（1）丝锥与铰杠　丝锥是加工内螺纹的工具，一般用工具钢或高速钢经过淬火硬化而成，主要由切削部分、校准部分和颈部组成，如图1-29所示。按加工螺纹的种类不同有：普通螺纹丝锥，其中M6～M24的丝锥为二只一套，小于M6和大于M24的丝锥为三只一套；55°非密封管螺纹丝锥，为二只一套；55°密封管螺纹丝锥，大小尺寸均为单只。按加工方法分为机用丝锥和手用丝锥。

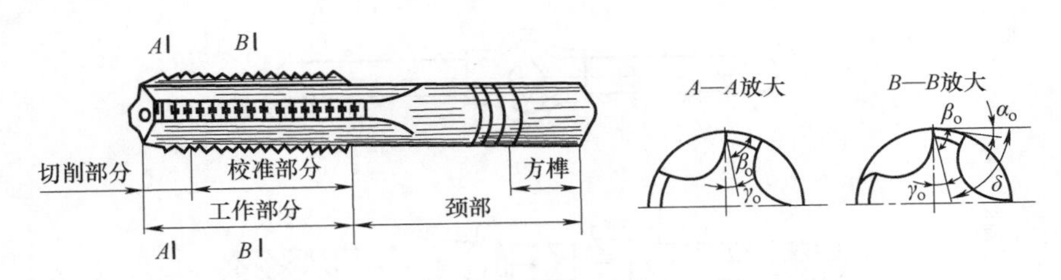

图1-29　丝锥

铰杠是用来夹持丝锥的工具，有丁字铰杠（图1-30）和普通铰杠（图1-31），各类铰杠又可分为固定式铰杠和活动式铰杠两种。

丁字铰杠主要用于攻工件凸台旁的螺纹或机体内部的螺纹。固定式铰杠常用于攻M5以下的螺纹；活动式铰杠可以调节夹持孔尺寸，夹持不同大小的丝锥，缺点是在使用中容易滑脱。

（2）攻螺纹前确定底孔直径　确定底孔直径的大小要根据工件的材料性质、螺纹直径的大小来考虑，其方法可查机械加工类手册或用下列经验公式计算选取。

1）米制螺纹底孔直径的经验计算公式。

脆性材料：　$D_{底}=D-1.05P$

韧性材料：　$D_{底}=D-P$

式中，$D_{底}$是底孔直径（mm）；D是螺纹大径（mm）；P是螺距（mm）。

例：分别在中碳钢和铸铁上攻M12×1.5的螺纹，求各自的底孔直径。

中碳钢属于韧性材料，底孔直径为

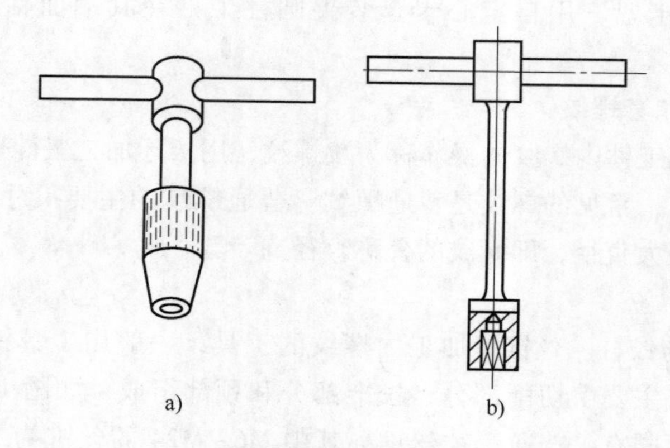

图 1-30　丁字铰杠

a）活动丁字铰杠　b）固定丁字铰杠

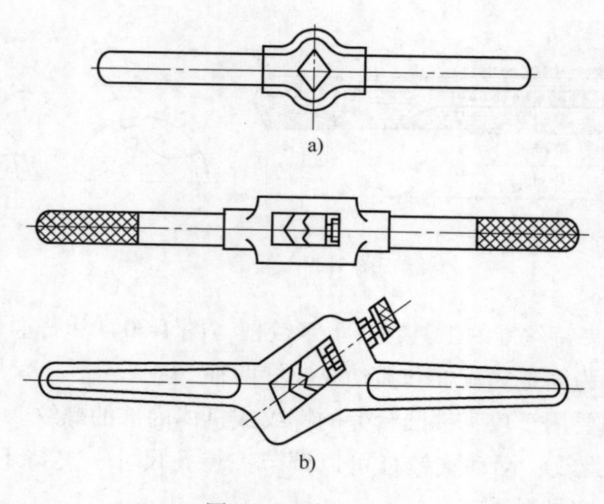

图 1-31　普通铰杠

a）固定铰杠　b）活动铰杠

$$D_{底}=D-P=12\text{mm}-1.5\text{mm}=10.5\text{mm}$$

铸铁属于脆性材料，底孔直径为

$$D_{底}=D-1.05P=12\text{mm}-1.05\times1.5\text{mm}=10.4\text{mm}$$

所以，攻同样的螺纹，材料不同，底孔直径不同。

2）英制螺纹底孔直径的经验计算式。

脆性材料：　$D_{底}=25(D-1/n)$

韧性材料：　$D_{底}=25(D-1/n)+(0.2\sim0.3)$

式中，$D_{底}$ 是底孔直径（mm）；D 是螺纹大径（in）；n 是每英寸牙数。

（3）不通孔螺纹的钻孔深度　钻不通孔螺纹的底孔时，由于丝锥的切削部分不能攻出完整的螺纹，所以钻孔深度至少要等于需要的螺纹深度加上切削部分的长度。这段增加的长度大约等于螺纹大径的0.7倍，即

$$L=Z+0.7D$$

式中，L 是钻孔深度（mm）；Z 是需要的螺纹深度（mm）；D 是螺纹大径（mm）。

（4）攻螺纹方法

1）划线。计算底孔直径，然后选择合适的钻头钻出底孔。

2）倒角。在螺纹底孔的孔口倒角，通孔螺纹两端都要倒角，倒角处直径可略大于螺孔大径，这样可使丝锥开始切削时容易切入，并可防止孔口出现挤压出的凸边。

3）两种方法起攻：起攻时，可用手掌按住铰杠中部，沿丝锥轴线用力加压，另一手配合做顺向旋进；两手握住铰杠两端均匀施加压力，并将丝锥顺向旋进，如图1-32所示。应保证丝锥中心线与孔中心线重合，不使其歪斜。在丝锥攻入1~2圈后，应及时从前后、左右两个方向用90°角尺进行检查，如图1-33所示，并不断校正至符合要求。

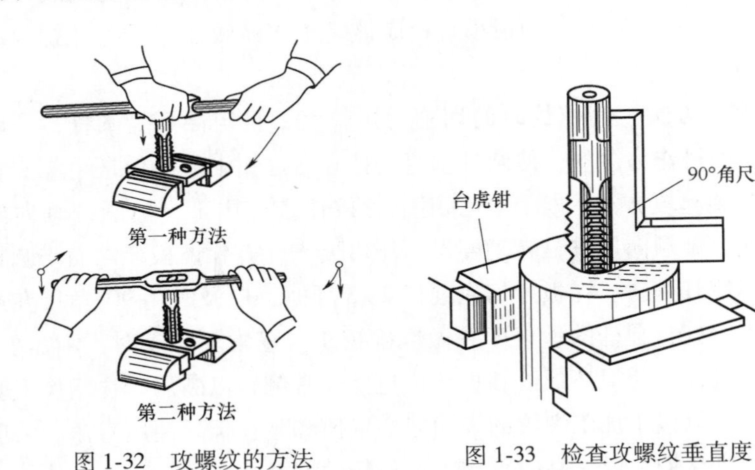

图1-32　攻螺纹的方法　　图1-33　检查攻螺纹垂直度

当丝锥的切削部分全部进入工件时，不需要再施加压力，而是靠丝锥做自然旋进切削。此时，两手旋转用力要均匀，一般顺时针转2圈，就需要倒转1/4~1/2圈，使切屑碎断从而容易排除，避免因切屑阻塞而使丝锥卡住。

2. 套螺纹

（1）圆板牙与铰杠（板牙架）　板牙是加工外螺纹的工具。常用的圆板牙如

图 1-34 所示，其外圆中的两个锥坑的轴线与板牙直径方向一致，借助铰杠两个相应位置的紧固螺钉顶紧后，用于在套螺纹时传递转矩，如图 1-35 所示。

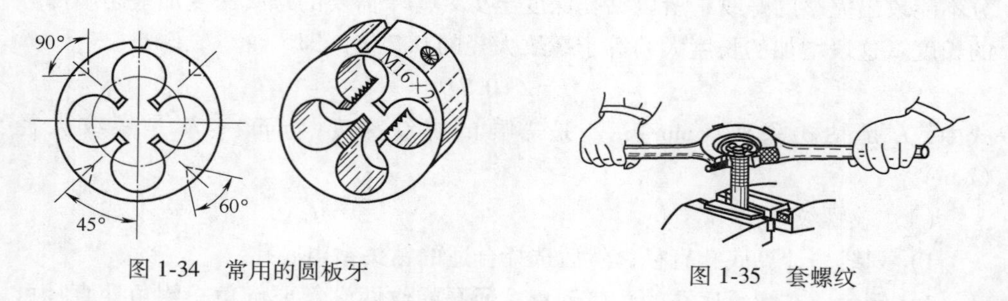

图 1-34　常用的圆板牙

图 1-35　套螺纹

套螺纹切削过程中也有挤压作用，因此，圆杆直径要小于螺纹大径，可用下列经验计算式确定。

$$d_{杆}=d-0.13P$$

式中，$d_{杆}$ 是圆杆直径（mm）；d 是螺纹大径（mm）；P 是螺距（mm）。

例：在铸铁杆上套 M12×1.5 的螺纹，求圆杆直径。

$$d_{杆}=d-0.13P=12\text{mm}-0.13\times1.5\text{mm}=11.8\text{mm}$$

为了使板牙起套时容易切入工件并做正确引导，圆杆端部要倒成锥半角为 15°~20°的锥体倒角，其倒角的最小直径应该略小于螺纹小径，避免螺纹端部出现锋口和卷边。

（2）套螺纹方法　套螺纹时的切削力矩较大，且工件都为圆杆，一般要用 V 形夹块或厚铜衬作为衬垫，使圆杆垂直夹持在台虎钳上才能保证可靠夹紧。起套方法与攻螺纹起攻方法一样，一手用手掌按住铰杠中部，沿圆杆轴向施加压力，另一手配合做顺向切进，转动要慢，压力要大，并保证板牙端面与圆杆轴线的垂直度，不使其歪斜。在板牙切入圆杆 2~3 牙时，应及时用 90°角尺在最少两个方向上检查铰杠与圆杆的垂直度并做准确校正。正常套螺纹时，不需要加压，让板牙自然引进，以免损坏螺纹和板牙，也要经常倒转以断屑。在钢件上套螺纹时要加切削液，以减小加工螺纹的表面粗糙度值和延长板牙使用寿命。一般可用机油或较浓的乳化液，要求高时可用工业植物油。

1.2　钳工加工技能训练

1.2.1　安全操作规程

1）要求学生在实习中必须认真观察、模仿实习指导教师的示范操作，并进行反复练习，达到掌握各项操作技能的目的，按时保质、保量完成训练课题。

2）严格遵守安全生产“十不准”要求，不迟到、不早退，更不能旷课。

3）强调安全意识，严格遵守钳工实习安全操作规程，严格执行实习场所安全生产“十不准”要求，工作前按要求穿戴好防护用品（如穿工作服、戴工作帽）。

4）全体学生必须穿着统一的实习制服，纽扣必须扣好三颗以上，同时扣好袖口，女生必须戴好工作帽，不得穿拖鞋、凉鞋。

5）台式钻床和砂轮机使用时要特别注意，严禁戴手套操作机床。使用电动工具时，要有绝缘防护和安全接地措施。使用砂轮机时，要戴好防护眼镜。

6）要用刷子清理铁屑，不要用棉纱擦或用嘴吹，更不允许用手直接去清除铁屑。

7）在钳工工作台上工作时，工具、量具要排列整齐、安放平稳、保证安全、便于取放。量具不能与工具或工件混放在一起，应放在量具盒内。右手取用的工具放在右边，左手取用的工具放在左边，严禁乱堆乱放。

8）工具、量具用完后，要清理干净，整齐地放入工具箱内，不应任意堆放，以免取用不便，甚至造成损坏。

9）按“3Q7S”现场管理要求，在实习中要做到钳桌等附件按统一要求整理，工量具摆放有序，台虎钳检查处于完好情况并在运动部件处上油润滑，台式钻床、砂轮机进行一级保养，地面整洁。“3Q”是指“优秀的教师（Quality Teachers）”“优美的学校（Quality School）”“优质的学生（Quality Students）”；“7S”是指“整理（Seiri）、整顿（Seiton）、清扫（Seiso）、清洁（Seiketsu）、素养（Shitsuke）、安全（Safety）和节约（Save）”。

其中，安全生产“十不准”是指：

- 不准穿拖鞋、沙滩短裤、背心参加实训；
- 不准无故迟到、早退、旷课；
- 不准在实训室打闹；
- 不准在实训室吃早餐；
- 不准违规操作；
- 不准将工具、量具带出实训室；
- 不准乱丢、乱放工具、量具；
- 不准损坏安全设施；
- 不准代替他人制作；
- 不准在钻孔时戴手套。

1.2.2 训练任务

1. 相关工艺知识

“制作錾口榔头”是典型的钳工实训复合课题，主要锻炼学生识图、下毛坯料、划线、锯削、锉削、钻床的使用、钻孔及相关量具的使用等基本操作能力。通过练习，初步掌握钳工手工基本操作技能，达到錾口榔头尺寸和几何公差基本正确，纹理整齐、表面光洁；了解锉腰形孔及连接内外圆弧的方法，达到连接圆滑，同时也提高对各种零件加工工艺的分析能力，养成良好的文明生产习惯。

2. 熟悉图样、分析工艺

钳工加工技能训练首要任务是识读零件图，只有看懂图样，了解图形，明确要求，才能根据具体要求制定加工步骤和加工工艺，以确保加工出来的工件达到图样的要求（毛坯尺寸 25mm×25mm×120mm）。

本训练是加工一个錾口榔头，要求制作后錾口榔头四边都相互垂直，垂直度达到 0.06mm；上平面与斜面用凹凸两个圆弧光滑连接；錾口榔头中部开有装木柄的腰形孔；头部要求 *C*2 倒角；其他尺寸精度和几何公差要求如图 1-36 所示。相关工艺分析如下。

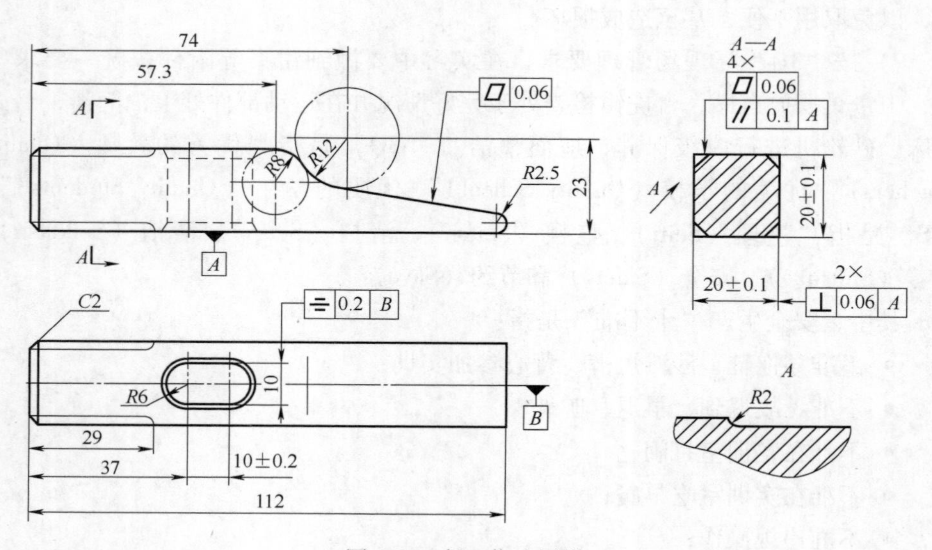

图 1-36 錾口榔头图样

1）钻腰形孔时，为了防止钻孔位置偏斜、孔径扩大，造成加工余量不足。钻孔时可先用 ϕ7mm 钻头钻底孔，做必要修整后，再用 ϕ9.7mm 钻头扩孔。

2）锉腰形孔时，先锉两侧平面，保证对称度，再锉两端圆弧面。锉平面时要控制好锉刀的横向移动，防止锉坏两端孔面。

3）锉倒角时，工件装夹位置要正确，防止工件夹伤。锉 $C2$ 倒角时，平锉横向移动时要防止锉坏圆弧面，造成圆弧塌角。

4）加工 $R12$mm 与 $R8$mm 内外圆弧面时，横向必须与侧面垂直，才能保证连接正确、外形美观。

5）砂布应放在锉刀上对加工面进行打光，防止造成棱边圆角，影响美观。

3. 钳工加工项目评分表

操作完成后根据评分表进行评分，再递交组长复评，最后递交指导教师终评。钳工加工项目评分表见表 1-1。

表 1-1 钳工加工项目评分表

零件编号： 姓名： 学号： 总分：

序号	鉴定项目及标准		配分	自己检测	组长检测	指导教师检测	指导教师评分
1	知识（25分）	图样识读	8				
		工艺编制	8				
		划线	3				
		锉刀选择	3				
		钻头选取	3				
2	技能（65分）	⏥ 0.06 共5处	10				
		// 0.1 A	6				
		⊥ 0.06 A 共2处	8				
		⌯ 0.2 B	6				
		10mm±0.2mm	5				
		$C2$ 共8处	5				
		$R12$mm 与 $R8$mm 圆弧连接圆滑	7				
		$R2.5$mm 圆弧面圆滑	7				
		$R2$mm 内圆弧连接圆滑	6				
		纹理齐正	5				
3	素养（10分）	工、量、器具摆放和操作习惯等	10				
		合计	100				

操作者签字： 组长签字： 指导教师签字：

1.2.3 技能训练

1. 技能训练步骤

1）检查毛坯尺寸。

2）按图样要求，先加工外形尺寸 20mm×20mm，留出精锉余量。

3）锉削一端面，达到垂直、平直等要求。

4）按图样要求划出錾口榔头外形加工线（两面须同时划线）、腰形孔加工线、倒角线等。

5）用 ϕ7mm 钻头钻底孔，做必要修整后，再用 ϕ9.7mm 钻头钻腰形孔，用锯条去除腰形孔余料。

6）粗、精锉腰形孔，达到图样要求。

7）锉 *C*2 倒角。先用小圆锉粗锉 *R*2mm 圆弧，然后用平锉粗、细锉倒角面，再用小圆锉精锉 *R*2mm 圆弧，最后用推锉修整到图样要求。

8）粗、精锉端部 *C*2 倒角。

9）锯去舌部斜面，粗锉舌部、*R*12mm 内圆弧面、*R*8mm 外圆弧面，留出精锉余量。

10）精锉舌部斜面，再用半圆锉精锉 *R*12mm 内圆弧面、用小平锉精锉 *R*8mm 外圆弧面，最后用细平锉、半圆锉进行推锉修整，达到连接圆滑、光洁、纹理整齐。

11）粗、精锉 *R*2.5mm 圆头，大致保证錾口榔头长 112mm。

12）用砂布将各加工面打光，检测。

2. 注意事项

1）实训初期要强调站立姿势与运锉的动作姿势规范要求。对于不正确的姿势及动作要及时纠正。

2）加工前，对坯料进行全面检查，了解坯料的误差情况。

3）加工时要严格按照锉削直角面顺序进行锉削加工。强调先基准面后其他面；先大面后小面；先长加工面后短加工面；先位置公差（垂直度）后形状公差（平面度），最后表面粗糙度值。

4）使用刀口角尺测量时，手一定要拿在刀口角尺的尺座端部，压力不要太大，动作要轻、自然，不可斜放，一定要使尺座基面贴紧工件表面，然后从上逐步轻轻地向下移动，使角尺的尺瞄与工件轻轻地接触，接触后，角尺就不能再往下移，以免测量不准。尺瞄不得在工件上拖动，以免磨损而影响角尺本身的精度。

5）测量时眼光平视，观察其透光情况，以此来判断工件被测面与其基准面是否垂直。检查时，角尺不能斜放，否则会使检查结果不正确。

6）使用刀口角尺测量前要养成去毛刺的习惯。

7）工、量具不能混放，要求摆放合理、有序，取用方便。

8）实习结束时，量具要擦拭干净以免生锈，然后小心放入盒内；工具放入工具箱，同时做好台虎钳及钳桌清洁工作。

1.3 知识拓展

用研具和研磨剂，从工件上研去一层极薄表面层的精加工方法称为研磨。经研磨后的表面粗糙度 Ra 值为0.8~0.05μm。研磨有手工操作和机械操作两种。

1. 研具及研磨剂

（1）研具　研具的形状与被研磨表面一样，如平面研磨，则研具为一平块。研具材料的硬度一般都要比被研磨工件材料的硬度低，但也不能太低，否则磨料会全部嵌进研具而失去研磨作用。灰铸铁是常用研具的材料（低碳钢和铜也可用）。

（2）研磨剂　研磨剂是由磨料和研磨液调和而成的混合剂。

1）磨料。磨料在研磨中起切削作用。常用的磨料有：刚玉类磨料——用于碳素工具钢、合金工具钢、高速钢和铸铁等工件的研磨；碳化硅磨料——用于研磨硬质合金、陶瓷等高硬度工件，也可用于研磨钢件；金刚石磨料——它的硬度高，使用效果好但价格昂贵。

2）研磨液。它在研磨中起调和磨料、冷却和润滑作用。常用的研磨液有煤油、汽油、工业用甘油和熟猪油。

2. 平面研磨

平面研磨一般是在平面非常平整的平板上进行的。粗研常用平面上制槽的平板，这样可以把多余的研磨剂刮去，保证工件研磨表面与平板均匀接触；同时可使研磨时的热量从沟槽中散去。精研时，为了获得较小的表面粗糙度值，应在光滑的平板上进行。

研磨时要使工件表面各处都受到均匀切削，手工研磨时合理的运动对提高研磨效率、工件表面质量和研具的使用寿命都有直接影响。手工研磨时一般采用直线、螺旋形、8字形等几种方式。8字形研磨方式常用于研磨小平面工件。

研磨前，应先做好平板表面的清洗工作，加上适当的研磨剂，把工件需研磨表面合在平板表面上，采用适当的运动轨迹进行研磨。研磨中的压力和速度要适当，一般在粗研磨或研磨硬度较小工件时，可用大的压力，较慢速度进行；而在精研磨或对大工件研磨时，就用小的压力，较快速度进行。

1.4 钳工加工理论测试卷

一、填空题

1. 钳工的特点是（　　　　）、工作范围广、技术要求高，操作者的技能水平直接影响产品质量。

2. 用丝锥加工工件内螺纹的操作（　　　　）。

3. 机械传动机构包括链传动机构、（　　　）传动机构和带传动机构。

4. （　　　　）主要用在攻工件凸台旁的螺纹或机体内部的螺纹。

5. 机械加工工艺规程常用的工艺文件有（　　　　）和工序卡片。

6. （　　　　）对锉削质量、锉削力的运用和发挥以及操作者的疲劳程度都起着决定影响。

7. （　　　　）用来划圆和圆弧、等分线段、等分角度以及量取尺寸等。

8. 机床夹具的组成：定位元件及定位装置、（　　　　）、导向元件、夹具体、其他元件及装置。

9. （　　　　）是逐步切入材料，锯齿不易卡住，起锯也较方便。

10. 锯削运动的速度一般为（　　　　）左右，锯削硬材料慢些，锯削软材料快些。

二、选择题

1. 在工件上钻小孔时钻头工作部分折断，可能因为（　　）。

A. 转速较低　　B. 进给量较大　　C. 进给量过小　　D. 孔较浅

2. 粗齿锉刀的加工精度在（　　）mm 范围。

A. 0.01~0.05　　B. 0.05~0.2

C. 0.2~0.5　　D. 0.005~0.01

3. 麻花钻的顶角角度是（　　）。

A. 118±2°　　B. 90±2°

C. 130±2°　　D. 任意角度均可

4. 锯条分为粗齿锯条和细齿锯条，一般情况下细齿锯条在 25mm 长度内有（　　）个齿。

A. 18±2　　B. 35~42　　C. 24~32　　D. 20~22

5. 拆卸精度较高的零件时，采用（　　）。

A. 击卸法　　B. 拉拔法　　C. 破坏法　　D. 加温法

三、判断题

1. 千分尺的测量面应保持干净，使用前应校对零位。(　　)

2. 圆锉刀和方锉刀的尺寸规格都是以锉身长度表示的。(　　)

3. 起锯有近起锯和远起锯两种，为避免锯条卡住或崩裂，应尽量选用近起锯。(　　)

4. 锉削时两手用力要均匀，回程时可以施加压力，以减少锉齿的磨损。(　　)

5. 锯削时姿势要正确，压力和速度要适当，一般锯削速度为 40 次/min 左右。(　　)

四、简答题

1. 简述钳工实训安全操作规程。

2. 简述塑性材料、脆性材料锯削的注意事项。

3. 简述台式钻床与摇臂钻床的优缺点及适用场所。

4. 简述攻米制螺纹和英制螺纹的主要区别。

第2章

车 削 加 工

2.1 车削加工工艺

2.1.1 车削概述

车削加工是在车床上利用工件的旋转运动和刀具的移动来改变毛坯形状和尺寸，将其加工成所需零件的一种切削加工方法。其中，工件的旋转为主运动，刀具的移动为进给运动，如图 2-1 所示。

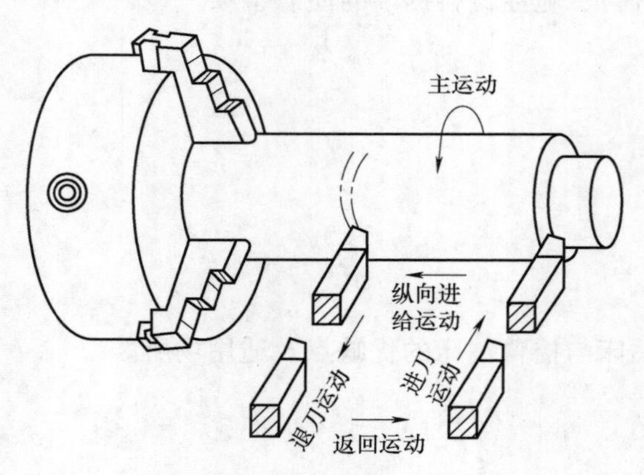

图 2-1 车削原理

卧式车床通用性强，加工范围广，适用于加工各种轴类、套筒类和盘类工件上的回转表面，如车削内外圆柱面、圆锥面、环槽及成形回转表面，加工端面及加工各种常用的米制、英制、模数制和径节制螺纹，还能进行钻孔、铰孔、滚花等工作，如图 2-2 所示。加工的尺寸公差等级为 IT11~IT6 级，表面粗糙度 *Ra* 值为 12.5~0.8μm。

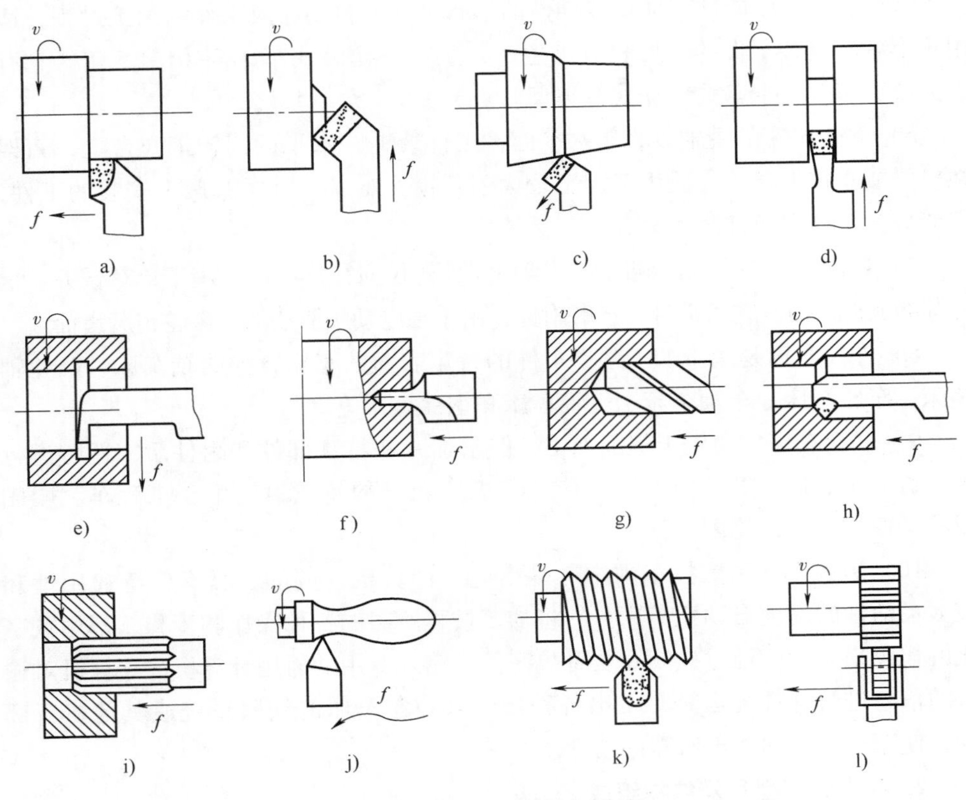

图 2-2　车削加工内容示意图

a）车外圆　b）车端面　c）车锥面　d）切槽、切断　e）切内槽　f）钻中心孔
g）钻孔　h）镗孔　i）铰孔　j）车成形面　k）车外螺纹　l）滚花

1. 车床的分类

1）卧式车床加工对象广，主轴转速和进给量的调整范围大，能加工工件的内外表面、端面和内外螺纹。卧式车床主要由工人手工操作，生产率低，适用于单件、小批生产和修配车间。

2）转塔车床和回转车床具有能装多把刀具的转塔刀架或回轮刀架，能在工件的一次装夹中由工人依次使用不同刀具完成多种工序，适用于成批生产。

3）自动车床能按一定顺序自动完成中小型工件的多工序加工，能自动上下料，重复加工一批同样的工件，适用于大批、大量生产。

4）多刀半自动车床有单轴、多轴、卧式和立式之分。单轴卧式的布局形式与卧式车床相似，但两组刀架分别装在主轴的前后或上下，用于加工盘、环和轴类工件，其生产率比卧式车床高3~5倍。

5）仿形车床能仿照样板或样件的形状尺寸，自动完成工件的加工过程，适用于形状较复杂工件的小批和成批生产，生产率比卧式车床高 10~15 倍。它有多刀架、多轴、卡盘式、立式等类型。

6）立式车床的主轴垂直于水平面，工件装夹在水平的回转工作台上，刀架在横梁或立柱上移动。适用于加工较大、较重、难于在卧式车床上安装的工件，一般分为单柱和双柱两大类。

7）铲齿车床在车削的同时，刀架周期地做径向往复运动，用于铲车铣刀、滚刀等的成形齿面。它通常带有铲磨附件，由单独电动机驱动的小砂轮铲磨齿面。

8）专门车床是用于加工某类工件的特定表面的车床，如曲轴车床、凸轮轴车床、车轮车床、车轴车床、轧辊车床和钢锭车床等。

9）联合车床主要用于车削加工，但附加一些特殊部件和附件后，还可进行镗、铣、钻、插、磨等加工，具有“一机多能”的特点，适用于工程车、船舶或移动修理站上的修配工作。

10）数控车床和数控车削中心是由电子计算机控制的，具有广泛通用性和较大灵活性的高度自动化车床。它将加工过程所需的各种操作和步骤，都用数字化的代码来表示，通过控制介质将数字信息输入专用的通用计算机，计算机对输入的信息进行处理与运算，发出各种指令来控制车床的伺服系统或其他执行部件，使车床自动加工出所需的工件。

2. 卧式车床型号及结构组成

（1）机床的型号　卧式车床用 C61××来表示，其中 C 为机床类别代号，表示车床类机床；61 为型别、组别代号，表示卧式；其他表示车床的有关参数和改进号。例：

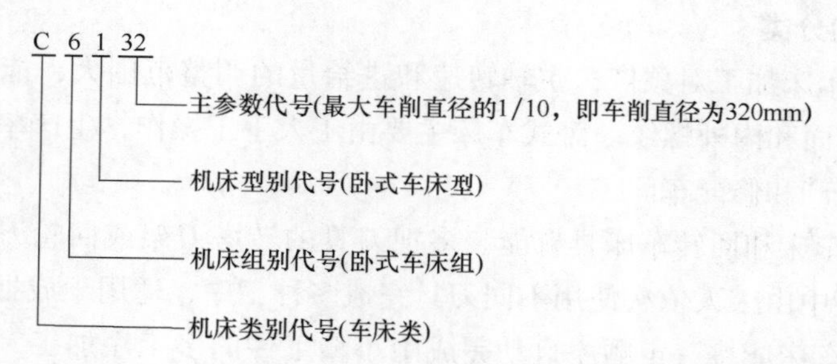

（2）车床各部分组成及其作用　C6132 卧式车床如图 2-3 所示。

1）主轴部分主要由主轴箱和卡盘等组成。主轴箱有多组齿轮变速机构，变换箱外手柄位置，可以使主轴得到各种不同的转速；卡盘用来夹持工件，带动工件一起旋转。

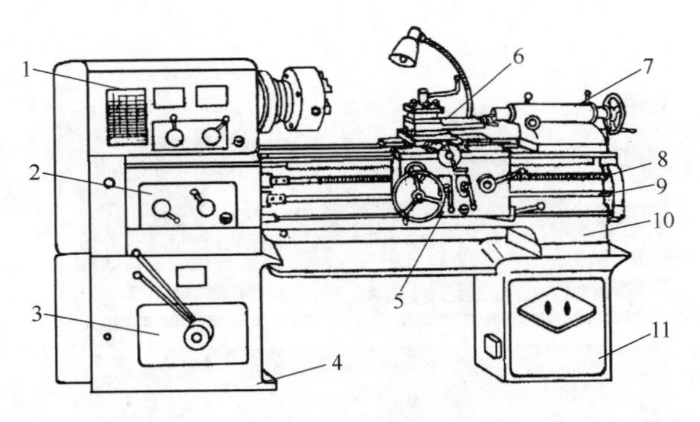

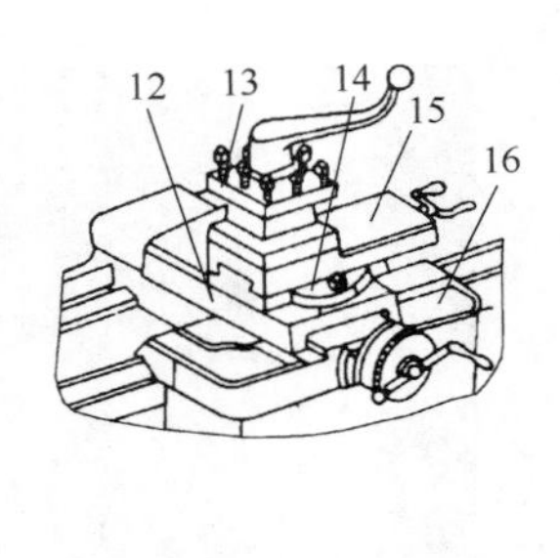

图 2-3 C6132 卧式车床

1—主轴箱 2—进给箱 3—变速箱 4—前床脚 5—溜板箱 6—刀架 7—尾座 8—丝杠 9—光杠 10—床身 11—后床脚 12—中刀架 13—方刀架 14—转盘 15—小刀架 16—大刀架

2）变速箱部分的作用是把主轴的旋转运动传送给进给箱。变换变速箱内齿轮和进给箱及丝杠的配合，可以车削各种不同螺距的螺纹。

3）进给部分主要由进给箱、丝杠、光杠等组成，利用进给箱内部的齿轮传动机构，可以把主轴传递的动力传给光杠或丝杠，得到各种不同的转速；用丝杠来车削螺纹；用光杠来传递动力，带动床鞍、中滑板，使车刀做纵向或横向的进给运动。

4）溜板箱在光杠或丝杠的传动下，可使车刀按要求方向做进给运动。

3. 卧式车床的各种手柄和基本操作

（1）卧式车床的调整及手柄的使用　C6132 车床的调整主要是通过变换各自相应的手柄（或手轮）位置进行的，如图 2-4 所示。

（2）卧式车床的基本操作　停车练习（主轴正反转及停止手柄 13 在停止位置）。

1）正确变换主轴转速。变动变速箱和主轴箱外面的主运动变速手柄 1、2 或 6，可得到各种相对应的主轴转速。当手柄拨动不顺利时，可用手稍转动卡盘即可。

2）正确变换进给量。按所选的进给量查看进给箱上的标牌，再按标牌上进给运动变换手柄位置来变换手柄 3、4 的位置，即得到所选定的进给量。

3）熟悉掌握刀架纵向和横向手动手柄的转动方向。左手握刀架纵向手动手轮 17，右手握刀架横向手动手柄 7，分别顺时针和逆时针旋转手轮，操纵刀架和溜板箱的移动方向。

4）熟悉掌握刀架纵向或横向自动进给的操作。光杠、丝杠接通手柄 18 位于光杠接通位置上，将刀架纵向自动手柄 16 提起即可纵向进给，如将刀架横向自动手柄 15 向上提起即可横向进给，分别向下扳动则可停止纵、横向进给。

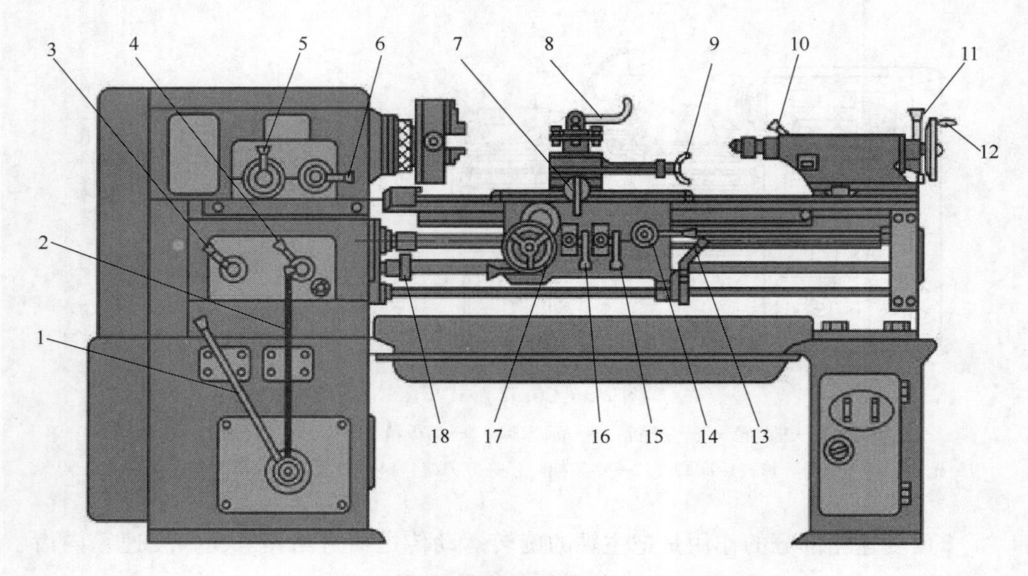

图 2-4　C6132 车床的调整手柄（或手轮）

1、2、6—主运动变速手柄　3、4—进给运动变换手柄　5—刀架左右移动换向手柄　7—刀架横向手动手柄　8—方刀架锁紧手柄　9—小刀架移动手柄　10—尾座套筒锁紧手柄　11—尾座锁紧手柄　12—尾座套筒移动手轮　13—主轴正反转及停止手柄　14—“开合螺母”开合手柄　15—刀架横向自动手柄　16—刀架纵向自动手柄　17—刀架纵向手动手轮　18—光杠、丝杠接通手柄

5）尾座的操作。尾座靠手动移动，其固定靠紧固螺栓螺母。转动尾座套筒移动手轮 12，可使套筒在尾座内移动。转动尾座套筒锁紧手柄 10，可将套筒固定在尾座内。

特别注意：

1）机床未完全停止严禁变换主轴转速，否则会发生严重的主轴箱内齿轮打齿现象甚至发生机床事故。开车前要检查各手柄（或手轮）是否处于正确位置。

2）纵向和横向手柄（或手轮）进退方向不能摇错，尤其是快速进退刀时千万要注意，否则会发生工件报废和安全事故。

3）横向手动手柄每转一格时，刀具横向进刀为 0. 02mm，其圆柱体直径方向切削量为 0. 04mm。

2. 1. 2　车刀

1. 刀具材料

（1）刀具材料应具备的性能

1）高硬度和好的耐磨性。刀具材料的硬度必须高于被加工材料的硬度才能切下金属。一般刀具材料的硬度应在60HRC以上。刀具材料越硬，其耐磨性就越好。

2）足够的强度与冲击韧度。强度是指在切削力的作用下，刀具材料具有不至于发生切削刃崩碎与刀杆折断的性能。冲击韧度是指刀具材料在有冲击或间断切削的工作条件下，保证不崩刃的能力。

3）高的耐热性。耐热性是衡量刀具材料性能的主要指标。它综合反映了刀具材料在高温下仍能保持高硬度、耐磨性、强度、抗氧化、抗黏结和抗扩散的能力。

4）良好的工艺性和经济性。

（2）常用刀具材料　目前，车刀广泛使用硬质合金刀具材料，在某些情况下也使用高速钢刀具材料。

1）高速钢。高速钢是一种高合金钢，俗称为白钢、锋钢、风钢等，其强度、冲击韧度、工艺性很好，是制造复杂形状刀具的主要材料。例如，成形车刀、麻花钻头、铣刀、齿轮刀具等。高速钢的耐热性不高，约在640℃左右其硬度下降，不能进行高速切削。

2）硬质合金。以耐热性高和耐磨性好的碳化物为主要成分，以钴为黏结剂，采用粉末冶金的方法压制成各种形状的刀片，然后用铜钎焊的方法焊在刀头上作为切削刀具的材料。硬质合金的耐磨性和硬度比高速钢高得多，但塑性和冲击韧度不及高速钢。常见硬质合金的牌号、性能和使用范围见表2-1。

表2-1　常见硬质合金的牌号、性能和使用范围

类型	牌号	力学性能		使用性能			使用范围	
		硬度HRC	抗弯强度/GPa	耐磨性	耐冲击性	耐热性	材料	加工性质
钨钴类	YG3X	78	1.03	↑	↓	↑	铸铁、非铁金属	连续切削精、半精加工
	YG6X	78	1.37				铸铁、耐热合金	精加工、半精加工
	YG6	75	1.42				铸铁、非铁金属	连续切削粗加工、间断切削半精加工
	YG8	74	1.47				铸铁、非铁金属	间断切削粗加工

（续）

<table>
<tr><th rowspan="2">类型</th><th rowspan="2">牌号</th><th colspan="2">力学性能</th><th colspan="3">使用性能</th><th colspan="2">使用范围</th></tr>
<tr><th>硬度 HRC</th><th>抗弯强度/GPa</th><th>耐磨性</th><th>耐冲击性</th><th>耐热性</th><th>材料</th><th>加工性质</th></tr>
<tr><td rowspan="3">钨钴钛类</td><td>YT5</td><td>75</td><td>1. 37</td><td rowspan="3">↓</td><td rowspan="3">↑</td><td rowspan="3">↓</td><td>钢</td><td>粗加工</td></tr>
<tr><td>YT15</td><td>78</td><td>1. 13</td><td>钢</td><td>连续切削粗加工、间断切削半精加工</td></tr>
<tr><td>YT30</td><td>81</td><td>0. 88</td><td>钢</td><td>连续切削精加工</td></tr>
<tr><td rowspan="2">通用硬质合金</td><td>YW1</td><td>80</td><td>1. 28</td><td>好</td><td>较好</td><td>较好</td><td>难加工钢材</td><td>精加工、半精加工</td></tr>
<tr><td>YW2</td><td>78</td><td>1. 47</td><td>较好</td><td>好</td><td>一般</td><td>难加工钢材</td><td>半精加工、粗加工</td></tr>
</table>

2. 车刀组成及车刀角度

车刀是形状最简单的单刃刀具，其他各种复杂刀具都可以看作是车刀的组合和演变，有关车刀角度的定义，均适用于其他刀具。

（1）车刀的组成　车刀是由刀头（切削部分）和刀体（夹持部分）组成的。车刀的切削部分是由三面、二刃、一尖组成的，即一点二线三面，如图 2-5 所示。

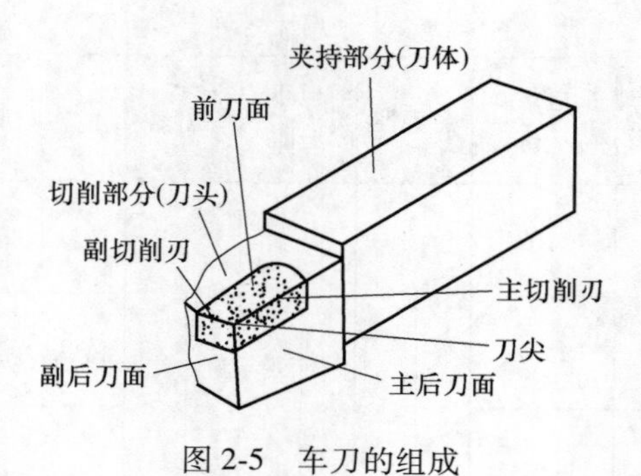

图 2-5　车刀的组成

（2）确定车刀角度的辅助平面　为了确定和测量车刀的几何角度，通常假设以下 3 个辅助平面作为基准，如图 2-6 所示。

1）切削平面 P_s 是通过主切削刃上的任一点，与工件过渡表面相切的平面。

2）基面 P_r 是通过主切削刃上的任一点，并垂直于该点切削速度方向的

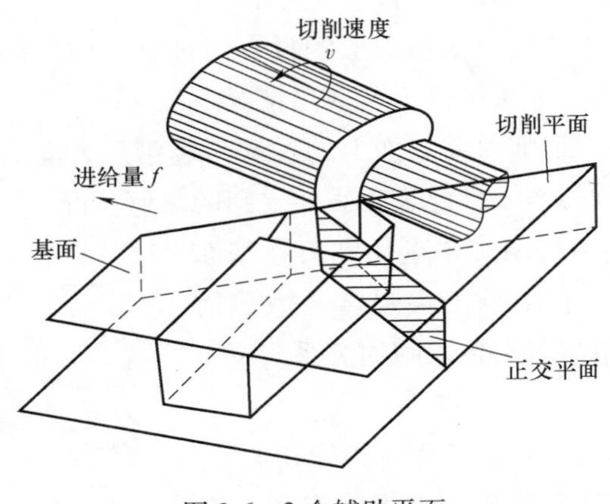

图 2-6　3 个辅助平面

平面。

3）正交平面 P_o 是通过主切削刃上的任一点，并与主切削刃在基面上的投影相垂直的平面。

（3）车刀的主要角度和作用

1）在正交平面内测量的角度，如图 2-7 所示。

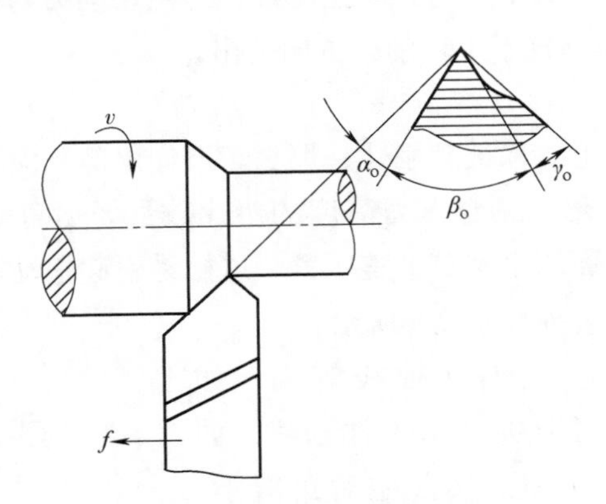

图 2-7　在正交平面内测量的角度

① 前角 γ_o 是前刀面与基面之间的夹角。前角的作用是使切削刃锋利，切削省力，并使切屑容易排出。

② 主后角 α_o 是主后刀面与切削平面之间的夹角。改变主后角可以改变车刀主后刀面与工件间的摩擦状况。

③ 楔角 β_o 是前刀面与主后刀面的夹角。

前角、主后角与楔角之间的关系为 $\gamma_o+\alpha_o+\beta_o=90°$。

2）在基面内测量的角度，如图 2-8 所示。

① 主偏角 κ_r 是主切削刃在基面上的投影与进给方向之间的夹角。改变主偏角可以改变主切削刃与刀头的受力及散热情况。

② 副偏角 κ_r' 是副切削刃在基面上的投影与进给反方向之间的夹角。改变副偏角可以改变副切削刃与工件已加工表面之间的摩擦状况。

③ 刀尖角 ε_r 是主切削刃与副切削刃在基面上投影之间的夹角。它影响刀尖强度及散热情况。主偏角、副偏角与刀尖角之间的关系为 $\varepsilon_r = 180° - (\kappa_r + \kappa_r')$。

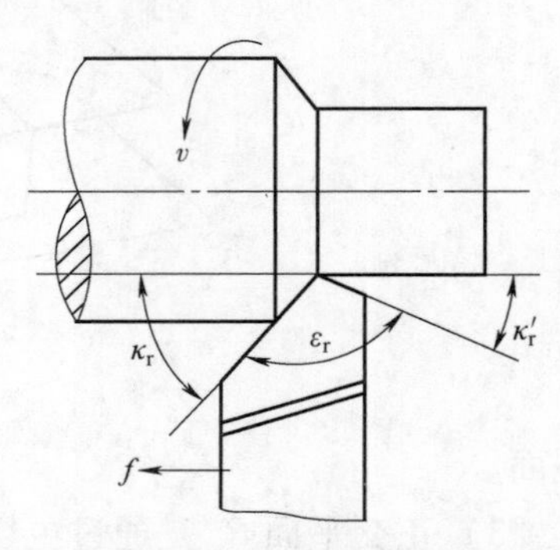

图 2-8　在基面内测量的角度

3）在切削平面内测量的角度。刃倾角 λ_s 是在切削平面内主切削刃与基面之间的夹角。它影响刀尖的强度并控制切屑流出的方向。

刃倾角有负值、正值和 0° 3 种。当刀尖是主切削刃的最高点时，刃倾角是正值，切削时的切屑向待加工表面方向流出，不会擦伤已加工表面，但刀尖强度较差；当刀尖是主切削刃最低点时，刃倾角是负值，切削时切屑向已加工表面方向流出，但刀尖强度好；当主切削刃与基面平行时，刃倾角为 0°，切削时切屑向垂直于主切削刃方向流出。

3. 车刀的安装

车刀装夹在刀架上要保证其刚性，那么车刀伸出部分应尽量短，故伸出长度为刀柄厚度的 1~1.5 倍。调整车刀高度的垫片数量要尽可能少，并与刀架前面边缘对齐，只需用前面两个螺钉平整压紧，过松易引起松动或振动，过紧则易损坏压紧螺钉。车刀的装夹如图 2-9 所示。

车刀刀尖高度应与工件轴线等高，如图 2-10a 所示。若车刀刀尖高于工件轴线，如图 2-10b 所示，会使车刀的实际主后角减小，车刀主后刀面与工件接触，相互间的摩擦力增大，会导致已加工表面粗糙。若车刀刀尖低于工件轴线，如图 2-10c 所示，会使车刀的实际前角减小，切削阻力增大。刀尖高度与工件轴线不等高，车端面时，不能车平中心，会留有凸头；使用硬质合金车刀时，车刀靠近中心处会使刀尖崩碎。

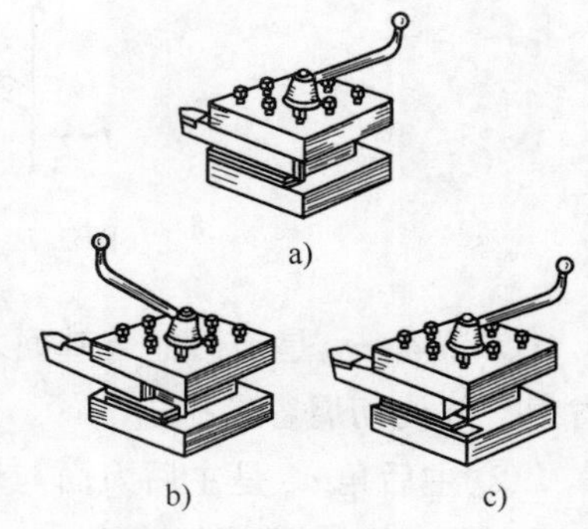

图 2-9　车刀的装夹
a）正确　b）不正确　c）不正确

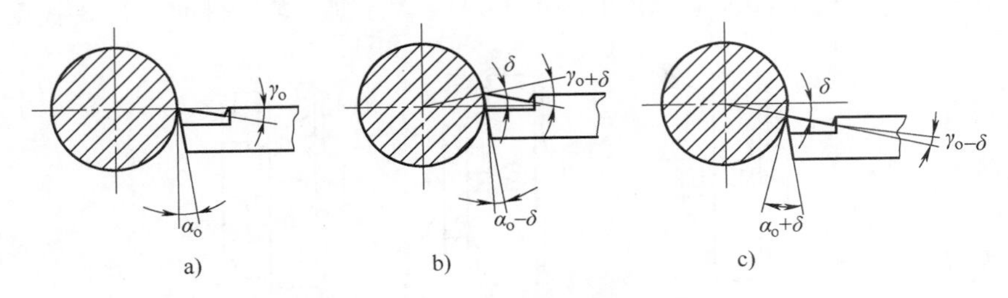

图 2-10 车刀刀尖和工件轴线不同位置的三种情况

安装车刀时，为了使车刀刀尖与工件轴线等高，一般采用下列装刀方法。

1）初次装刀，使车刀刀尖与机床尾座顶尖的中心等高，如图 2-11a 所示。刀架压紧螺钉旋紧后，车刀高度可能发生变化，应再进行检查，以防出现误差。

2）将车刀初装在刀架上，移动刀架靠近工件端面，目测车刀刀尖与工件轴线等高，然后夹紧车刀，根据试车端面的情况再调整车刀高度。

3）根据车床主轴轴线与某一平面的高度，使用钢直尺测量检查装刀，如图 2-11b 所示。

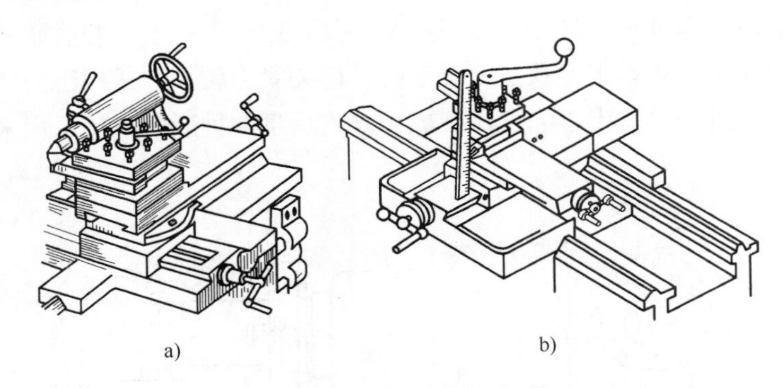

图 2-11 车刀的安装检查

a）使用机床尾座顶尖检查装刀 b）使用钢直尺检查装刀

2.1.3 外圆车削

1. 工件安装

工件必须在机床夹具中定位正确和夹紧牢固，才能顺利加工工件。以轴类工件为例，介绍几种常见的安装方式。

1）使用自定心卡盘安装工件，如图 2-12 所示。自定心卡盘安装工件能自动定心，安装工件后一般不需要找正。当工件较长时，距卡盘较远处的旋转中心不一定与车床主轴旋转中心重合，这时必须找正。如卡盘使用时间已较长，磨损严重，精度下降，或工件加工部位的精度要求较高，则安装工件时也需要找正。

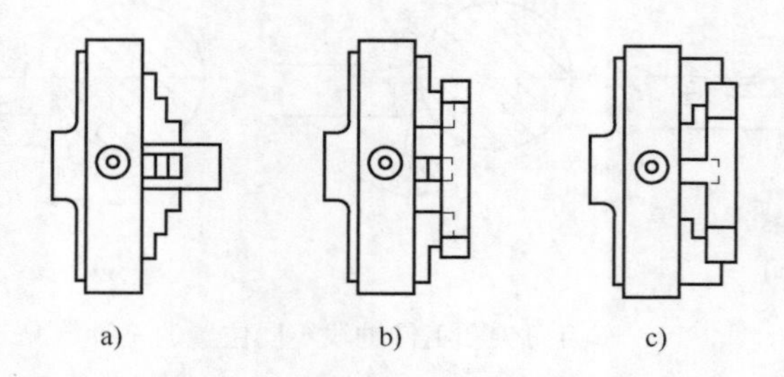

图 2-12　使用自定心卡盘安装工件

a）正爪安装外圆柱面　b）正爪安装内圆柱面　c）反爪安装外圆柱面

自定心卡盘安装工件方便、省时，但夹紧力较小，所以适用于安装外形规则的中小型内、外圆柱体工件。

自定心卡盘的卡爪可装成正爪或反爪两种形式，反爪用来安装直径较大的工件。

2）使用单动卡盘安装工件。单动卡盘的 4 个卡爪可以独立运动，因此工件安装时必须将加工面的旋转中心找正，如图 2-13 所示，与车床主轴的旋转中心重合后方可车削。单动卡盘找正比较费时，但夹紧力较大，适用于安装大型或形状不规则的工件。单动卡盘同样可装成正爪或反爪两种形式，反爪用来安装直径较大的工件。

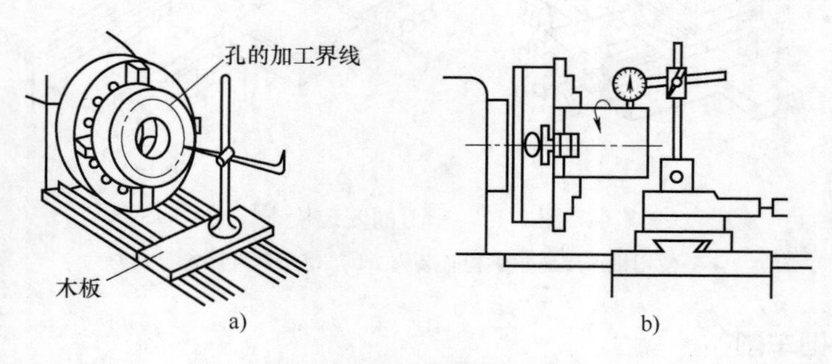

图 2-13　使用单动卡盘安装工件

a）用划线盘找正　b）用百分表找正

3）用一夹一顶方法安装工件。粗大笨重的工件安装时，稳定性不够，切削用量的选择会受到限制，这时通常选用一端用卡盘夹住工件的外圆，另一端用顶尖支承来安装工件，即一夹一顶安装工件。

一夹一顶安装方法的定位是一端外圆表面和另一端的中心孔，为了防止工件的轴向窜动，通常在卡盘内装一个轴向限位支承，如图 2-14a 所示；或在工件的被夹部位车削出一个 10~20mm 长的台阶，如图 2-14b 所示，作为轴向限位支承。

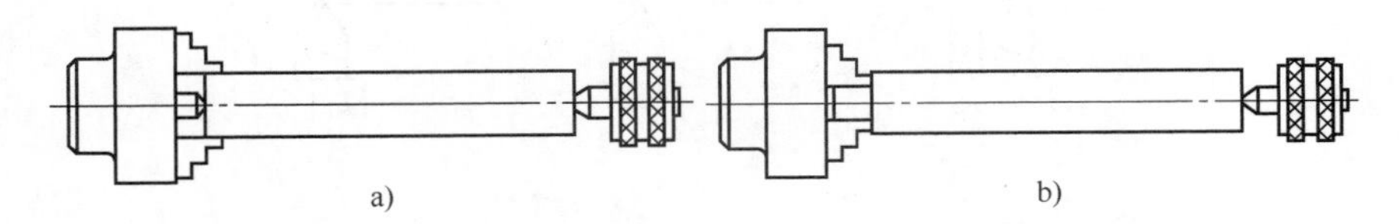

图 2-14　一夹一顶安装工件
a）用限位支承　b）用工件台阶限位

2. 车削外圆

（1）调整车床　车床的调整包括调整主轴转速和进给量。主轴转速是根据切削速度计算选取的，而切削速度的选择则与工件材料、刀具材料以及工件加工精度有关。用高速钢车刀车削时，$v=0.3\sim1\text{m/s}$；用硬质合金车刀车削时，$v=1\sim3\text{m/s}$。车削硬度高的钢比车削硬度低的钢的转速应低一些。

例如：用硬质合金车刀加工直径 $D=200\text{mm}$ 的铸铁带轮，选取的切削速度 $v=1.2\text{m/s}$，计算主轴的转速为

$$n=\frac{1000\times60\times v}{\pi D}=\frac{1000\times60\times1.2}{3.14\times200}\text{r/min}\approx114\text{r/min}$$

进给量是根据工件加工要求确定的。粗车时，一般取 0.2~0.3mm/r；精车时，随所需要的表面粗糙度值而定。例如：表面粗糙度 Ra 值为 3.2μm 时，选用 0.1~0.2mm/r；Ra 值为 1.6μm 时，选用 0.06~0.12mm/r。进给量的调整可对照车床进给量表扳动手柄位置，具体方法与调整主轴转速相似。

（2）粗车和精车　粗车的目的是尽快地切去多余的金属层，使工件接近于最后的形状和尺寸。粗车后应留下 0.5~1mm 的加工余量。

精车是切去余下少量的金属层以获得工件所要求的精度和表面粗糙度值，因此背吃刀量较小，约 0.1~0.2mm，切削速度则可用较高速或较低速，初学者可用较低速。为了降低工件表面粗糙度值，用于精车的车刀前、后刀面应采用油石加机油磨光，有时刀尖磨成一个小圆弧。

为了保证加工的尺寸精度，应采用试切法车削。试切法的步骤如图 2-15 所示。

（3）车削外圆尺寸、质量分析

1）车削尺寸不正确。原因是：车削时粗心大意，看错尺寸；刻度盘计算错误或操作失误；测量时不仔细、不准确。

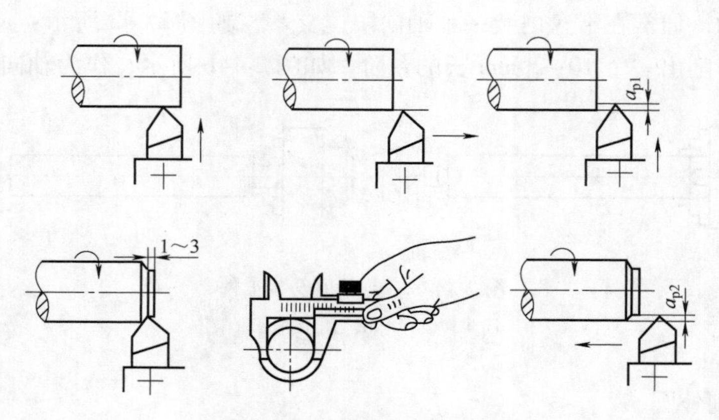

图 2-15　试切法的步骤

2）表面粗糙度不符合要求。原因是：车刀刃磨角度不对；刀具安装不正确或刀具磨损；切削用量选择不当；车床各部分间隙过大。

3）外径有锥度。原因是：背吃刀量过大，刀具磨损；刀具或拖板松动；用小拖板车削时，转盘下基准线没有对准“0”线；用两顶尖车削时，床尾“0”线不在轴心线上；精车时，加工余量不足。

3. 车削端面

车削端面时，刀具的主切削刃要与端面有一定的夹角。工件伸出卡盘外部分应尽可能短些。车削时用中拖板横向进给，进给次数根据加工余量而定，可以采用自外向中心进给的方法，也可以采用自中心向外进给的方法。车削端面常用方法，如图 2-16 所示。

（1）车削端面时应注意的问题　车刀的刀尖应对准工件中心，以免车削出的端面中心留有凸台。偏刀车削端面，当背吃刀量较大时，容易扎刀。背吃刀量 a_p 的选择：粗车时 $a_p=0.2\sim1\text{mm}$，精车时 $a_p=0.05\sim0.2\text{mm}$。端面的直径从外到中心是变化的，切削速度也在改变，在计算切削速度时必须按端面的最大直径计算。车削直径较大的端面，若出现凹心或凸台时，应检查车刀和方刀架以及大拖板是否锁紧。

（2）车削端面质量分析

1）端面不平。产生凸凹现象或端面中心留有凸台，原因是：车刀刃磨或安装不正确；刀尖没有对准工件中心；背吃刀量过大；车床有间隙，拖板移动。

2）表面粗糙度值高。原因是：车刀不锋利；手动进给不均匀或太快；自动进给的切削用量选择不当。

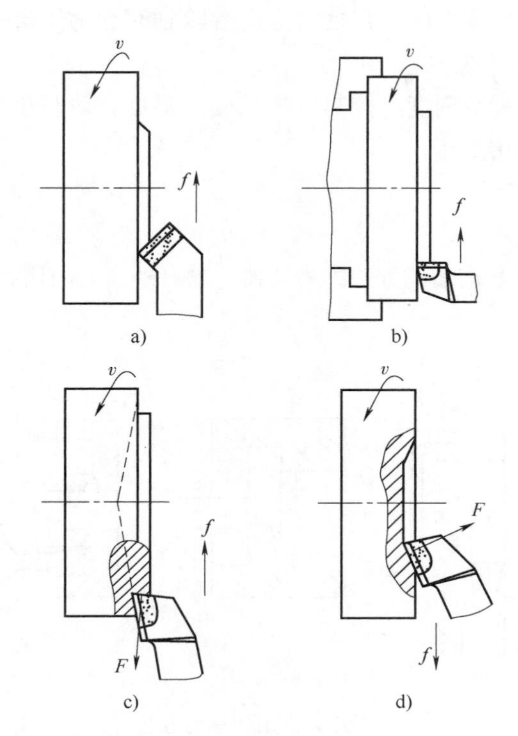

图 2-16 车削端面常用方法

a）用 45°车刀车削端面 b）用左偏刀车削端面

c）用右偏刀自外向中心进给 d）用右偏刀自中心向外进给

4. 车削外圆台阶

车削台阶时不仅要车削外圆，还要车削环形端面，既要保证外圆和台阶长度尺寸，又要保证台阶端面与工件轴线的垂直度要求。

车削台阶时，通常选用 90°外圆偏刀。车刀的安装角度应根据粗、精车来调整。粗车时，为了减少刀尖的压力，增加刀具强度，车刀安装时主偏角可小于 90°；精车时，为了保证台阶端面和轴线垂直度，主偏角应大于 90°，一般为 93°左右。

车削台阶时，一般分粗、精加工，准确控制台阶长度的关键是按图样选择正确的测量基准，若测量基准选择不当，将造成积累误差而产生废品。通常控制台阶长度有以下几种方法。

1）刻线法。先用钢直尺或游标卡尺量出台阶长度，用车刀刀尖在台阶所在位置先车削出细线，然后再车削台阶。

2）用挡铁控制台阶长度。在批量生产台阶轴时，为了准确迅速地掌握台阶长度，可用挡铁定位来控制。

3）用床鞍纵向进给刻度盘控制台阶长度。根据台阶长度计算出床鞍进给时刻度盘手柄应转动的格数。

2.1.4 切槽与切断

1. 切槽

在工件表面上车削沟槽的方法称为切槽，槽有外槽、内槽和端面槽，如图2-17所示。

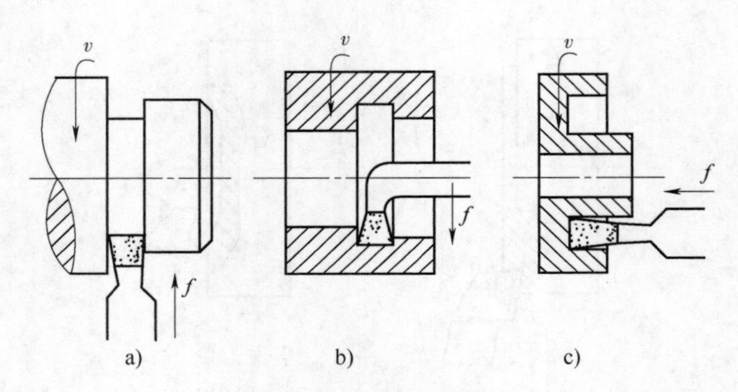

图2-17 常用切槽的方法

a）外槽 b）内槽 c）端面槽

（1）切槽刀的选择 常选用高速钢切槽刀切槽，其几何形状和角度如图2-18所示。

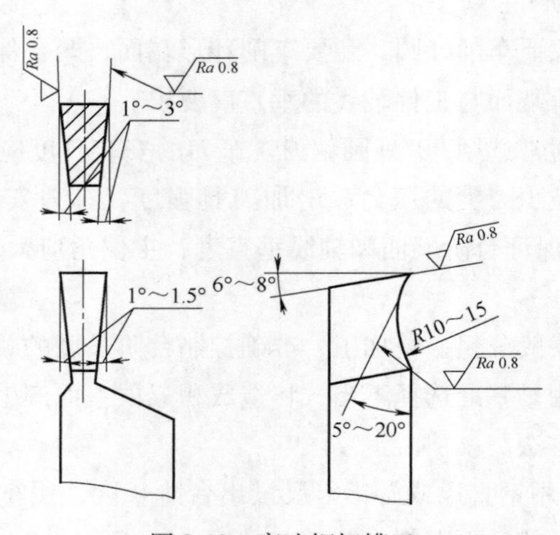

图2-18 高速钢切槽刀

（2）切槽的方法　车削精度不高和宽度较窄的矩形沟槽，可以用刀宽等于槽宽的切槽刀，采用直进法一次车出。精度要求较高时，一般分两次车成。车削较宽的沟槽，可用多次直进法切削，如图2-19所示，并留一定的精车余量，然后根据槽深、槽宽精车至尺寸。

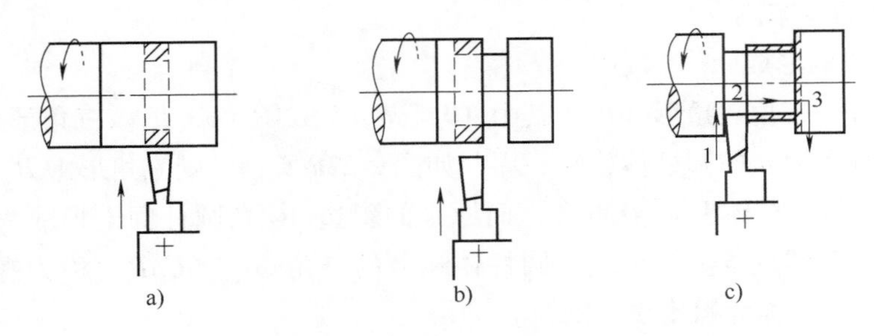

图2-19　切宽槽

a）第一次横向送进　b）第二次横向送进　c）最后一次横向送进后再以纵向送进精车槽底

2. 切断

切断要用切断刀。切断刀的形状与切槽刀相似，但因刀头窄而长，很容易折断。常用的切断方法有直进法和左右借刀法两种。直进法常用于切断铸铁等脆性材料；左右借刀法常用于切断钢等塑性材料。

切断时应注意以下四点：

1）切断一般在卡盘上进行，如图2-20所示。工件的切断处应距卡盘近些，避免在顶尖安装的工件上切断。

2）切断刀刀尖必须与工件中心等高，否则切断处将剩有凸台，且刀头容易损坏，如图2-21所示。

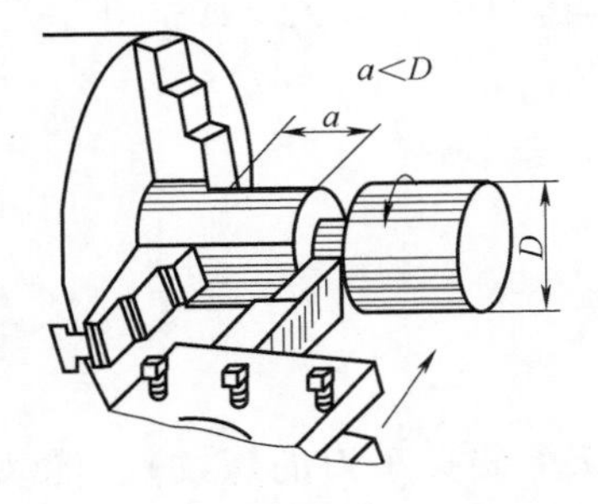

图2-20　在卡盘上切断

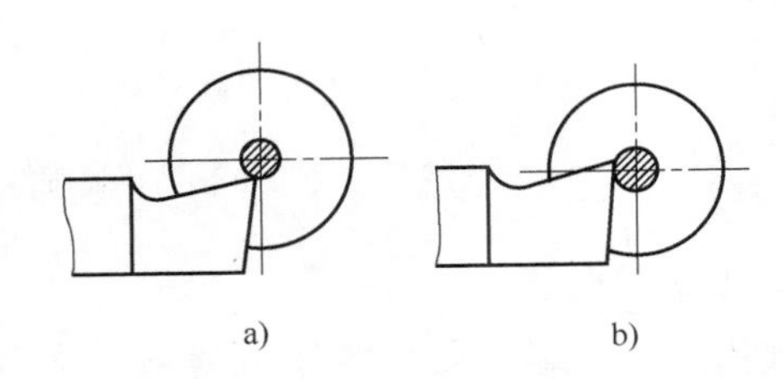

图2-21　切断刀刀尖与工件中心位置

a）切断刀安装过低，不易切削　b）切断刀安装过高，刀具后面顶住工件，刀头易被压断

3）切断刀伸出刀架的长度不要过长，进给要缓慢均匀。将切断时，必须放慢进给速度，以免刀头折断。

4）两顶尖安装工件切断时，不能直接切到中心，以防车刀折断、工件飞出。

2.1.5 外螺纹车削

1. 螺纹的形成

假设有一直角三角形 ABC，其中 $AB=\pi d$，$\angle CAB=\varphi$，把该三角形按逆时针方向围绕直径为 d 的圆柱体旋转一周，如图 2-22a 所示，则三角形中 B 点与 A 点重合，C 点与圆柱体上 C' 点重合，而原来的斜边 AC 在圆柱面上形成一条曲线，这条曲线称为螺旋线。螺旋线与圆柱体端面的夹角 φ（$\angle CAB$）称为螺纹升角。$AC'=BC=P$，P 称为螺旋线的螺距。

根据以上形成螺旋线的方法，现把圆柱体工件装夹在车床上，然后使工件做旋转运动，车刀（图 2-22b 所示为铅笔）沿工件轴线方向做等速移动（即进给运动），则在工件外圆上可以形成一条螺旋线，如图 2-23 所示。经多次切削，则该螺旋线就形成了螺旋槽。这就是螺纹的车削原理。

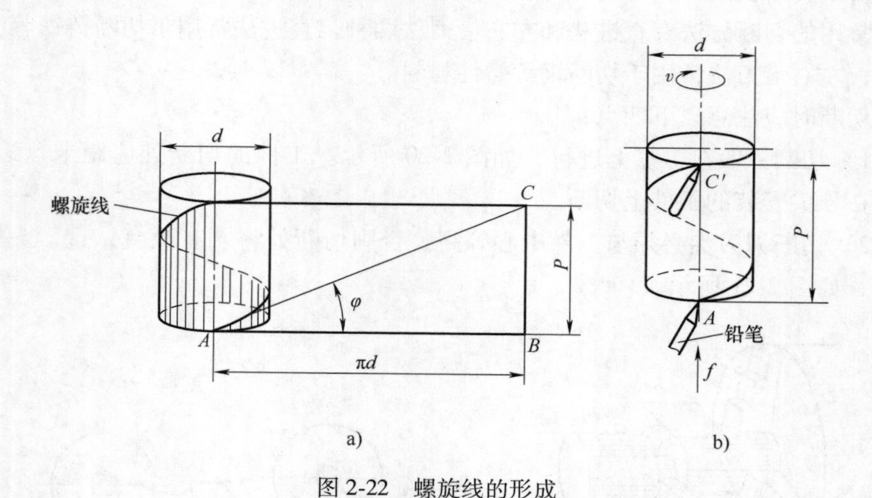

图 2-22 螺旋线的形成

2. 螺纹的分类

按用途分，螺纹可分为紧固螺纹（如车床上装夹车刀的螺纹）、传动螺纹（如车床上丝杠）、密封螺纹（如车床上冷却管接头）等。

按牙型分，螺纹可分为三角形螺纹（普通螺纹）、矩形螺纹、锯齿形螺纹、梯形螺纹等。

按螺旋线方向分，螺纹可分为右旋螺纹和左旋螺纹。

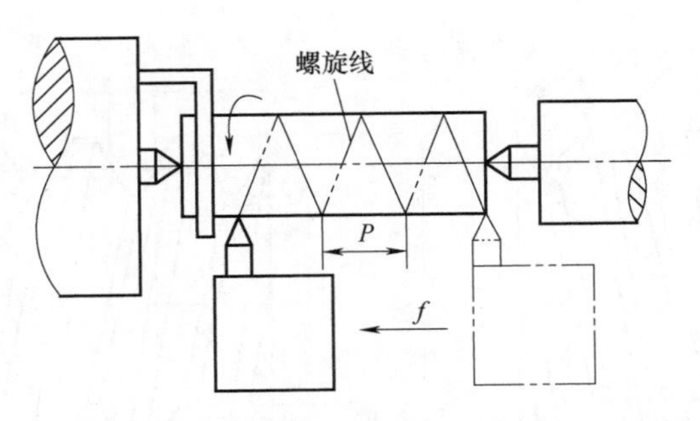

图 2-23　车削外螺纹示意图

按螺旋线数分，螺纹可分为单线螺纹和多线螺纹。圆柱体端面上只有一条螺纹起点称为单线螺纹，有两条或两条以上螺纹起点称为多线螺纹。

按螺纹母体形状分，螺纹可分为圆柱螺纹和圆锥螺纹。

3. 螺纹各部分名称

在圆柱体外表面上形成的螺纹称为外螺纹。在圆柱体内表面上形成的螺纹称为内螺纹。普通螺纹各部分名称如图 2-24 所示。

1）牙型角 α 是在螺纹牙型上，两相邻牙侧间的夹角。普通螺纹 α 为 60°。

2）螺距 P 是相邻两牙在中径线上对应两点间的轴向距离。

3）导程 Ph 是在同一螺旋线上的相邻两牙在中径线上对应两点之间的轴向距离，即螺纹旋转一圈后沿轴向所移动的距离。当螺纹为单线时，导程 Ph 等于螺距 P；当螺纹为多线时，导程 Ph 等于螺纹的线数 n 乘以螺距 P。

4）大径 d、D 是与外螺纹牙顶或内螺纹牙底相重合的假想圆柱面的直径。外螺纹大径用 d 表示，内螺纹大径用 D 表示。

5）中径 d_2、D_2 是母线通过牙型上沟槽和凸起宽度相等处的一个假想圆柱的直径。外螺纹中径用 d_2 表示，内螺纹中径用 D_2 表示。

6）小径 d_1、D_1 是与外螺纹牙底或内螺纹牙顶相重合的假想圆柱面的直径。外螺纹小径用 d_1 表示，内螺纹小径用 D_1 表示。

7）原始三角形高度 H 是由原始三角形顶点沿垂直于螺纹轴线方向到其底边的距离。

8）牙型高度 h_1 是在螺纹牙型上，牙顶到牙底在垂直于螺纹轴线方向上的距离。

9）螺纹接触高度 h 是在两个相互配合螺纹的牙型上，牙侧重合部分在垂直于螺纹轴线方向上的距离。

10）间隙 z 是牙型高度与螺纹接触高度之差。

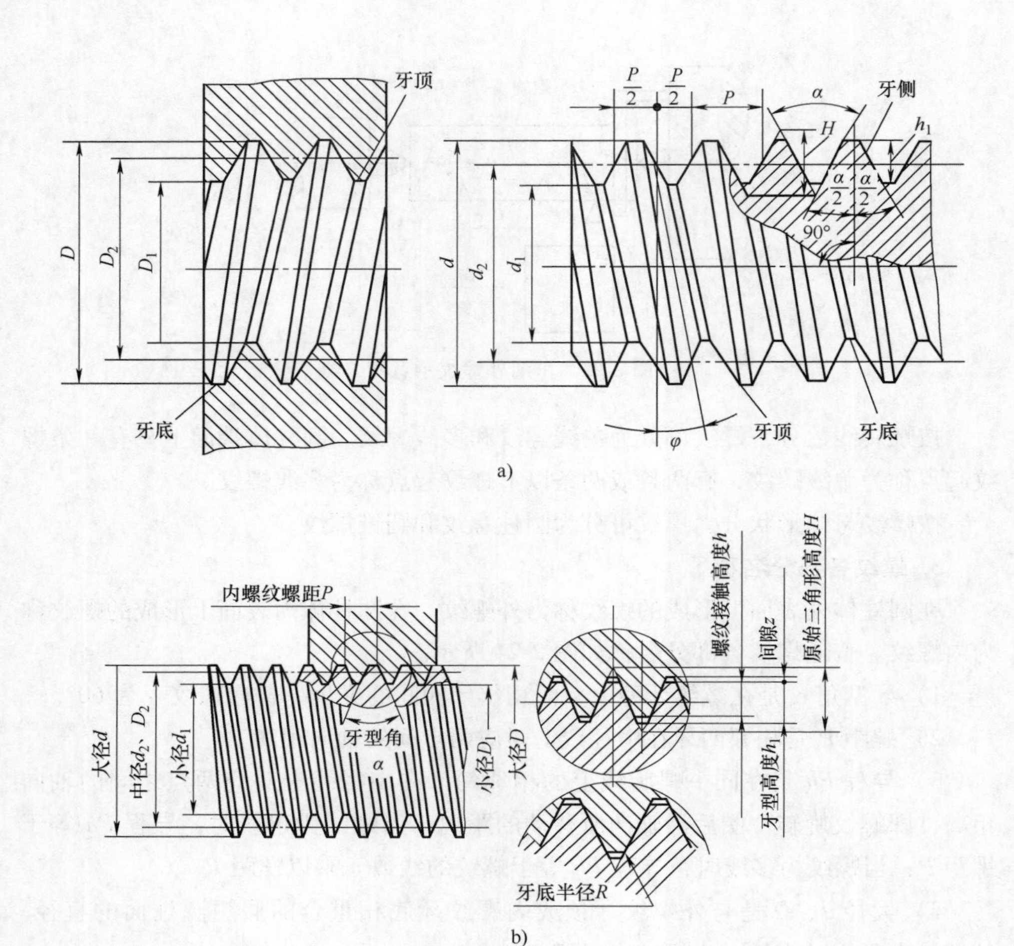

图 2-24　普通螺纹各部分名称

11）螺纹升角 φ 是在中径圆柱或中径圆锥上，螺旋线的切线与垂直于螺纹轴线的平面间的夹角。

螺纹升角可按下式计算，即

$$\tan\varphi=\frac{nP}{\pi d_2}=\frac{Ph}{\pi d_2}$$

式中，n 是螺旋线数；P 是螺距（mm）；d_2 是中径（mm）；Ph 是导程（mm）。

4. 螺纹基本尺寸计算

普通螺纹是应用最广泛的一种三角形螺纹，可分为粗牙和细牙普通螺纹，牙型角均为 60°。

粗牙普通螺纹的代号用字母“M”及公称直径表示，如 M16、M27 等。操作者必须熟记 M6～M24 的螺距，因为粗牙普通螺纹的螺距是不直接标注的，且 M6～M24 是经常使用的螺纹。表 2-2 列出了 M6～M24 粗牙普通螺纹的螺距。

表 2-2 M6～M24 粗牙普通螺纹的螺距 （单位：mm）

公称直径	螺距 P	公称直径	螺距 P
6	1	16	2
8	1.25	18	2.5
10	1.5	20	2.5
12	1.75	22	2.5
14	2	24	3

细牙普通螺纹与粗牙普通螺纹不同的是：当公称直径相同时，细牙普通螺纹的螺距比粗牙普通螺纹的螺距要小。在标注时粗牙普通螺纹不直接标注螺距，而细牙普通螺纹是直接标注螺距的，如 M16×1.5，表示螺纹的公称直径是 16mm，螺距是 1.5mm。

在螺纹代号后若注明“LH”，则是左旋螺纹，未注明的螺纹为右旋螺纹。普通螺纹的基本尺寸计算公式见表 2-3。

表 2-3 普通螺纹的基本尺寸计算公式

基本尺寸		代号	计算公式
外螺纹	原始三角形高度	H	$H=0.866P$
	牙型高度	h_1	$h_1=\frac{5}{8}H=\frac{5}{8}\times0.866P=0.54125P$
	中径	d_2	$d_2=d-2\times\frac{3}{8}H=d-0.6495P$
	小径	d_1	$d_1=d-2h_1=d-1.0825P$
内螺纹	中径	D_2	$D_2=d_2$
	小径	D_1	$D_1=d_1$
	大径	D	$D=d=$公称直径
螺纹升角		φ	$\tan\varphi=\frac{np}{\pi d_2}$

5. 螺纹车刀

（1）螺纹车刀材料的选择　按车刀切削部分的材料不同，螺纹车刀分为高速钢螺纹车刀、硬质合金螺纹车刀两种。

1）高速钢螺纹车刀。高速钢螺纹车刀刃磨方便，切削刃锋利，韧性好，刀尖不易崩裂，车削出螺纹的表面粗糙度值小，但它的热稳定性差，不宜高速切削，所以常用在低速切削或作为螺纹精车刀。

2）硬质合金螺纹车刀。硬质合金螺纹车刀的硬度高，耐磨性好，耐高温，热稳定性好，但抗冲击能力差，因此适用于高速切削。

（2）普通螺纹车刀常见类型　高速钢螺纹车刀常用于车削塑性材料、大螺距螺纹和精密丝杠等。常见的高速钢外螺纹车刀如图 2-25 所示。

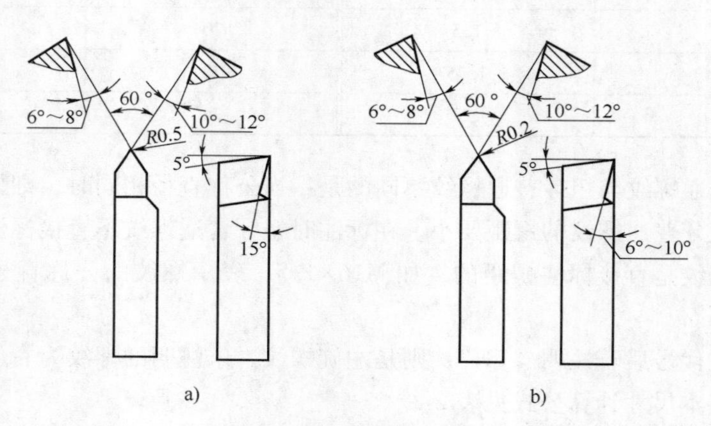

图 2-25　常见的高速钢外螺纹车刀

a）粗车刀　b）精车刀

由于高速钢螺纹车刀刃磨时易退火，在高温下车削时易磨损，所以加工脆性材料（如铸铁）、高速切削塑性材料及加工批量较大的螺纹工件时，应选用如图 2-26 所示的硬度高、耐磨性好、耐高温的硬质合金螺纹车刀。

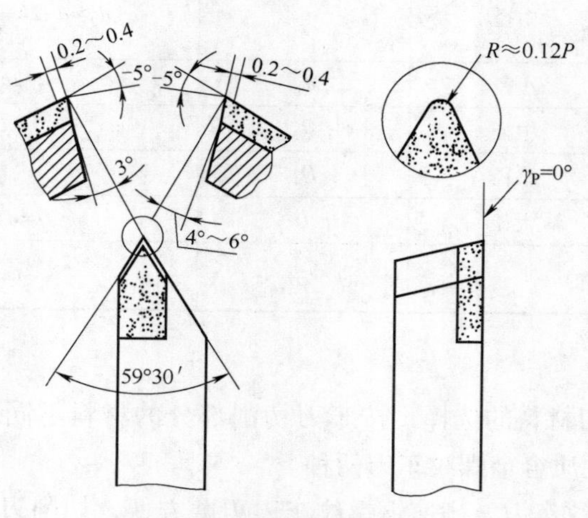

图 2-26　硬质合金螺纹车刀

6. 普通螺纹测量

普通螺纹一般使用螺纹量规进行综合测量，综合测量是指对螺纹的各项精度要求进行综合性的测量。也可以进行单项测量，单项测量是指螺纹的大径和中径等分项测量。

1）单项测量。单项测量是选择合适的量具来测量螺纹的某一项参数的精度。常见的有测量螺纹的大径、螺距、中径。

由于螺纹的大径公差较大，故一般只需用游标卡尺测量即可。在车削螺纹时，螺距的正确与否，从第一次纵向进给运动开始就要进行检查。螺距可用钢直尺或游标卡尺进行测量，如图2-27所示。螺距也可用螺距规测量。用螺距规测量时，应将螺距规沿着通过工件轴线的平面方向嵌入牙槽中，如完全吻合，则说明被测螺距是正确的，如图2-28所示。

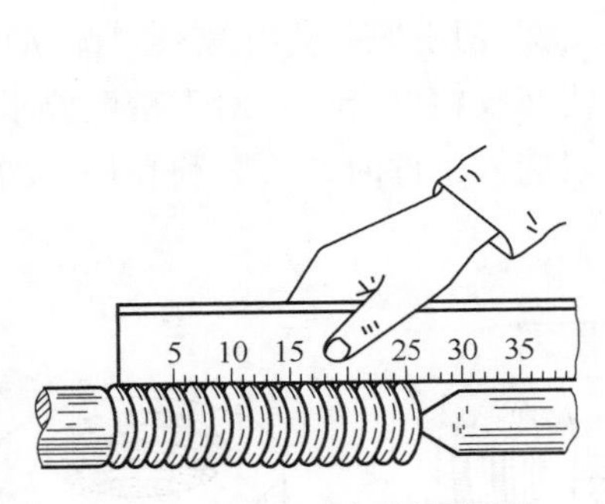

图2-27　用钢直尺测量螺距

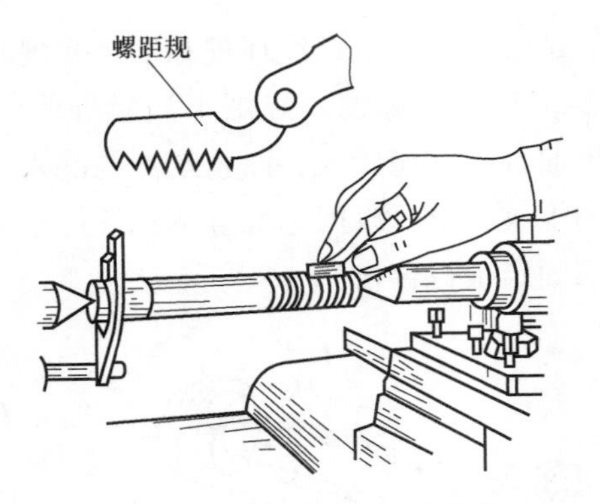

图2-28　用螺距规测量螺距

普通螺纹的中径可用螺纹千分尺测量，如图2-29所示。螺纹千分尺的结构和使用方法与一般千分尺相似，其读数原理与一般千分尺相同，只是它有两个可以调整的测量头（上测量头、下测量头）。在测量时，两个与螺纹牙型角相同的测量头正好卡在螺纹牙侧，所得到的千分尺读数就是螺纹中径的实际尺寸。

螺纹千分尺附有两套（60°和55°牙型角）适用不同螺纹的测量头，可根据需要进行选择。测量头插入千分尺的轴杆和砧座的孔中，更换测量头之后，必须调整砧座的位置，使千分尺对准零位。

2）综合测量。综合测量是采用螺纹量规对螺纹各部分主要尺寸同时进行综合检验的一种测量方法。这种方法效率高，使用方便，能较好地保证互换性，广泛应用于对标准螺纹或大批量生产的螺纹工件的测量。

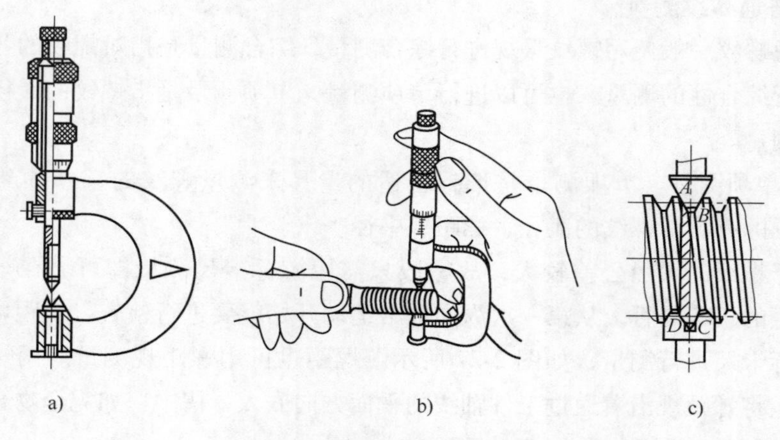

图 2-29　普通螺纹中径的测量

螺纹量规包括螺纹环规和螺纹塞规两种，而每一种又有通规和止规之分，如图 2-30 所示。螺纹环规用来测量外螺纹，螺纹塞规用来测量内螺纹。测量时，如果通规刚好能旋入，而止规不能旋入，则说明螺纹精度合格。对于精度要求不高的螺纹，也可以用标准螺母和螺杆来检验，以旋入工件时是否顺利和松动的程度来确定是否合格。

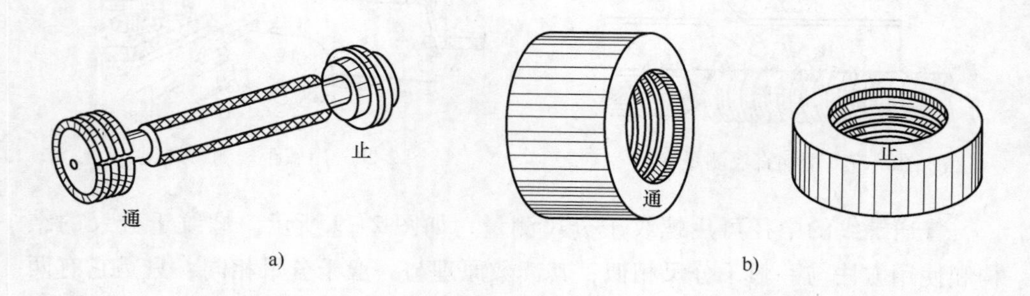

图 2-30　螺纹量规

a）螺纹塞规　b）螺纹环规

7. 普通螺纹车削

车削普通螺纹的进给方法有 3 种，应根据工件的材料、螺纹大径及螺距来选定。下面分别介绍 3 种进给方法。

1）直进法。用直进法车削螺纹时，如图 2-31 所示，螺纹车刀刀尖及左右两侧切削刃都直接参加切削工作。每次进给由中拖板做横向进给，随着螺纹深度的加深，背吃刀量相应减少，直至把螺纹车削好为止。这种进给方法操作较简便，车削出的螺纹牙型正确，但由于车刀的两侧切削刃同时参与切削，排屑较困难，刀尖容易磨损，螺纹表面粗糙度值较大，当背吃刀量较深时容易产生“扎刀”现象。因此，这种进给方法适用于螺距小于2mm或材料为脆性材料的螺纹车削。

2）左右切削法。用左右切削法车削螺纹时，如图2-32所示，除了用中拖板控制螺纹车刀的横向进给外，同时使用小拖板使车刀左右微量进给。采用左右切削法车削螺纹时，要合理分配切削余量，粗车时可顺着进给方向偏移，一般每边留精车余量0.2~0.3mm。精车时，为了使螺纹两侧面都比较光洁，当一侧面车光以后，再将车刀偏移到另一侧面车削。粗车时切削速度取10~15m/min，精车时切削速度小于6m/min，背吃刀量小于0.05mm。

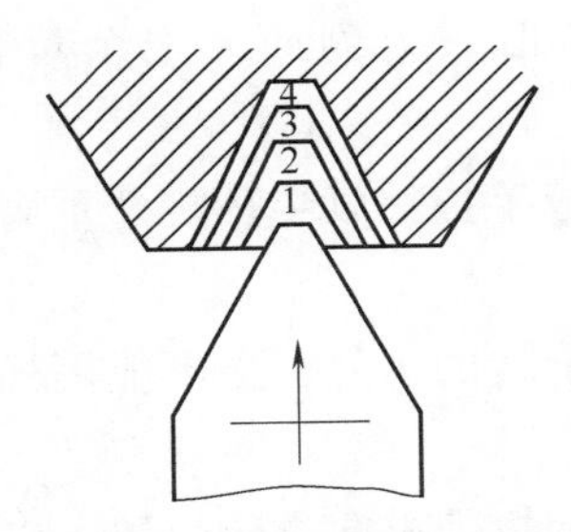

图2-31 直进法车削普通螺纹

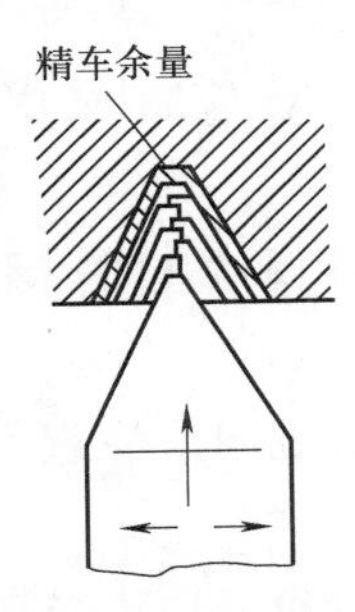

图2-32 左右切削法车削普通螺纹

左右车削法的操作比直进法复杂，但切削时只有车刀刀尖及一条侧刃参与切削，排屑较顺利，刀尖受力，受热有所改善，不易扎刀，相应地可提高切削用量，能取得较小的表面粗糙度值。由于受单侧进给力的影响，故有增大牙型误差的趋势。它适用于除矩形螺纹外的各种螺纹粗车、精车，有利于加大切削用量，提高切削效率。

3）斜进法。斜进法车削普通螺纹与左右切削法相比，小拖板只向一个方向进给，如图2-33所示。斜进法操作比较方便，但由于背离小拖板进给方向的牙侧面粗糙度值较大，因此只适用于粗车螺纹。在精车时，必须用左右切削法才能使螺纹的两侧面都获得较小的表面粗糙度值。采用高速钢车刀低速车削螺纹时要加注切削液，为防止“扎刀”现象，最好采用弹性刀柄。当切削力超过一定值时，弹性刀柄能使车刀自动让开，使切屑保持适当的厚度，粗车时可避免“扎刀”现象，精车时可降

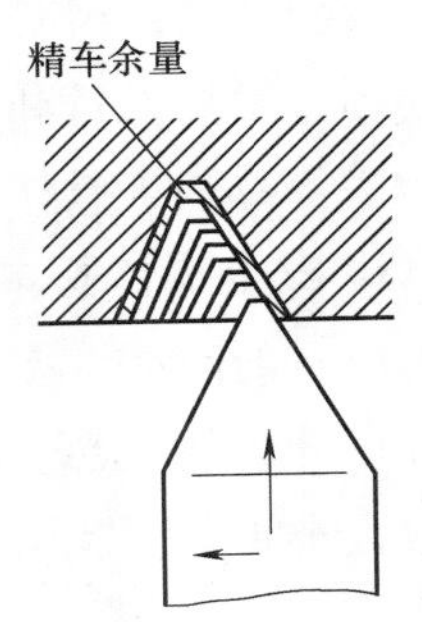

图2-33 斜进法车削普通螺纹

低螺纹表面粗糙度值。

车削普通螺纹的注意事项：

1）车削螺纹前要检查主轴手柄位置，用手旋转主轴（正、反），看是否过重或空转量过大。

2）由于初学者操作不熟练，宜采用较低的切削速度，并注意在练习时要集中注意力。

3）车削螺纹时，开合螺母必须闸到位，如感到未闸好，应立即起闸，重新进行。

4）车削螺纹应保持切削刃锋利。如中途换刀或磨刀，必须重新对刀，并重新调整中拖板刻度。

5）粗车螺纹时，要留适当的精车余量。

6）精车时，应首先用最少的进给量车光一个侧面，把余量留给另一侧面。

7）使用环规检查时，不能用力太大或用扳手拧，以免环规严重磨损或使工件发生移位。

8）车削螺纹时应注意不能用手去摸正在旋转的工件，更不能用棉纱去擦正在旋转的工件。

9）车完螺纹后应提起开合螺母，并把手柄拨到纵向进给位置，以免误操作导致刀具与工件发生碰撞。

2.2 车工加工技能训练

2.2.1 安全操作规程

安全文明生产是现代企业管理中一项十分重要的内容。它直接影响产品质量的好坏，影响设备和工、夹、量具的使用寿命，影响操作者技能的发挥。因此从一开始学习基本操作技能时，就要养成安全文明生产的良好习惯。

1. 安全操作基本注意事项

1）操作前穿戴好工作服，袖口扣紧，上衣下摆不能敞开，严禁戴手套，不得在开动的机床旁穿、脱衣服或围布于身上；必须戴好安全帽，辫子应放入帽内，不得穿裙子、拖鞋；要戴好防护镜，以防铁屑飞溅伤眼，如图 2-34 所示。

2）车床开动前，必须认真仔细检查车床各部件和防护装置是否完好、安全可靠，加油润滑车床，并做低速空载运行 2~3min，检查车床运转是否正常。

2. 工作前的准备工作

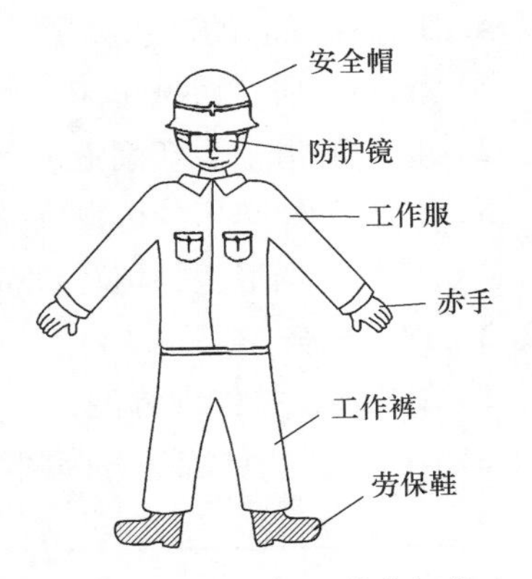

图 2-34 车削加工着装规范

1）车床开始工作前要进行预热，认真检查润滑系统工作是否正常（润滑油是否充足，切削液是否充足），如车床长时间未开动，应先采用手动方式向各部分供油润滑。

2）使用的刀具应与车床允许的规格相符，有严重破损的刀具要及时更换。

3）调整刀具时所用的工具不要遗忘在车床内。

4）检查大尺寸轴类工件的中心孔是否合适，中心孔如果太小，则工作中易发生危险。

5）检查卡盘夹紧动作的状态。

6）装卸卡盘和重工件时，导轨上面要垫好木板或胶皮。

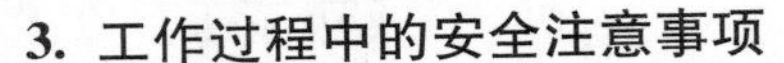

3. 工作过程中的安全注意事项

1）车床运转时，严禁戴手套操作，严禁用手触摸车床的旋转部分，严禁在车床运转中隔着车床传送物件。装卸工件、安装刀具、加油以及打扫切屑，均应停车进行。清除铁屑应用刷子或钩子，禁止用手清理。

2）车床运转时，不准测量工件，不准用手去制动转动的卡盘。使用砂布时，应放在锉刀上。磨破的砂布不准使用，不准使用无柄锉刀。不得用正反车电闸作为制动，应经中间制动过程。

3）切削用量的选择应符合车床的技术要求，以免车床过载造成意外事故。

4）在加工过程中，停车时应将刀退出。车削长轴类工件时必须使用中心架，防止工件弯曲变形伤人。伸入床头的棒料长度不应超过床头立轴之外，并应慢车加工，伸出时应注意防护。

5）高速切削时，应有防护罩，工件、工具的固定要牢固。当铁屑飞溅严重时，应在车床周围安装挡板使之与操作区隔离。

6）车床运转时，操作者不能离开车床，发现车床运转不正常时，应立即停车，请维修工检查修理。突然停电时，要立即关闭机床电闸，并将刀具退出工作部位。

7）工作时必须侧身站在操作位置，禁止身体正面对着转动的工件。

8）车床运转不正常、有异声或异常现象，轴承温度过高，要立即停车，报告指导老师。

4. 工作完成后的注意事项

1）清除切屑、擦拭车床，使车床与环境保持清洁状态。

2）检查润滑油、切削液的状态，及时添加或更换。

3）依次关掉车床的电源和总电源。

4）打扫现场卫生，填写设备使用记录。

2.2.2 训练任务

1. 车工加工技能训练图

车工加工技能训练任务为图 2-35 所示的圆锥台阶轴。

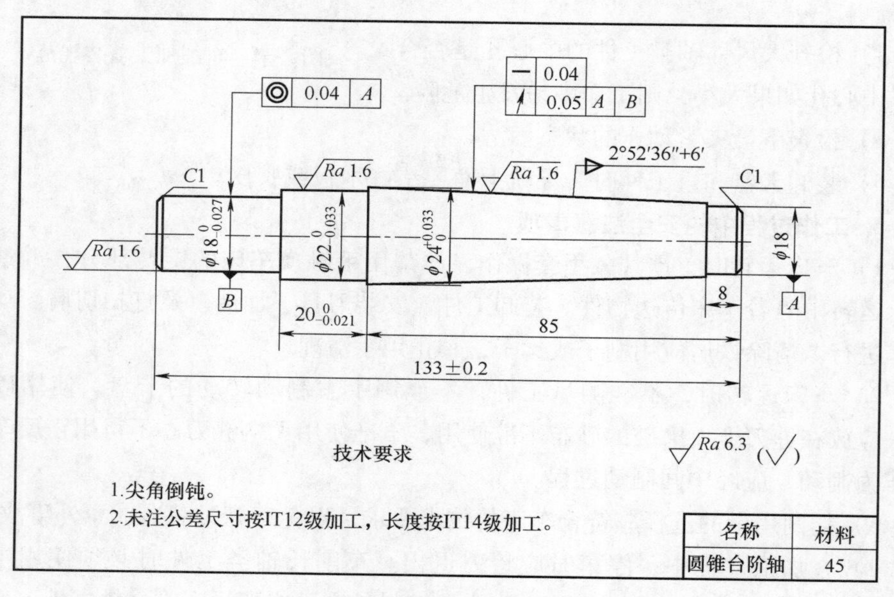

图 2-35 圆锥台阶轴

1）图样分析。图 2-35 所示的圆锥台阶轴属于台阶轴类工件，由圆柱面、轴肩、圆锥面所组成。该工件主要对两端外圆 ϕ18mm 和圆锥面有较高的几何公差要求，且自身也有较高的尺寸精度，表面粗糙度值小，所以车削时采用两顶尖装夹，保证几何精度的要求。

2）选择毛坯。工件各外圆柱面的尺寸相差不大，选择热轧 45 圆钢作为毛坯。

2. 车工加工项目评分表

操作完成后根据评分表进行评分，再递交组长复评，最后递交指导教师终评。车工加工项目评分表见表 2-4。

表 2-4　车工加工项目评分表

零件编号：　　　　　　　姓名：　　　　　　　学号：　　　　　　　总分：

<table>
<tr><th>序号</th><th colspan="3">鉴定项目及标准</th><th>配分</th><th>自己检测</th><th>组长检测</th><th>指导教师检测</th><th>指导教师评分</th></tr>
<tr><td rowspan="4">1</td><td rowspan="4">知识（30分）</td><td colspan="2">工艺编制</td><td>10</td><td></td><td></td><td></td><td></td></tr>
<tr><td colspan="2">工件装夹</td><td>10</td><td></td><td></td><td></td><td></td></tr>
<tr><td colspan="2">刀具选择</td><td>5</td><td></td><td></td><td></td><td></td></tr>
<tr><td colspan="2">切削用量</td><td>5</td><td></td><td></td><td></td><td></td></tr>
<tr><td rowspan="9">2</td><td rowspan="9">技能（60分）</td><td colspan="2">工件完整度</td><td>5</td><td></td><td></td><td></td><td></td></tr>
<tr><td rowspan="8">超差不得分</td><td>$\phi 24^{+0.033}_{0}$ mm</td><td>8</td><td></td><td></td><td></td><td></td></tr>
<tr><td>$\phi 18^{0}_{-0.027}$ mm</td><td>8</td><td></td><td></td><td></td><td></td></tr>
<tr><td>$\phi 22^{0}_{-0.033}$ mm</td><td>8</td><td></td><td></td><td></td><td></td></tr>
<tr><td>$20^{0}_{-0.021}$ mm</td><td>8</td><td></td><td></td><td></td><td></td></tr>
<tr><td>（133±0.2）mm</td><td>7</td><td></td><td></td><td></td><td></td></tr>
<tr><td>$C1$（2处）</td><td>3</td><td></td><td></td><td></td><td></td></tr>
<tr><td>几何公差</td><td>8</td><td></td><td></td><td></td><td></td></tr>
<tr><td>表面粗糙度值</td><td>5</td><td></td><td></td><td></td><td></td></tr>
<tr><td>3</td><td>素养（10分）</td><td colspan="2">工、量、器具摆放和操作习惯等</td><td>10</td><td></td><td></td><td></td><td></td></tr>
<tr><td colspan="4">合计</td><td>100</td><td></td><td></td><td></td><td></td></tr>
</table>

操作者签字：　　　　　　　　　组长签字：　　　　　　　　　指导教师签字：

2.2.3　技能训练

1. 工件准备

工件准备见表 2-5。

表 2-5　工件准备

材料	规格	数量
45	ϕ30mm×135mm	1 根/学生

2. 设备准备

设备准备见表 2-6。

表 2-6　设备准备

名称	规格	数量
车床	C620 或 C6140	1

注：可根据实际情况选择其他型号的车床。

3. 工具、刀具、量具和辅具准备

工具、刀具、量具和辅具准备见表 2-7。

表 2-7 加工工具、刀具、量具和辅具准备

序号	名称	规格	数量
1	卡盘扳手	与车床规格匹配	1
2	刀架扳手	与车床规格匹配	1
3	45°外圆车刀	与车床规格匹配	自定
4	90°外圆车刀	与车床规格匹配	自定
5	切断刀	ϕ26mm	自定
6	中心钻	A2	1
7	钻夹头及钻套	ϕ1~ϕ13mm	1
8	活动顶尖	相应车床	1
9	游标卡尺	0.02mm/0~150mm	自定
10	钢直尺	150mm	1
11	外径千分尺	0.01mm/0~25mm，0.01mm/25~50mm	各 1
12	游标万能角度尺	2′/0°~320°	1
13	刀口尺	—	1
14	百分表及表座	0.01mm/0~3mm	1
15	同轴度测量仪	—	1
16	常用工具	—	自定

4. 技能训练步骤

1）识读零件图并进行工艺分析，确定操作步骤。

2）根据操作要求合理选择刀具、量具、工具等。

3）用自定心卡盘夹持 ϕ30mm 毛坯，伸出长度为 70mm，找正夹紧。

4）粗、精车右端面。

5）粗车外圆 $\phi24^{+0.033}_{0}$ mm 至 ϕ26mm，长度车至 68mm。ϕ18mm×8mm 车至 ϕ18mm×7mm。

6）钻中心孔 A2。

7）调头装夹，夹持 ϕ26mm 外圆，伸出长度为 70mm，找正夹紧。

8）粗、精车左端面，保证总长为133mm±0.20mm。

9）粗车外圆 $\phi18_{-0.027}^{0}$mm×28mm 至 ϕ20mm×27mm、$\phi22_{-0.033}^{0}$mm×$20_{-0.021}^{0}$mm 至 ϕ24mm×19mm。

10）精车 $\phi18_{-0.027}^{0}$mm×28mm、$\phi22_{-0.033}^{0}$mm×$20_{-0.021}^{0}$mm 至尺寸要求。

11）钻中心孔 A2。

12）倒角 $C1$，去锐边。

13）包铜皮夹持左端外圆 $\phi18_{-0.027}^{0}$mm，一夹一顶装夹工件，找正夹紧。

14）精车外圆 ϕ18mm×8mm 至尺寸要求。

15）利用小滑板车削圆锥，粗、精车锥度至尺寸要求。

16）倒角 $C1$，去锐边。

17）检查。

2.3 知识拓展

机床是将金属毛坯加工成机器零件的机器。它是制造机器的机器，所以又称为工作母机或工具机，习惯上简称为机床。现代机械制造中加工机器零件的方法有很多：除切削加工外，还有铸造、锻造、焊接、冲压、挤压加工等，但凡精度要求较高和表面粗糙度值要求较小的零件，一般都需在机床上用切削方法进行最终加工。在一般的机器制造中，机床所担负的加工工作量占机器总制造工作量的40%~60%。机床在国民经济现代化建设中起着重大作用。

公元前2000多年出现的树木车床是机床最早的雏形。工作时，脚踏绳索下端的套圈，利用树枝的弹性使工件由绳索带动旋转，手拿贝壳或石片等作为刀具，沿板条移动刀具切削工件。中世纪的弹性杆棒车床运用的仍是这一原理。

15世纪由于制造钟表和武器的需要，出现了钟表匠用的螺纹车床和齿轮加工机床以及水力驱动的炮筒镗床。1501年左右，意大利人列奥纳多·达芬奇曾绘制过车床、镗床、螺纹加工机床和内圆磨床的构想草图，其中已有曲柄、飞轮、顶尖和轴承等新机构。我国明朝出版的《天工开物》中也载有磨床的结构，用脚踏的方法使铁盘旋转，加上沙子和水来剖切玉石。

工业革命导致了各种机床的产生和改进。18世纪的工业革命推动了机床的发展。1774年，英国人威尔金森发明了较精密的炮筒镗床。次年，他用这台炮筒镗床镗出的气缸满足了瓦特蒸汽机的要求。为了镗制更大的气缸，他又于1775年制造了一台水轮驱动的气缸镗床，促进了蒸汽机的发展。

19世纪末到20世纪初，单一的车床已逐渐演化出了铣床、刨床、磨床、钻床等，这些主要机床已经基本定型，这样就为生产机械化和半自动化创造了条件。

在1920年以后的30年中，机械制造进入半自动化时期，液压和电器元件在机床和其他机械上逐渐得到了应用。1938年，液压系统和电磁控制不但促进了新型铣床的发明，而且在龙门刨床等机床上也推广使用。20世纪30年代以后，行程开关—电磁阀系统几乎用在各种机床的自动控制上。

第二次世界大战以后，由于数控和群控机床以及自动线的出现，机床的发展进入自动化时期。数控机床是在电子计算机发明之后，运用数字控制原理，将加工程序、要求和更换刀具的操作数码和文字码作为信息进行存储，并按其发出的指令控制机床，按既定的要求进行加工的当时的新式机床。

1970年—1974年，由于小型计算机广泛应用于机床控制，出现了三次技术突破。第一次是直接使用数字控制器，使一台小型计算机同时控制多台机床，出现了“群控”；第二次是计算机辅助设计，用一支激光笔进行设计和修改设计及计算程序；第三次是按加工的实际情况及意外变化反馈并自动改变加工用量和切削速度，出现了自适应控制系统的机床。

目前机床家族已日渐成熟，真正成了机械领域的工作母机。

2.4 车削加工理论测试卷

一、填空题

1. 车削加工是在车床上利用（　　　　　）和刀具的移动来改变毛坯形状和尺寸，将其加工成所需零件的一种切削加工方法。

2. 车床根据主轴位置可分为卧式车床和（　　　）两大类。

3. 卧式车床用C61××来表示，其中C为机床类别代号，表示车床类机床；61为组别代号，表示（　　）。

4. 车刀是由（　　）和刀体所组成的。

5. 主切削刃在基面上的投影与进给方向之间的夹角称为（　　）。

6. 车刀刀尖高度应与工件轴线（　　　　　　）。

7. 车床的切削用量调整包括主轴转速和（　　　　　　　　）调整。

8. 在工件表面上车沟槽的方法称为切槽，槽有外槽、内槽和（　　　　）。

9. 螺纹根据用途可分为（　　　　　　　）、传动螺纹、密封螺纹等。

10. 螺纹车刀分为高速钢螺纹车刀和（　　　　　　　　）两种。

二、选择题

1. 车刀需要足够的硬度，一般刀具材料的硬度应在（　　）以上。

A. 60HRC　　B. 45HRC　　C. 60HRV　　D. 45HRV

2. 车床特定代码表示其规格型号等，如 C6132，其中 32 表示（　　）。

A. 机床最大车削直径为 32mm　　B. 机床最大车削直径为 320mm

C. 机床最大车削长度为 32mm　　D. 机床最大车削长度为 320mm

3. 不能在车床上加工的任务是（　　）。

A. 切削外圆　　B. 切削内锥面　　C. 切削英制螺纹　　D. 切削平面

4. 车刀前刀面与基面之间的夹角称为（　　）。

A. 后角　　B. 前角　　C. 主偏角　　D. 刃倾角

5. 车刀主偏角、副偏角、刀尖角加起来是（　　）。

A. 90°　　B. 120°　　C. 180°　　D. 210°

三、判断题

1. 车刀装夹在刀架上要保证其刚性，那么车刀伸出部分应尽量短，故伸出长度为刀柄厚度的 1~1.5 倍。（　　）

2. 切断刀的形状与切槽刀相似，一般不容易折断。（　　）

3. 工件必须在机床夹具中定位正确和夹紧牢固，才能顺利加工工件。（　　）

4. 自定心卡盘的卡爪可装成正爪或反爪两种形式，正爪用来装夹直径较大的工件。（　　）

5. 普通螺纹是应用最广泛的一种三角形螺纹。（　　）

四、简答题

1. 简述车床一般使用的场合。

2. 车床刀具主要由哪些材料制造的？其优缺点是什么？

3. 简述螺纹量规的使用规则。

4. 为保证加工质量，车床刀具在安装时有哪些注意事项？

5. 自定心卡盘是车床的通用夹具，其有哪些优点？

第3章

铣削加工

3.1 铣削加工工艺

3.1.1 铣削概述

铣削是以铣刀作为刀具加工物体表面的一种机械加工方法。铣削是使用旋转的多刃刀具切削工件，是高效率的加工方法。工作时刀具旋转（做主运动），工件移动（做进给运动），工件也可以固定，但此时旋转的刀具还必须移动（同时完成主运动和进给运动）。

铣削时，主运动是铣刀的高速旋转运动，进给运动是工件的低速运动。铣削用量为铣削速度 v（m/s）、进给量 f（mm/r）或每齿进给量 f_z（mm/z）或进给速度 v_f（mm/min）、背吃刀量（铣削深度 a_p，mm）和侧吃刀量（铣削宽度 a_e，mm），如图 3-1 所示。铣削速度是指铣刀最大直径处的线速度；进给量是指工件在进给方向上相对铣刀的位移量，因铣刀属于多刃刀具，在计算时有每转进给量、每齿进给量和进给速度三种度量方法；背吃刀量是指垂直于已加工表面测量出的切削层尺寸；侧吃刀量是指垂直于进给方向测量出的已加工表面的宽度。

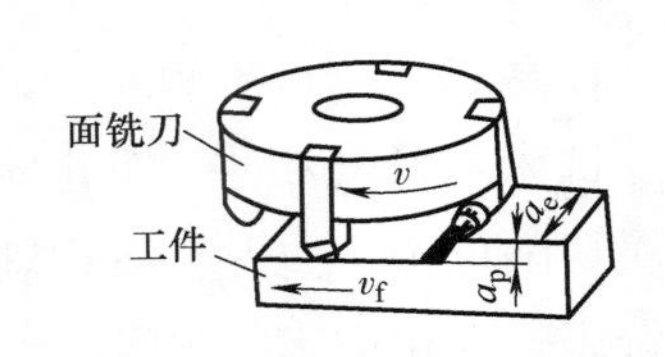

图 3-1 铣削运动及铣削用量

铣削加工的工艺范围非常广泛，可以加工各种平面、台阶面、沟槽、成形面、齿轮和其他特殊型面，还可以进行切断、分度、钻孔、铰孔、镗孔等工作，如图 3-2 所示。铣削的加工精度一般可以达到 IT11~IT7 级，表面粗糙度 Ra 值为 6.3~0.8μm。

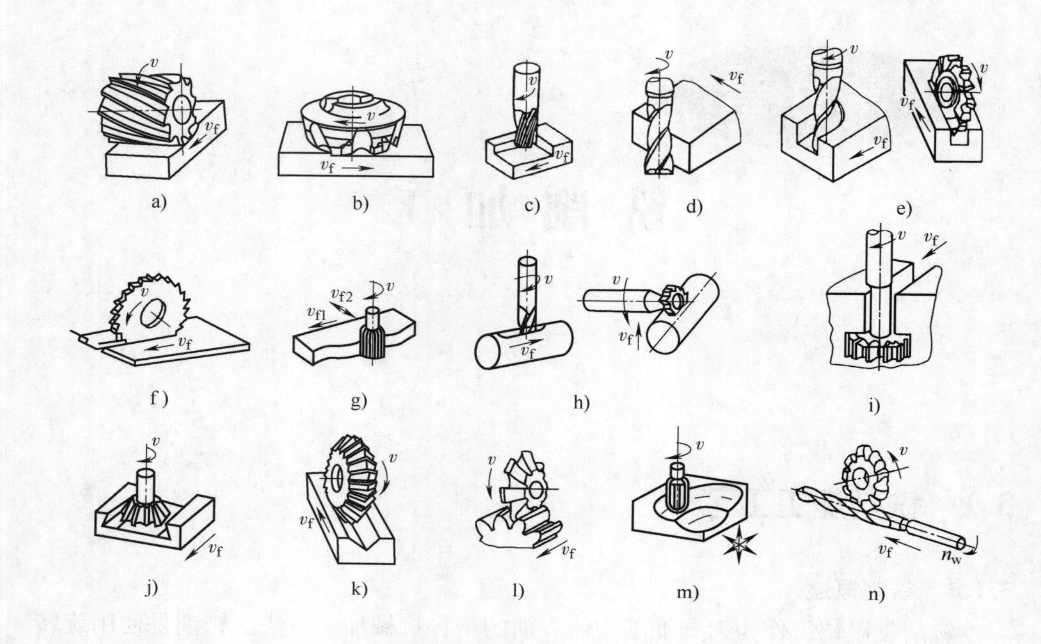

图 3-2 铣削主要加工范围

a）铣平面 b）铣平面 c）铣台阶面 d）铣侧平面 e）铣槽 f）切断 g）铣曲面 h）铣键槽 i）铣 T 形槽 j）铣燕尾槽 k）铣 V 形槽 l）铣齿轮 m）铣型腔 n）铣螺旋槽

3.1.2 铣床与铣刀

1. 铣床

铣床是用铣刀对工件进行铣削加工的机床，是目前机械制造行业广泛采用的金属切削机床，约占金属切削机床总数的 25%。铣床的种类很多，常用的有卧式铣床、立式铣床、龙门铣床、工具铣床、专用铣床等。

以下通过万能卧式铣床、立式铣床和龙门铣床为例介绍铣床的基本结构。

（1）万能卧式铣床　X6132 型万能卧式铣床的外形结构如图 3-3 所示。它主要由床身、主轴、刀杆、悬梁、工作台、回转台、溜板、升降台、底座等几部分组成。在床身的前面有垂直导轨，升降台可沿着它上下移动。在升降台上面的水平导轨上，装有可在平行主轴轴线方向移动（前后移动）的溜板。溜板上部有可转动的回转台，工作台就在回转台上的导轨上做垂直于主轴轴线方向移动（左右移动）。工作台上有 T 形槽用来固定工件。这样，安装在工作台上的工件就可以在三个坐标上的六个方向调整位置或进给。

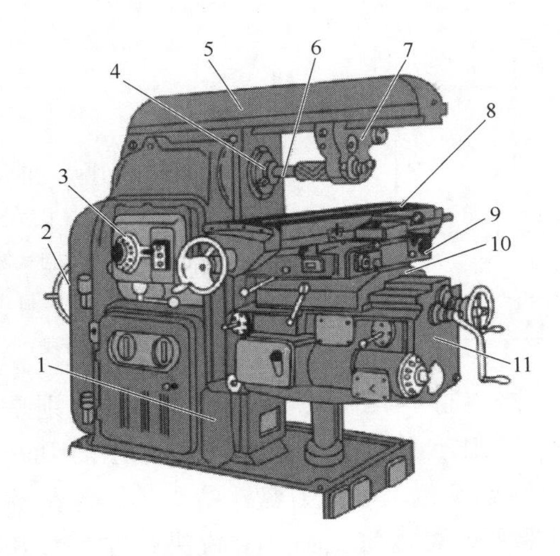

图 3-3 X6132 型万能卧式铣床的外形结构

1—底座 2—操作盘 3—主轴变速盘 4—主轴 5—悬梁 6—刀杆 7—刀杆支架 8—工作台 9—回转台 10—溜板 11—升降台

1）床身。床身是用来支撑和固定铣床各部分。床身内部装有主轴、变速机构、电动机、传动润滑及电气控制系统。顶面有水平导轨，供悬梁移动。前端面有垂直导轨，供升降台上下移动。

2）悬梁。悬梁一端装有支架，用以支承刀杆，以减少刀杆的弯曲与振动。悬梁可沿床身的水平导轨移动，其伸出长度由刀杆长度来进行调整。

3）主轴。主轴是用来安装刀杆并带动铣刀旋转的，主轴是空心轴，前端有 7∶24 的精密锥孔，其作用是安装铣刀刀杆锥柄。

4）工作台。工作台由纵向丝杠带动在回转台导轨上做纵向移动，以带动台面上的工件做纵向进给。台面上的 T 形槽用以安装夹具或工具。

5）溜板。溜板位于升降台上的水平导轨上，可带动工作台一起做横向进给。

6）回转台。回转台可将工作台在水平面内旋转一定角度（±45°），以便铣削螺旋槽等。具有回转台的卧式铣床称为万能卧式铣床。

7）升降台。升降台可以带动整个工作台沿床身的垂直导轨做上下移动，以调整工件与铣刀的距离和垂直进给。

8）底座。底座用以支承床身和升降台，内盛切削液。

X6132 型万能卧式铣床含义如下。

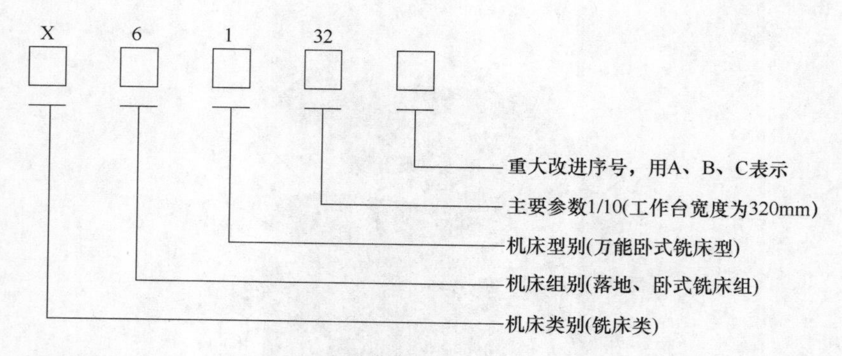

（2）立式铣床　立式铣床与卧式铣床相比，主要区别是主轴垂直布置，除了主轴布置不同以外，工作台可以上下升降。立式铣床用的铣刀相对灵活一些，适用范围较广，可使用立铣刀、机夹刀盘、钻头等，可铣键槽、铣平面、镗孔等。有时根据加工的需要，可以将主轴（立铣头）左、右倾斜一定的角度。立式铣床主轴可在垂直平面内顺、逆回转调整±45°，拓展机床的加工范围。铣削时铣刀安装在主轴上，由主轴带动做旋转运动，工作台带动工件做纵向、横向、垂直方向移动，如图 3-4 所示。

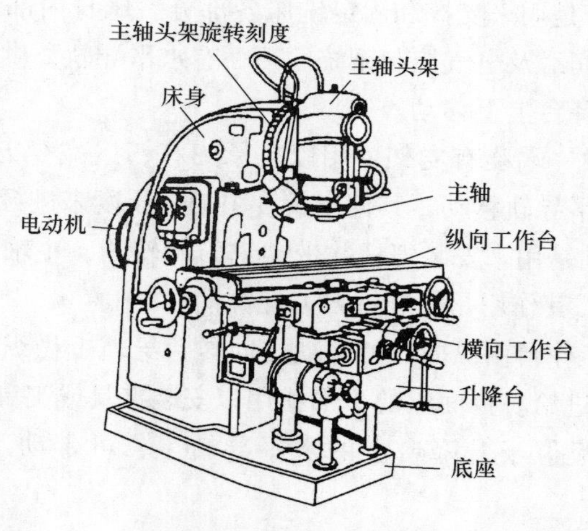

图 3-4　立式铣床的外形结构

（3）龙门铣床　龙门铣床简称为龙门铣，如图 3-5 所示，是具有门式框架和卧式长床身的铣床。龙门铣床上可以用多把铣刀同时加工表面，加工精度和生产率都比较高，适用于成批和大量生产中加工大型工件的平面和斜面。

龙门铣床由门式框架、床身工作台和电气控制系统构成。门式框架由立柱和顶梁构成，中间还有横梁。横梁可沿两立柱导轨做升降运动。横梁上有 1 ~ 2 个带垂直主轴的铣头，可沿横梁导轨做横向运动。两立柱上还可分别安装一个带水平主轴的铣头，其可沿立柱导轨做升降运动。这些铣头可以同时加工几个表面。每个铣头都具有单独的电动机（功率最大可达150kW）、变速机构、操纵机构和主轴部件等。卧式长床身上架设有可移动的工作台，并覆有护罩。加工时，工件安装在工作台上并随之做纵向进给运动。

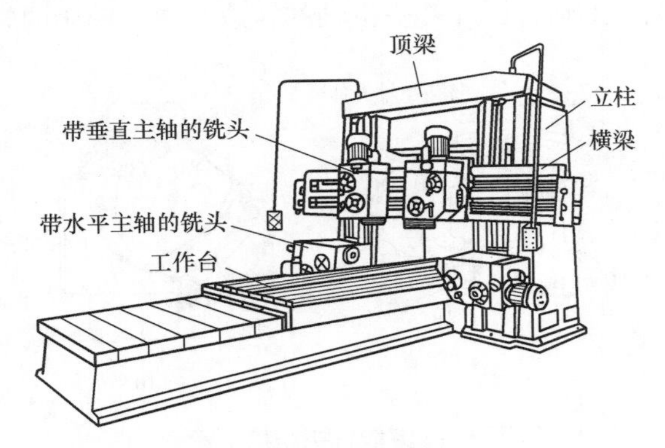

图3-5 龙门铣床的外形结构

（4）铣床附件 铣床的主要附件有平口钳、万能铣头、回转工作台和万能分度头等。

1）平口钳。平口钳又称为机用虎钳，如图3-6所示，是一种通用夹具，常用于安装小型工件。它是铣床、钻床的随机附件。将平口钳固定在机床工作台上，用来夹持工件进行切削加工，一般用于小型较规则的零件，如较方正的板块类零件、盘套类零件、轴类零件和小型支架等。平口钳是可拆卸的螺纹连接和销连接的铸铁合体；活动钳身的直线运动是由螺旋运动转变的；工作表面是螺旋副、导轨副及间隙配合的轴和孔的摩擦面。使用时用扳手转动丝杠，通过丝杠螺母带动活动钳身移动，形成对工件的加紧与松开。平口钳安装工件时，应注意：应使工件被加工面高于钳口，否则应用垫铁垫高工件；应防止工件与垫铁间有间隙；为保护工件的已加工表面，可以在钳口与工件之间垫软金属片。

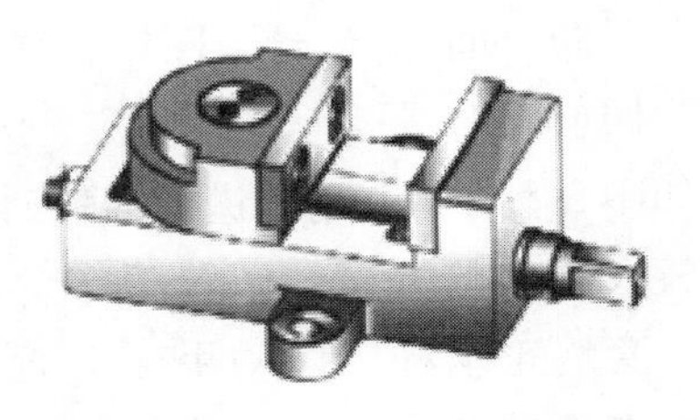

图3-6 平口钳结构示意图

2）万能铣头。万能铣头也称为万向铣头，如图3-7所示，是指机床刀具主轴可在水平和垂直两个平面内回转的铣头。从机床坐标系来看，就是机床刀具主轴能够围绕机床 Z 轴和 X 轴（或 Y 轴）旋转的铣头，其中围绕机床 Z 轴的轴称

为 C 轴，围绕机床 X 轴的轴称为 A 轴，从而使机床具备五个坐标轴。万能铣头是卧式升降台铣床的主要附件，用以扩大铣床的使用范围和功能。万能铣头主轴可以在相互垂直的两个回转面内回转，不仅能完成立铣、平铣工作，而且可以在工件一次装夹中，进行各种角度的多面、多棱、多槽的铣削。万能铣头的底座用四个螺栓固定在铣床垂直导轨上，铣床主轴的运动可以通过铣头内两对齿数相同的锥齿轮传递到铣头主轴，因此铣头主轴的转速级数与铣床的转速级数相同。

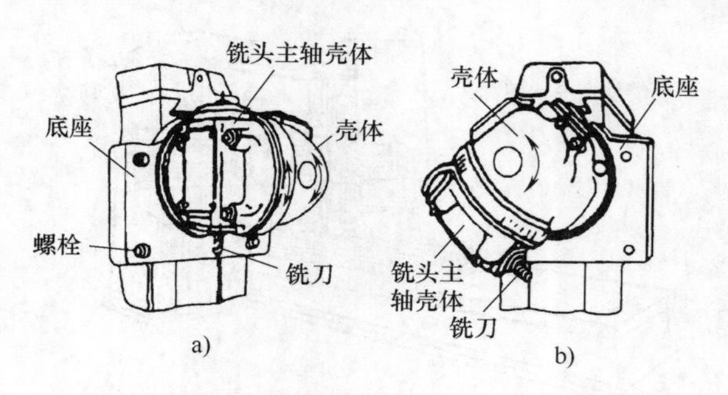

图 3-7　万能铣头结构示意图

a）外形图　b）转一定角度

3）回转工作台。回转工作台又称为回转盘、平分盘、圆形工作台等。如图 3-8 所示，它可进行圆弧面加工和较大零件的分度。回转工作台内部有一套蜗轮蜗杆，摇动手轮，通过蜗杆能直接带动与回转工作台相连接的蜗轮转动。回转工作台周围有刻度，可以用来观察和确定回转工作台的位置。拧紧固定螺钉可以固定回转工作台。回转工作台中央有一孔，利用它可以很方便地确定工件的回转中心。铣圆弧面时，工件安装在回转工作台上绕铣刀旋转，用手均匀缓慢地摇动回转工作台，从而使工件铣出圆弧面。

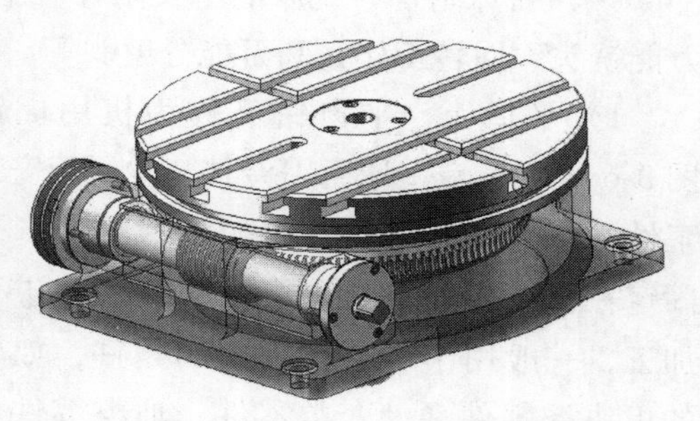

图 3-8　回转工作台结构示意图

4）万能分度头。万能分度头主要由壳体和壳体中部的鼓形回转体（即球形扬头）、主轴以及分度盘等组成，如图 3-9 所示。万能分度头的底座内装有回转体，主轴可随回转体在垂直平面内向上 90° 和向下 10° 范围内转动。主轴前端常装有自定心卡盘或顶尖。分度时拔出定位销，转动分度手柄，通过齿数比为 1 : 1 的直齿圆柱齿轮副传动，带动蜗杆转动，又经齿数比为 1 : 40 的蜗杆副传动、带动主轴旋转分度，如图 3-10 所示。如果要把工件分成 z 等份，每一等份就需要工件转过 $1/z$ 周，而分度手柄的转数 n 为

$$n=40\times\frac{1}{z}=\frac{40}{z}$$

式中，n 是分度手柄转数；40 是分度头定数；z 是工件等分数。

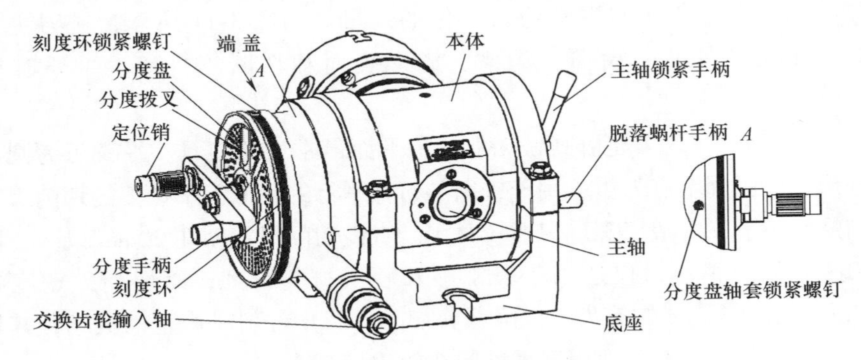

图 3-9 万能分度头结构示意图

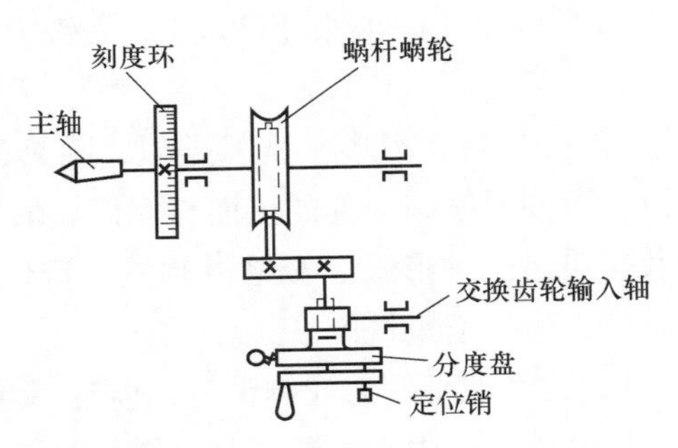

图 3-10 万能分度头传动图

万能分度头一般备有两块分度盘。分度盘的两面各钻有许多孔圈，各圈的孔数均不相同，但同一圈上各孔的孔距是相等的。第一块分度盘正面各圈的孔数依次是 24、25、28、30、34、37；反面各圈的孔数依次是 38、39、41、42、43. 第二块分度盘正面各圈的孔数依次是 46、47、49、51、53、54；反面各圈的孔数依次是 57、58、59、62、66。例如，铣齿数为 12 的花键，分度手柄的转数 n 为

$$n=\frac{40}{z}=\frac{40}{12}=3\ \frac{1}{3}$$

可选用分度盘上 24 孔圈（或孔数是分母 3 的整数倍的孔圈），$n=3\ \frac{1}{3}=3\ \frac{8}{24}$，

即先将定位销调整到孔数为24圈的孔圈上，转过3圈后，再转过8个孔距。为了避免分度手柄转动时发生差错并节省时间，可调整分度盘上的两个扇形叉角，使之正好等于孔距数，这样依次进行分度时就可准确无误。

2. 铣刀

（1）铣刀种类　铣刀是用于铣削加工的、具有一个或多个刀齿的旋转刀具。工作时各刀齿依次间歇地切去工件的余量。如图3-11所示，铣刀主要用于在铣床上加工平面、台阶、沟槽、成形表面和切断工件等，主要有以下分类。

1）平铣刀。平铣刀是卧式铣床上加工平面最常用的刀具。平铣刀为圆盘形或圆柱形，外圆周上有刀齿，用于铣削与刀杆平行的平面。平铣刀的切削刃有直刃形与螺旋刃形，一般以螺旋刃形较常用。直齿切削刃宽度在20mm以下，因其切削刃多，切屑槽小，仅适用于轻铣削及硬质材料铣削；而切削刃宽度超过20mm以上时通常制成螺旋齿，以降低剪切力，防止铣削时产生的振动，其切削刃少，有较大的切屑槽，适用于重铣削及软质材料铣削。

2）立铣刀。立铣刀多用于加工沟槽、小平面、台阶面等。立铣刀有直柄和锥柄两种。直柄立铣刀直径较小，一般小于20mm。立铣刀直径较大时用锥柄，大直径的锥柄立铣刀多为镶齿式。

3）侧铣刀。侧铣刀的外形与直刃形平铣刀类似，除具备平铣刀的形状和功用外，侧面也有切削刃，可同时铣削工件的正面与侧面。依切削刃形状，侧铣刀可分为直齿、螺旋齿及交错齿三种形式。交错齿侧铣刀铣切时应力可相互抵消，减少振动，铣削效率较好，适用于重铣削。

4）锯片铣刀。此种铣刀类似平铣刀或侧铣刀，但其厚度甚薄（6mm以下），且没有侧刀齿，其两边均磨光并向中心逐渐磨薄，使其铣切时有适当的间隙，而不会产生摩擦，用于铣切窄槽及锯削材料。

5）面铣刀。面铣刀是一圆盘状台形本体的周围及侧面具有切削刃的铣刀。此种铣刀主要铣削较大的平面，铣刀刀面宽大。铣刀本体一般以工具钢制成，再嵌入高速钢或碳化物切削刃。

6）角铣刀。角铣刀的切削刃既不平行也不垂直于铣刀轴，是专门用于铣削与回转轴成一定角度表面的铣刀，如V形槽、棘齿轮、燕尾槽、铰刀及铣刀等。依角度不同，角铣刀又可分为单角铣刀与双角铣刀两种。单角铣刀倾斜角度有45°、60°、70°、80°等，双角铣刀成45°、60°、90°等。

7）成形铣刀。此类铣刀通常是为特定形状的铣削工作而设计，专门铣削规则或不规则外形及大量生产小零件。常用的有圆角铣刀、切齿铣刀、凸圆弧铣刀、凹圆弧铣刀等。由于每个切削刃的形状均相同，磨锐切削刃时，不可研磨其外形，以防成形铣刀走样，应磨其前斜面。

8）T 形槽铣刀。T 形槽铣刀用于加工各种机械台面或其他物体上的 T 形槽。T 形槽铣刀可以分为锥柄 T 形槽铣刀和直柄 T 形槽铣刀。

9）燕尾槽铣刀。它的形状类似单角铣刀，并具有标准锥柄。当侧铣刀或其他适当的铣刀铣削垂直沟槽后，再用燕尾槽铣刀铣成燕尾槽。此种铣刀角度有 45°、50°、55°、60°。

10）半圆键铣刀。它的形状类似 T 形槽铣刀，最大差异在于半圆键铣刀没有侧刀齿，而 T 形槽铣刀有，用于铣削半圆键槽。

根据安装方法不同，铣刀可以分为带孔铣刀和带柄铣刀两大类，如图 3-11 所示。带柄铣刀多用于立式铣床，带孔铣刀多用于卧式铣床。

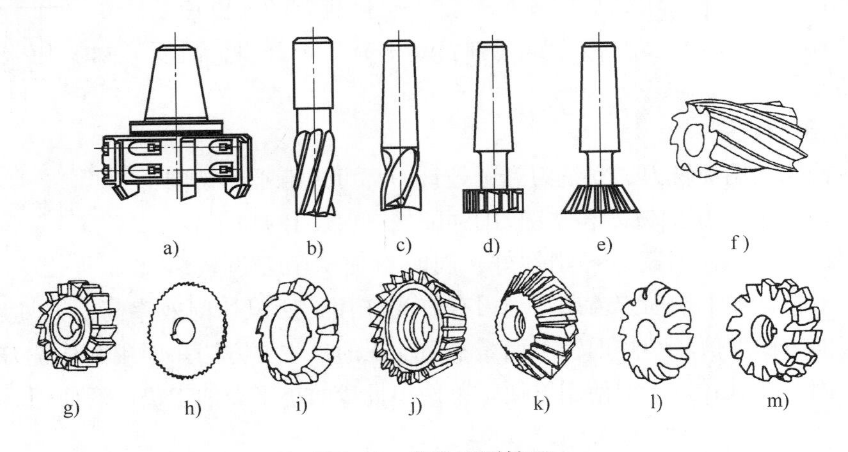

图 3-11 各种不同铣刀

a）硬质合金镶齿面铣刀 b）立铣刀 c）键槽铣刀 d）T 形槽铣刀 e）燕尾槽铣刀 f）圆柱铣刀 g）三面刃铣刀 h）锯片铣刀 i）模数铣刀 j）单角铣刀 k）双角铣刀 l）凸圆弧铣刀 m）凹圆弧铣刀

（2）带孔铣刀的安装 带孔铣刀多用短刀杆安装，但带孔铣刀中的圆柱形和圆盘形铣刀多用长刀杆安装，如图 3-12 所示。刀杆一端为锥体，正好与主轴锥孔相配合，装入机床主轴锥孔后，由拉杆拉紧。主轴旋转，并通过主轴前端的端面、键带动刀具旋转，刀具的轴向位置由套筒来定位。为了提高刀杆的刚度，铣刀尽可能靠近主轴与支架，避免刀杆发生弯曲，影响加工精度。拧紧刀杆压紧螺母时，必须先装上支架，以防刀杆受力弯曲，初步拧紧螺母，先观察铣刀是否装正，装正后用力拧紧螺母。

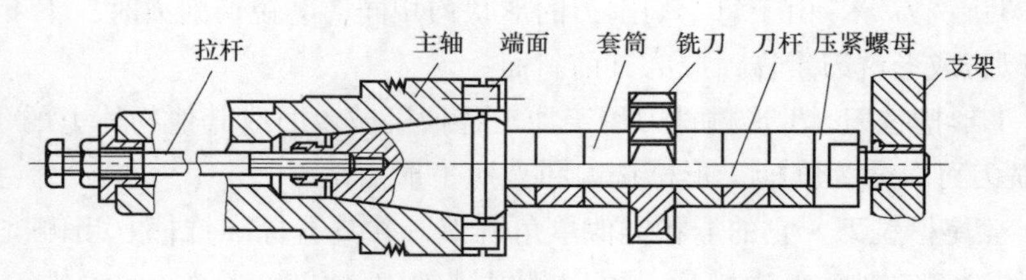

图 3-12　圆盘形铣刀安装

（3）带柄铣刀的安装　对于直径大于 10mm 的锥柄立铣刀，可借助过渡套筒装入机床主轴中，然后用拉杆把铣刀及过渡套筒一起拉紧在主轴锥孔内；对于直径小于 10mm 的锥柄立铣刀，可使用弹簧套装夹。如图 3-13 所示，对于直柄立铣刀，将铣刀插入弹簧套的孔中，用螺母压紧弹簧套，使弹簧套的外锥面受压而孔径缩小，即可将铣刀抱紧（弹簧套上有 3 个开口，故受力能缩小）。

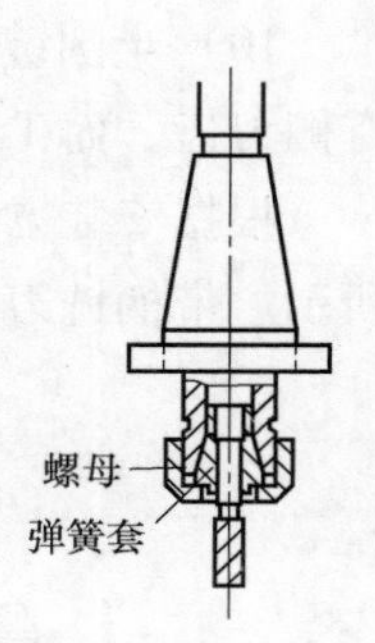

图 3-13　立铣刀的安装

3.1.3　平面铣削

在铣床上用面铣刀、立铣刀和圆柱铣刀都可进行平面铣削，如图 3-14 所示。用面铣刀和立铣刀也可进行垂直面的加工。用面铣刀加工平面，因其刀杆刚性好，同时参加切削刀齿较多，切削较平稳，加上端面刀齿副切削刃有修光作用，所以切削效率高，刀具耐用，工件表面粗糙度值较小。面铣平面是平面加工的最主要方法。而用圆柱铣刀加工平面，因其在卧式铣床上使用方便，单件小批量的小平面加工仍广泛使用。

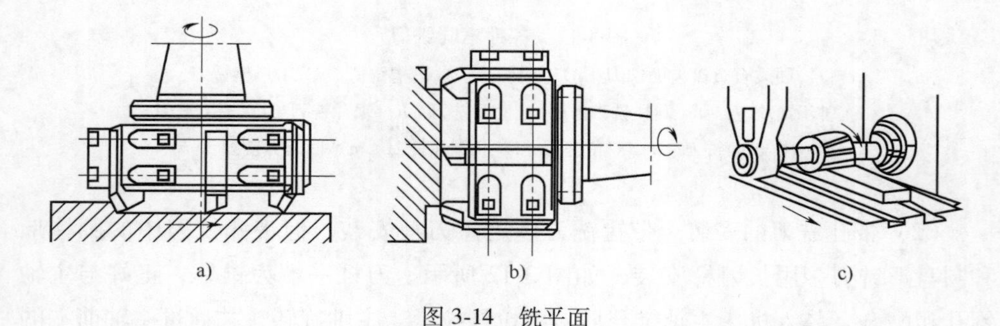

图 3-14　铣平面

a）面铣刀铣平面　b）面铣刀铣垂直平面　c）圆柱铣刀铣平面

平面铣削基本步骤如下。

1）起动铣床使铣刀旋转，升高工作台，使工件和铣刀稍微接触，记录下刻度盘读数。

2）纵向退出工件，按下铣刀停止按钮，使铣刀停转。

3）利用刻度盘调整侧吃刀量，使工作台面升高到规定的位置。

4）起动铣床，先手动控制进给，当工件被稍微切入后，可改为自动进给。

5）当铣完一刀后需停车进行检查。

6）退回工作台，测量工件尺寸，并观察表面粗糙度，重复铣削达到所需工件要求。

3.1.4 键槽铣削

1. 铣键槽

（1）开口键槽　在铣床上可以加工各种沟槽，轴上的键槽通常是在铣床上加工的。如图3-15所示，用三面刃铣刀在卧式铣床上加工开口键槽，工件可用平口钳或万能分度头进行装夹。由于三面刃铣刀参加铣削的切削刃多、刚性好、散热好，其生产率比用键槽铣刀高。但需要注意的是在铣削键槽前，要做好对刀工作，以保证键槽的对称度，如图3-16所示。

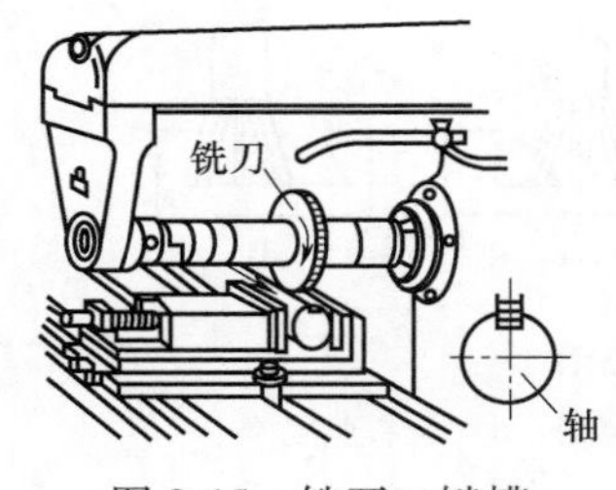

图3-15　铣开口键槽

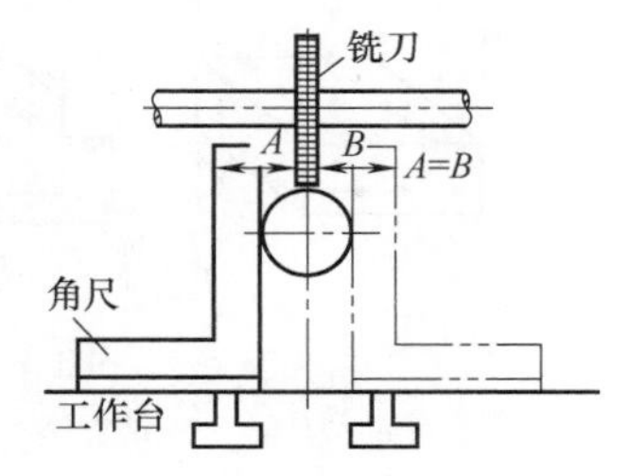

图3-16　对刀示意图

（2）封闭键槽　在轴上铣封闭键槽，一般用立铣刀进行加工。在整个加工过程中，需要注意的是切削时要逐层切下，因为立铣刀一次轴向进给不能太大，如图3-17所示。

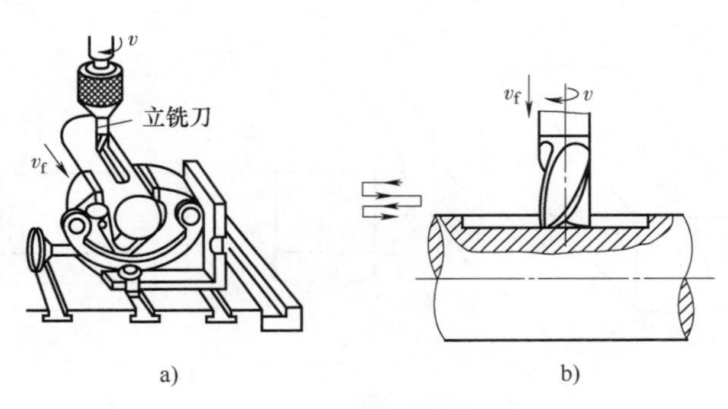

图3-17　铣封闭键槽

a）铣削过程　b）逐层切削

2. 铣T形槽或燕尾槽

铣T形槽或燕尾槽一般分成两步进行，先用立铣刀或三面刃铣刀铣出直槽，然后在立式铣床上用T形槽或燕尾槽铣刀最终加工成形，如图3-18和图3-19所示。

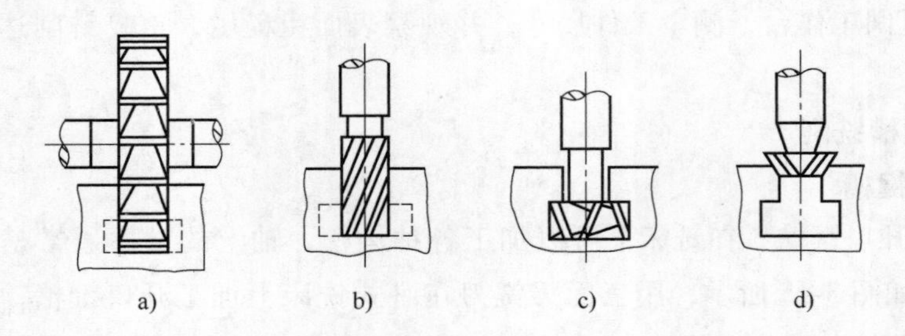

图3-18　铣T形槽

a）铣直槽　b）铣直槽　c）铣T形槽　d）倒角

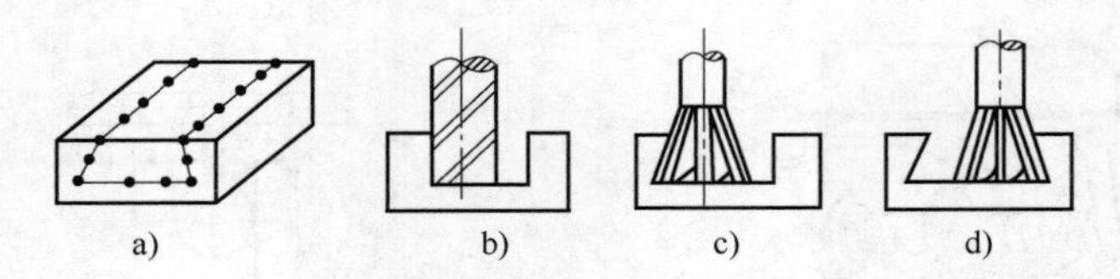

图3-19　铣燕尾槽

a）划线　b）铣直槽　c）铣左燕尾槽　d）铣右燕尾槽

3.1.5　外轮廓铣削

已知一个长方体的原始尺寸为130mm×73mm×63mm，通过外轮廓的铣削使它的尺寸要求达到120mm×63mm×53mm，如图3-20所示。利用立式铣床进行加工。

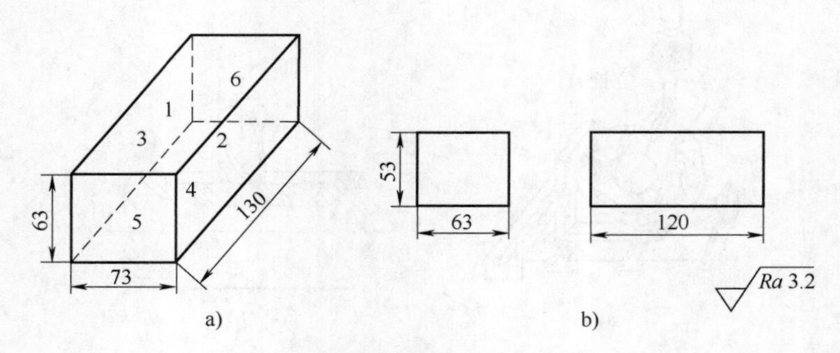

图3-20　长方体工件

把工件安装在铣床工作台的平口钳上，使待铣面露出平口钳，安装所需要的铣刀并调整铣床，为下一步切削做准备。

选择工件中面积最大的平面进行铣削，如平面1，使平面1、4间尺寸达到58.5mm停止。

重新进行装夹，在活动钳口上加圆棒，以保证平面1紧贴固定钳口，铣平面2、3使得两个平面间的距离达到64mm。

再进行重新装夹，使得已经加工过的平面1、3要与平口钳上的垫铁和固定钳口贴紧，铣平面4使得平面1、4间的距离为54mm。

再重新进行装夹，使平面1紧贴固定钳口，活动钳口上加圆棒，矫正垂直度，先铣平面5，然后转动180°，铣平面6，使得平面5、6间的距离达到121mm。

最后再按以上加工步骤依次加工各平面，直至达到规定的尺寸要求，并符合图样中的粗糙度要求。

3.2　铣削加工技能训练

铣削加工已成为机械加工中必不可少的一种加工方式。铣刀有较多的刀齿，连续地依次参加切削，没有空程损失。主运动是旋转运动，故切削速度可以较高。此外，还可进行多刀、多件加工。由于工作台移动速度较低，故有可能在移动的工作台上装卸工件，使辅助时间与机动时间重合，因此提高了工作效率。

铣削加工是利用铣刀切去毛坯余量，获得一定尺寸精度、表面形状、位置精度及表面粗糙度的工件。在模具制造过程中，因为产品的要求很严格，各孔、柱之间是有距离要求的，而且模具中顶针孔位之间也是有距离要求的。所以通常有要求的孔位都是用普通铣床来进行钻孔加工的。在模具加工中，常用来加工镶针孔、顶针孔、冷却水流道、拉杆孔、限位杆孔、拉料针孔、留模螺钉孔、杯头孔、垃圾钉孔、弹簧孔、避空孔、气孔等。

铣削加工具有加工范围广、生产率和加工精度都比较高的特点，在模具制造生产中有着举足轻重的地位。特别是立式普通铣床，更是应用得最多的加工设备之一，几乎是每一个模具厂必备的设备。普通铣床的加工又称为“万能”加工，由此可见，它的加工范围是非常广的，如图3-21所示。

3.2.1　安全操作规程

1. 操作要点

1）操作人员应穿紧身工作服，袖口扎紧；女同志要戴防护帽；高速铣削时

图 3-21　铣床加工的工件

要戴防护镜；铣削铸铁件时应戴口罩；操作时，严禁戴手套，以防将手卷入旋转刀具和工件之间。

2）操作前应检查铣床各部件及安全装置是否安全可靠；检查设备电气部分是否安全可靠。

3）装卸工件时，应将工作台退到安全位置；使用扳手紧固工件时，用力方向应避开铣刀，以防扳手打滑时撞到刀具或工夹具。

4）装拆铣刀时要用专用衬垫垫好，不要用手直接握住铣刀。

5）铣削不规则的工件及使用台虎钳、万能分度头及专用夹具夹持工件时，不规则工件的重心及台虎钳、万能分度头、专用夹具应尽可能放在工作台的中间部位，避免工作台受力不均，产生变形。

6）在快速或自动进给铣削时，不准把工作台走到两极端，以免挤坏丝杠。

7）机床运转时，不得调整、测量工件和改变润滑方式，以防手触及刀具碰伤手指。

8）在铣刀旋转未完全停止前，不能用手去制动。

9）铣削中不要用手清除切屑，也不要用嘴吹，以防切屑损伤皮肤和眼睛。

10）在机动快速进给时，要把手轮离合器打开，以防手轮快速旋转伤人。

11）工作台换向时，须先将换向手柄停在中间位置，然后再换向，不准直接换向。

12）铣削键槽轴类或切割薄的工件时，严防铣坏万能分度头或工作台面。

13）铣削平面时，必须使用有四个刀头以上的刀盘，选择合适的切削用量，防止机床在铣削中产生振动。

14）工作后，将工作台停在中间位置，升降台落到最低位置上。

2. 安全规则

1）装卸工件，必须移开刀具，切削中头、手不得接近铣削面。

2）使用铣床对刀时，必须慢进或手摇进，不许快进；走刀时，不准停车。

3）快速进退刀时注意铣床手柄是否会打人。

4）进刀不许过快，不准突然变速，铣床限位挡块应调好。

5）上下及测量工件、调整刀具、紧固变速，均必须停止铣床。

6）拆装立铣刀，工作台面应垫木板；拆平铣刀时扳螺母，用力不得过猛。

7）严禁手摸或用棉纱擦转动部位及刀具，禁止用手去托刀盘。

8）一般情况下，一个夹头一次只能夹一个工件。因为一个夹头一次夹一个以上的工件，即使夹得再紧，粗进刀时受力很大，两个工件之间很容易滑动，导致工件飞出、刀碎、伤人事故。

3.2.2 训练任务

1. 铣削加工项目训练图

单件铣削加工T形槽工件，毛坯为115mm×90mm×65mm的长方体45钢锻件，如图3-22所示。

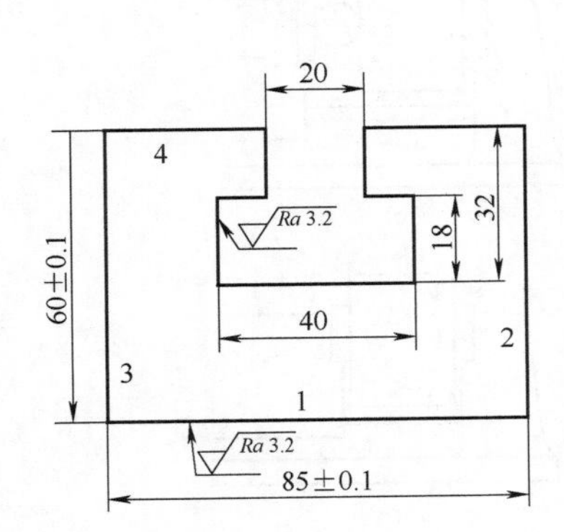

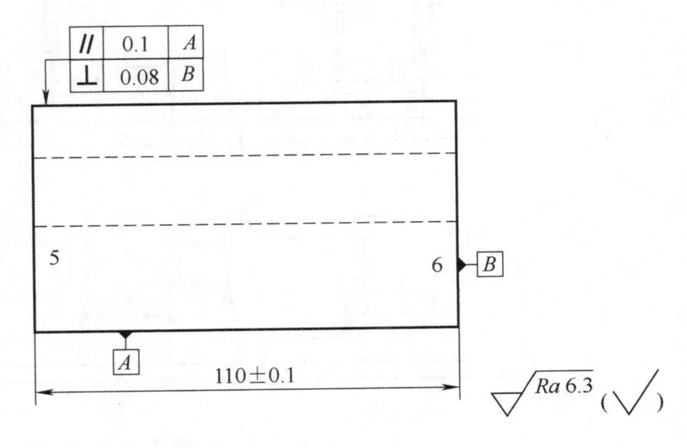

图3-22 T形槽工件

根据工件具有T形槽和单件生产等特点，这种工件适宜在立式铣床和卧式铣床上铣削加工，采用平口钳进行安装。铣削时，先把六面体铣出，再铣直槽，最后铣T形槽。

2. 铣削六面体

采用平口钳装夹工件，在立式铣床上选用普通机械夹固面铣刀盘铣削矩形工件的步骤如下。

1）读图看懂图样，了解图样上有关加工部位的尺寸精度、位置精度和表面粗糙度要求。

2）对照图样检查毛坯尺寸，了解毛坯余量的大小。

3）确定基准面，选择工件上的设计基准面作为定位基准面。这个基准面应先加工，并用其作为加工其余表面时的基准面。

4）安装平口钳，并目测校正固定钳口与纵向工作台平行。

5）选择并安装面铣刀盘（选用150mm普通机械夹固面铣刀盘），刃磨并安装硬质合金刀头。

6）调整切削用量（主轴转速为600r/min，进给量为95mm/min，背吃刀量为2~4mm）。

7）安装工件，对刀试切调整。

8）铣矩形工件。

① 铣面1（基准面）。平口钳固定钳口与铣床主轴轴线应平行安装。以面2为粗基准，靠向固定钳口，两钳口与工件间垫铜皮装夹工件，如图3-23a所示，铣平基准面，留余量。

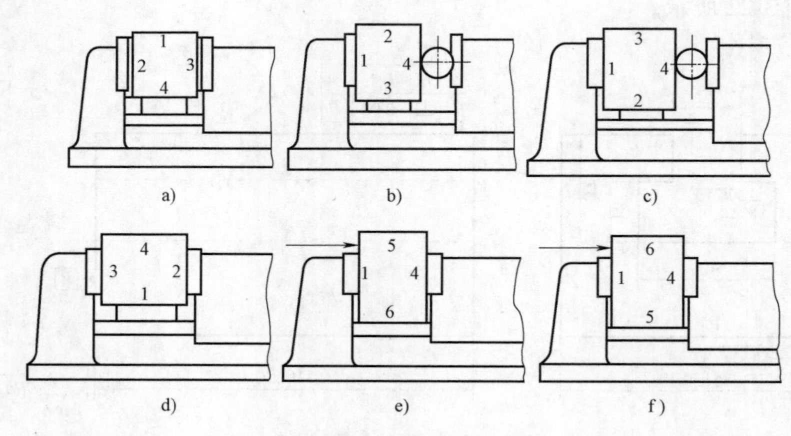

图3-23 矩形工件铣削顺序

② 铣面2。以面1作为精基准贴紧固定钳口，在活动钳口与工件间放置圆棒装夹工件，如图3-23b所示，铣面2，保证与基准面垂直度，留余量。

③ 铣面3。仍以面1作为基准装夹工件，如图3-23c所示，铣面3，保证与基准面垂直度，与面2的平行度和尺寸85mm，精度要控制在公差范围之内。

④ 铣面4。面1应贴紧平行垫铁，面3贴紧固定钳口装夹工件，如图3-23d

所示，铣面4，保证与基准面平行度，与面2、面3的垂直度和尺寸60mm，精度要控制在公差范围内。

⑤ 铣面5。仍以面1贴紧固定钳口，用90°角尺校正工件面2与平口钳钳体导轨面垂直（图3-24），装夹工件，如图3-23e所示，铣面5，保证与基准面垂直度，留余量。

⑥ 铣面6。仍以面1贴紧固定钳口，面5贴紧平行垫铁装夹工件，如图3-23f所示，铣面6，保证与基准面垂直度，与面5的尺寸110mm，精度要控制在公差范围之内。

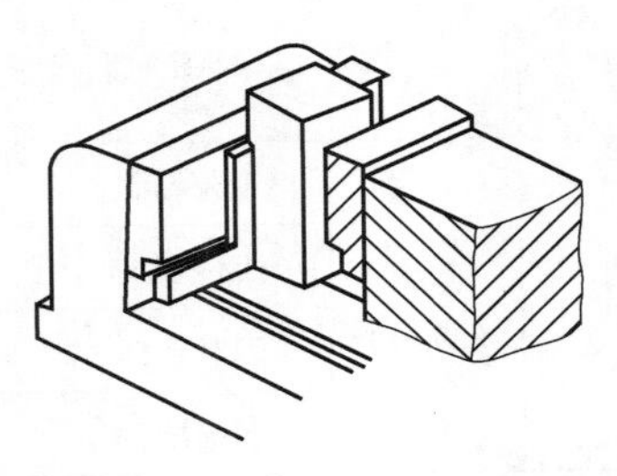

图3-24 90°角尺校正面2

3. 铣削直槽

在卧式铣床上铣直角沟槽的步骤如下。

1）校正平口钳的固定钳口与铣床主轴轴线平行。

2）在工件上划出槽的尺寸位置线。

3）安装并校正工件（工件表面要露出平口钳钳口，避免刀具伤到平口钳钳口）。

4）选择并安装铣刀（选择ϕ125mm×20mm×32mm的三面刃铣刀）。

5）对刀后紧固横向进给。

6）调整切削用量（主轴转速为118r/min，进给速度为60mm/min，背吃刀量为5~10mm）。

7）分数次进给铣出直槽。

8）停车、退刀、测量工件，合格后卸下工件。

9）去毛刺，进行下一步操作。

4. 铣削T形槽

1）在立式铣床上安装平口钳，校正固定钳口与纵向工作台进给方向平行。

2）选择并安装T形槽铣刀（选用ϕ40mmT形槽铣刀）。

3）对中心，铣T形槽（保证深度为32mm）。

4）停车、退刀，测量工件，合格后拆下工件。

5）去毛刺。

5. 铣削加工项目评分表

操作完成后根据评分表进行评分，再递交组长复评，最后递交指导教师终评。铣削加工项目评分表见表3-1。

表 3-1 铣削加工项目评分表

零件编号：　　　　姓名：　　　　学号：　　　　总分：

<table>
<tr><th>序号</th><th colspan="4">鉴定项目及标准</th><th>配分</th><th>自己
检测</th><th>组长
检测</th><th>指导教师
检测</th><th>指导教师
评分</th></tr>
<tr><td rowspan="4">1</td><td rowspan="4">知识
（35分）</td><td colspan="3">工艺编制</td><td>10</td><td></td><td></td><td></td><td></td></tr>
<tr><td colspan="3">工件装夹</td><td>15</td><td></td><td></td><td></td><td></td></tr>
<tr><td colspan="3">刀具选择</td><td>5</td><td></td><td></td><td></td><td></td></tr>
<tr><td colspan="3">切削用量</td><td>5</td><td></td><td></td><td></td><td></td></tr>
<tr><td rowspan="16">2</td><td rowspan="16">技能
（60分）</td><td colspan="3">对刀</td><td>5</td><td></td><td></td><td></td><td></td></tr>
<tr><td rowspan="15">工件尺寸超差 0.1mm 扣 1 分，扣完为止</td><td rowspan="2">60mm</td><td>+0.1mm</td><td rowspan="2">10</td><td rowspan="2"></td><td rowspan="2"></td><td rowspan="2"></td><td rowspan="2"></td></tr>
<tr><td>−0.1mm</td></tr>
<tr><td rowspan="2">85mm</td><td>+0.1mm</td><td rowspan="2">10</td><td rowspan="2"></td><td rowspan="2"></td><td rowspan="2"></td><td rowspan="2"></td></tr>
<tr><td>−0.1mm</td></tr>
<tr><td rowspan="2">110mm</td><td>+0.1mm</td><td rowspan="2">5</td><td rowspan="2"></td><td rowspan="2"></td><td rowspan="2"></td><td rowspan="2"></td></tr>
<tr><td>−0.1mm</td></tr>
<tr><td>20mm</td><td></td><td>5</td><td></td><td></td><td></td><td></td></tr>
<tr><td>18mm</td><td></td><td>5</td><td></td><td></td><td></td><td></td></tr>
<tr><td>32mm</td><td></td><td>5</td><td></td><td></td><td></td><td></td></tr>
<tr><td>40mm</td><td></td><td>5</td><td></td><td></td><td></td><td></td></tr>
<tr><td colspan="2">表面粗糙度
Ra 值 3.2μm（2 处）</td><td>5</td><td></td><td></td><td></td><td></td></tr>
<tr><td colspan="2">表面粗糙度
Ra 值 6.3μm（其余）</td><td>5</td><td></td><td></td><td></td><td></td></tr>
<tr><td>3</td><td>素养
（5分）</td><td colspan="3">工、量、器具摆放和操作习惯等</td><td>5</td><td></td><td></td><td></td><td></td></tr>
<tr><td colspan="5">合计</td><td>100</td><td></td><td></td><td></td><td></td></tr>
</table>

操作者签字：　　　　组长签字：　　　　指导教师签字：

3.2.3 技能训练

1. 工件的装夹

在铣床上加工中、小型工件时，一般多采用平口钳来装夹；对于大、中型工件，则采用压板来装夹。在成批、大量生产中，为提高生产率和保证加工质量，多采用专用夹具来装夹。

（1）利用定位键安装平口钳　在平口钳底面上一般都有键槽，有的只在一个方向上有分成两段的键槽，键槽的两段可装上两个键。有的平口钳底面有两条互相垂直的键槽。如图3-25所示，在安装时，若要求钳口与工作台纵向垂直，只要把键装在与钳口垂直键槽内，再使键嵌入工作台的槽中，不需再做任何校正。

（2）利用百分表校正　采用百分表校正的方法是将磁性表座吸在悬梁导轨面或垂直导轨上安装百分表，使表的测量杆与固定钳口铁平面垂直，测量头触碰到钳口铁平面，测量杆压缩0.3~0.5mm，纵向移动工作台，观察百分表读数（图3-26），在固定钳口全长内一致，确定固定钳口与铣床主轴轴线垂直或平行，然后轻轻用力紧固钳体，复检合格后，用力紧固钳体。

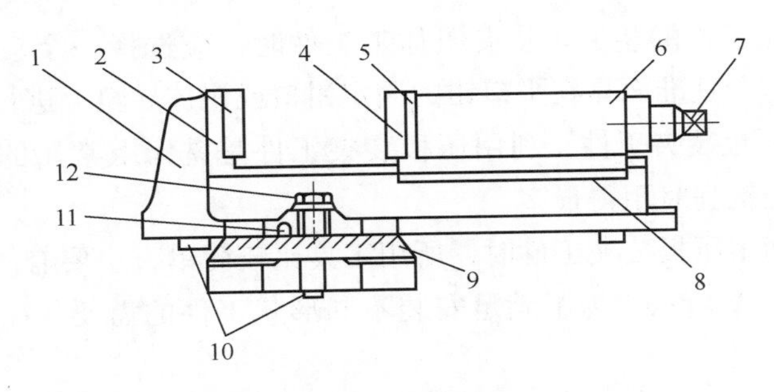

图3-25　回转式平口钳构造

1—钳体　2—固定钳口　3—固定钳口铁　4—活动钳口铁　5—活动钳口　6—活动钳身　7—丝杠方头　8—压板　9—底座　10—定位键　11—钳体零件　12—螺栓

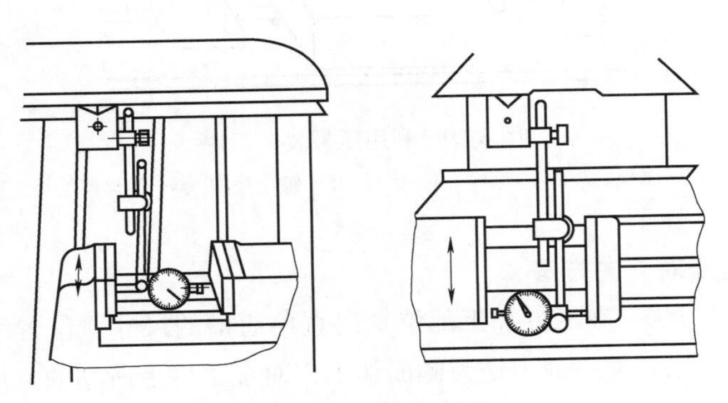

图3-26　利用百分表校正

（3）毛坯件的装夹　装夹毛坯件时，应选一个大而平整的毛坯面作为粗基准面，将这个面靠在固定钳口面上，在钳口和工件毛坯面之间垫上铜皮，以防止损伤钳口。夹紧工件后，用橡胶锤调整工件平面，并用划线盘校正工件平面与工作台面基本平行，如图3-27和图3-28所示。

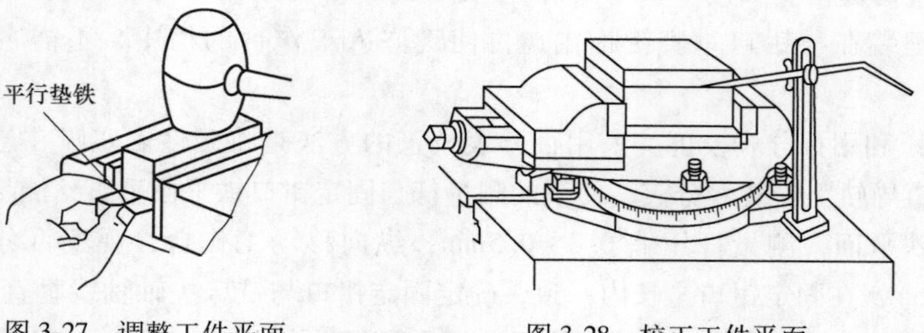

图3-27　调整工件平面　　　图3-28　校正工件平面

（4）粗加工工件的装夹　装夹粗加工工件时，应选择一个较大的粗加工面作为基准，将这个基准面靠在平口钳的固定钳口或钳体导轨上进行装夹。

（5）利用压板装夹工件　利用压板装夹工件是铣床上常用的一种方法，尤其在卧式铣床上铣削时用得最多。

在铣床上利用压板装夹工件时，所用工具比较简单，主要有压板、T形螺栓及螺母，如图3-29所示。为了满足安装不同形状工件的需要，压板的形状也做成很多种。

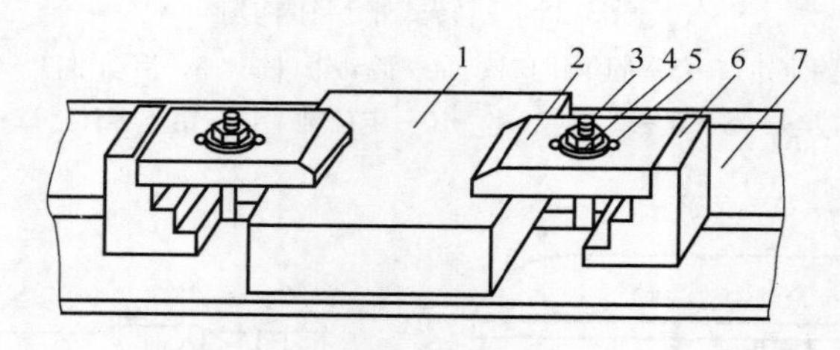

图3-29　利用压板装夹工件

1—工件　2—压板　3—T形螺栓　4—螺母　5—锁止垫圈　6—阶梯调整块　7—导轨

2. 直角通槽对刀的方法

1）划线对刀法。在工件加工部位划出直角通槽的尺寸、位置线，装夹校正工件后，调整铣床，使三面刃铣刀侧面切削刃对准工件上所划的宽度线，将横向进给紧固后，分次进给铣出直角通槽。

2）侧面对刀法。装夹校正工件后，调整铣床，使旋转中的三面刃铣刀侧面切削刃轻擦工件侧面后，降下工作台，使铣刀脱离工件上表面，横向移动工作台一个铣刀宽度L+工件侧面到槽侧距离C的位移量A，即$A=L+C$，如图3-30所示，将横向进给紧固后，调整好槽深，铣出直角通槽。

3）测量对刀法。移动升降台使工作台升高，让铣刀移动到工件上表面，将金属直尺端面靠近铣刀侧面（图 3-31），移动横向溜板，使金属直尺所需刻度线与工件端面对齐，紧固横向溜板，对刀成功。

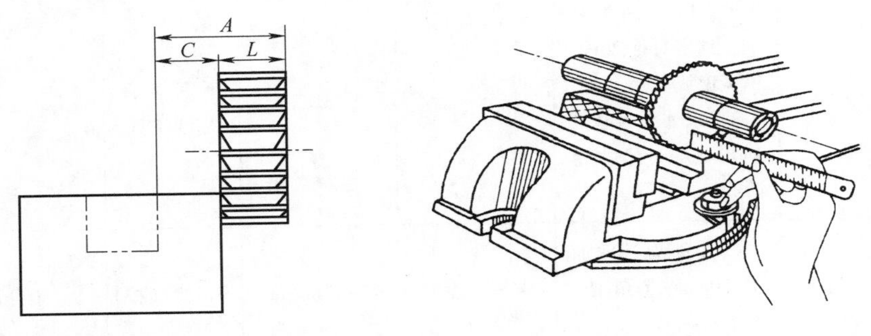

图 3-30　侧面对刀法　　　　图 3-31　测量对刀法

3. 综合技能训练

根据工件图样，进行加工，如图 3-32 所示。

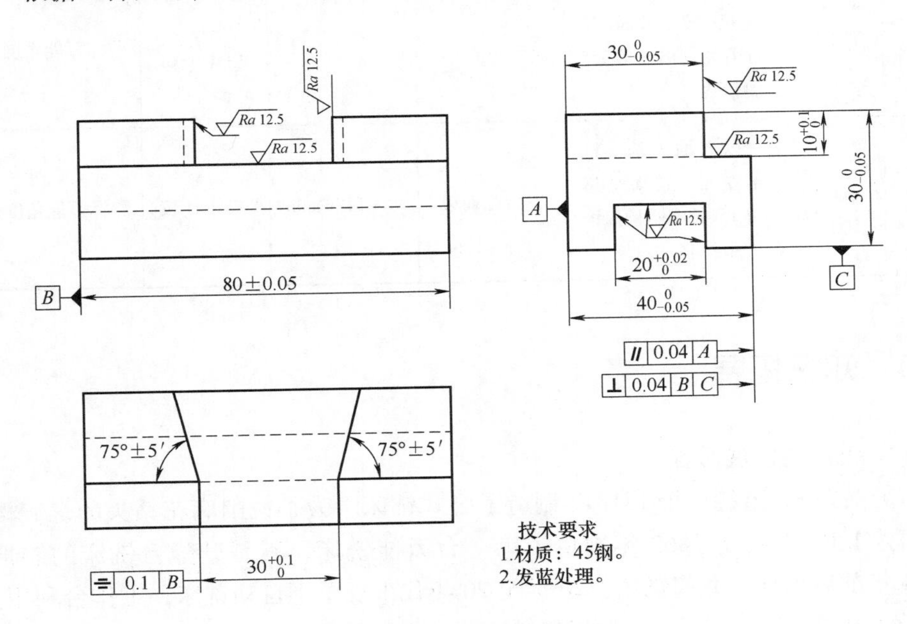

图 3-32　工件图样

加工步骤与方法见表 3-2。

表 3-2 加工步骤与方法

序号	铣削顺序	加工内容及要求	使用刀具	选择转速	工艺装备	使用量具
1	连接面	铣削外形，保证长、宽、高尺寸	硬质合金刀盘	375~600r/min	平口钳	游标卡尺 千分尺
2	划线	1）以 *A* 面为基准，划出对称 20mm 槽宽度线 2）以 *A* 面为基准划出 30mm 尺寸台阶线	—	—	平板、划线工具	—
3	直角槽	以 *A* 面为基准加工 20mm 直角槽，要求对称	镶齿三面刃	95~118r/min	平口钳（校）	千分尺
4	台阶	以 *A* 面为基准，加工台阶	镶齿三面刃	95~118r/min	平口钳（校）	千分尺
5	划线	使用游标万能角度尺，以 30mm 尺寸开始划出两条 75°斜槽线	—	—	平板、划线工具	游标万能角度尺
6	喇叭槽	以 *B* 面为基准铣槽左右，转动平口钳 15°铣喇叭槽保证尺寸要求	镶齿三面刃	95~118r/min	平口钳（校）	游标万能角度尺

3.3 知识拓展

1. 铣床的发展历程

美国人 E. 惠特尼于 1818 年制造了卧式铣床。为了铣削麻花钻头的螺旋槽，美国人 J. R. 布朗于 1862 年制造了第一台万能铣床，其是升降台铣床的雏形。1884 年前后出现了龙门铣床。20 世纪 20 年代出现了半自动铣床，工作台利用挡块可完成“进给-快速”或“快速-进给”的自动转换。

1950 年以后，铣床在控制系统方面发展很快，数字控制的应用大大提高了铣床的自动化程度。尤其是 20 世纪 70 年代以后，微处理机的数字控制系统和自动换刀系统在铣床上得到应用，扩大了铣床的加工范围，提高了加工精度与效率。

随着机械化进程不断加剧，数控编程开始广泛应用于机床类操作，极大释放了劳动力。数控铣床将逐步取代人工操作，对员工要求也会越来越高，当然带来的效率也会越来越高。

2. 铣床保养作业

（1）清洁

1）拆卸清洗各部油毛毡垫。

2）擦拭各滑动面和导轨面，工作台及横向、升降丝杠，进给传动机构及刀架。

3）擦拭各部死角。

（2）润滑

1）各油孔清洁畅通并加注润滑油。

2）各导轨面和滑动面及各丝杠加注润滑油。

3）检查传动机构油箱体、油面并加油至标高位置。

（3）紧固

1）检查并紧固压板及镶条螺钉。

2）检查并紧固滑块固定螺钉、进给传动机构、手轮、工作台支架螺钉、叉顶丝。

3）检查并紧固其他部分松动螺钉。

（4）调整

1）检查并调整皮带、压板及镶条松紧适宜。

2）检查并调整滑块及丝杠螺母。

（5）防腐

1）除去各部锈蚀，保护喷漆面，勿碰撞。

2）停用、备用设备导轨面、滑动丝杠手轮及其他暴露在外易生锈的部位涂油防腐。

3.4 铣削加工理论测试卷

一、填空题

1. 铣削加工的主运动为（　　　　）旋转运动，进给运动为（　　　　）移动。

2. 铣床的种类很多，常用的铣床有（　　）铣床和（　　）铣床。

3. 铣刀的种类很多，主要有（　　　　）、（　　　　）、（　　　　）、（　　）等。

4. 根据安装方法不同，铣刀可以分为（　　）和（　　）两大类。

5. 铣床的主要附件有（　　　）、（　　　）、（　　　）、（　　　）等。

二、判断题

1. 铣床主轴的转速越高，则铣削速度越大。（　　）

2. 在铣削过程中，平口钳的作用是保证工件平整。（　　）

3. 万能铣头是指机床刀具主轴可在水平平面内回转的铣头。（　　）

4. 装夹工件时，为了不使工件产生位移，夹（或压）紧力应尽量大，越大越好。（　　）

5. 通常铣削加工依靠划线来确定加工的最后尺寸，因而加工过程中不必测量，按线加工就能保证尺寸的准确性。（　　）

三、选择题

1. 用平口钳装夹加工精度要求较高的工件时，应用（　　）校正固定钳口与铣床主轴轴线垂直或平行。

A. 百分表　　B. 90°角尺

C. 定位键　　D. 划针

2. 切削时，切屑流出的那个面称为（　　）。

A. 基面　　B. 切削平面

C. 前刀面　　D. 加工平面

3. 铣削的加工精度一般可以达到 IT11～IT7 级，表面粗糙度 *Ra* 值为（　　）。

A. 5.6～1.0μm　　B. 6.3～0.8μm

C. 6.0～0.8μm　　D. 5.6～0.8μm

4. 为保证铣削台阶、直角沟槽的加工精度，必须校正工作台的“零位”，也就是校正工作台纵向进给方向与主轴线的（　　）。

A. 平行度　　B. 对称度

C. 平面度　　D. 垂直度

5. 工件在机床上或在夹具中装夹时，用来确定加工表面相对于刀具切削位置的面称为（　　）。

A. 测量基准　　B. 装配基准

C. 工艺基准　　D. 定位基准

四、简答题

1. 操作铣床时应注意哪些安全规则？

2. 平面铣削的基本步骤是什么？

3. 简要说出X6132型万能卧式铣床的组成部分，并分析各个数字和字母的含义。

第4章

焊接加工

4.1 焊接加工工艺

4.1.1 焊接概述

焊接是利用加热、加压或同时加热加压，使用或不使用填充材料，使分离的同种或异种的金属零件形成原子间的结合从而形成新的金属结构的一种加工方法。焊接的优点是成形方便、适应性强、生产成本低、连接性能好，缺点是焊接结构不可拆卸，修理和更换不方便，易产生焊接变形、焊接应力和焊接缺陷，焊接接头的组织和性能较差。焊接广泛应用于汽车、航天、建筑等领域，是现代制造技术中重要的金属连接技术。

根据焊接过程的不同特点，可分为熔焊、压焊和钎焊三大类。

1. 熔焊

熔焊是将被焊母材局部加热并熔化成液体，以克服原子间作用力的障碍，然后冷却结晶后成为一体接头的焊接方法。实现熔焊的关键是需要有一个能量集中、温度足够高的局部热源。如果温度过低，无法熔化母材；如果能量不够集中，则会使热影响区范围过大，徒增能量消耗。按照使用热源的不同，一般将熔焊分为电弧焊、气焊、铝热焊、电渣焊、电子束焊和激光焊等，其中电弧焊是目前工业中应用最普遍的金属连接方法。

在进行熔焊时，为防止焊接区域的高温金属和空气相互作用而使焊接接头性能下降，一般使用造渣、通保护气和抽真空三种方法对焊接接头进行防护。熔焊示意图如图 4-1 所示。

2. 压焊

压焊是将母材在固态条件下通过加压（加热或不加热），克服母材连接表面的不平度和氧化物等杂质影响，使两个连接表面上的原子相互接近到晶格距离，最终形成不可拆卸接头的方法，也称为固相焊接。一般情况下，为提高焊接效率，在加压时都伴随着加热措施。

根据压焊时施加能量的不同，压焊可分为电阻焊、摩擦焊、扩散焊、超声波焊等。压焊示意图如图 4-2 所示。

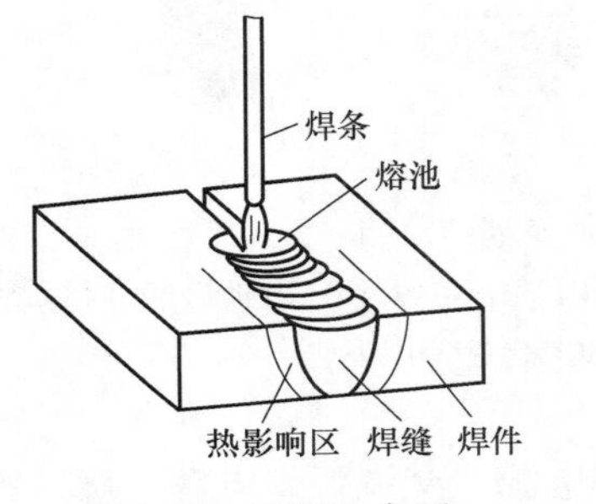

图 4-1　熔焊示意图

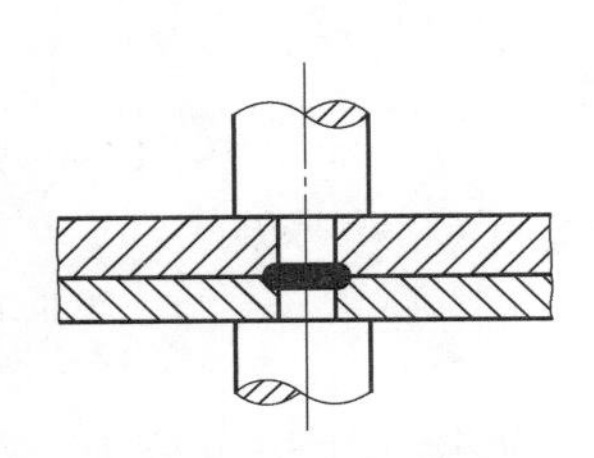

图 4-2　压焊示意图

3. 钎焊

钎焊是用熔点低于母材的金属（钎料）作为连接的媒介，利用加热时钎料和母材之间的扩散作用连接在一起的焊接方法。钎焊时，首先要去除母材接触面上的氧化膜和油污，以利于毛细管在钎料熔化后发挥作用，增加钎料的润湿性和毛细流动性。根据钎料熔点的不同（450℃为分界线），钎焊又分为硬钎焊和软钎焊。钎焊示意图如图 4-3 所示

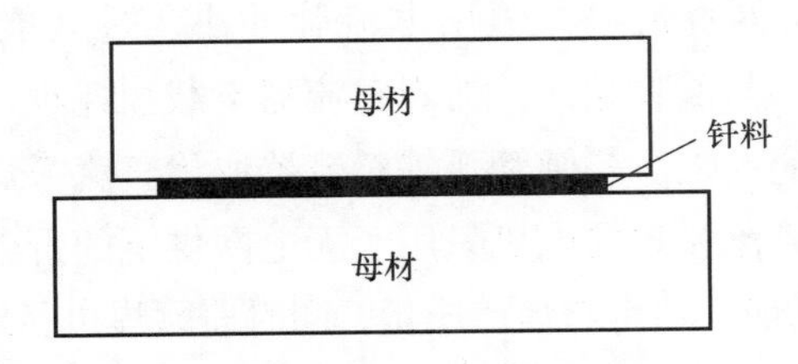

图 4-3　钎焊示意图

4.1.2　焊接装备

焊接装备是实现焊接工艺所需要的设备，一般包括焊机、焊接工艺装备和焊接辅助器具，其中主要是指电焊机。

弧焊电源是电弧焊机中的核心部分，是一种能够供给电弧能量（提供电流电压）并具有适宜电弧焊工艺所需电气特性的作用。它在焊接过程中起到提供电弧燃烧的能量、保证电弧稳定燃烧、调节电弧能量的作用。

弧焊电源的发展伴随着不同时期经济发展、国家建设需要，相关领域科学技术的发展，新的焊接方法、焊接工艺的发展以及新材料（如氮化镓）及其应用，如图 4-4 所示。

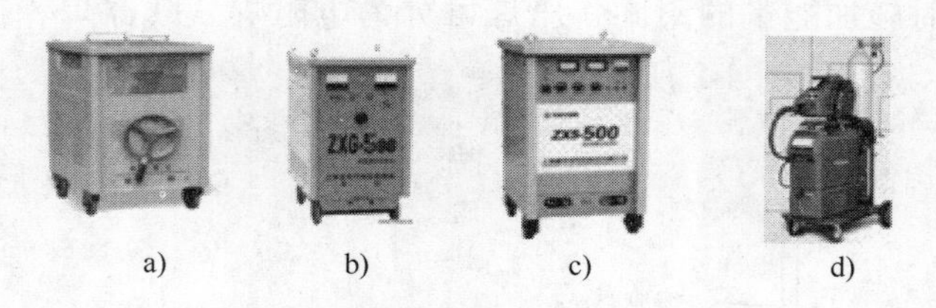

a) b) c) d)

图 4-4　弧焊电源发展示意图

a）20 世纪 20 年代弧焊变压器　b）20 世纪 40 年代整流电源　c）20 世纪 60 年代晶闸管电源
d）20 世纪 70、80 年代逆变电源

弧焊电源按输出电流可分为直流弧焊电源、交流弧焊电源、脉冲弧焊电源和逆变式弧焊电源四种。目前，我国普遍采用的是交流弧焊电源和直流弧焊电源。

交流弧焊电源常用弧焊变压器和方波弧焊电源。弧焊变压器结构简单、耐用、制造和维修成本低、磁偏吹小，但其电弧稳定性较差、功率因素低；方波弧焊电源电弧稳定性好、可调参数多、功率因数高，但其设备复杂且生产成本高。两者都适用于焊条电弧焊、埋弧焊和 TIG 焊，后者广泛用于航空航天等领域的铝、镁及其合金的焊接。

直流弧焊电源常用直流弧焊发电机和弧焊整流器。直流弧焊发电机由汽（柴）油发电机发电获得直流电，输出电流脉冲小、过载能力强，但空载损耗大、效率低、噪声大。与前者相比，弧焊整流器空载损耗小、节能噪声小、控制与调节灵活方便、适应性强。晶闸管弧焊整流器取代直流弧焊发电机，是较为常用的直流弧焊电源。直流弧焊发电机只用于无电网供电的野外作业。

一般根据焊机的功能、功率与焊接质量，同时兼顾焊机稳定性和经济性，选择合适的焊机。焊机型号按国家标准规定，由字母加阿拉伯数字组成，表示方法如下。

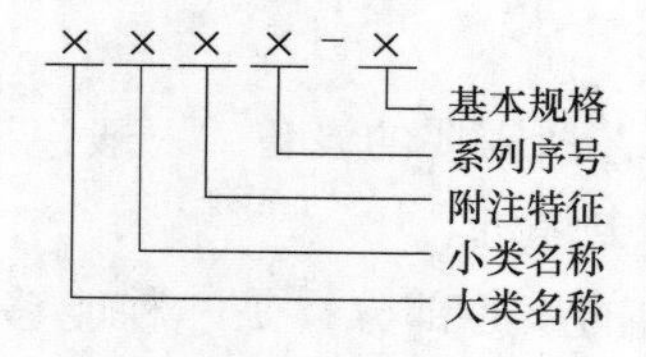

以二氧化碳气体保护焊机“NB350”为例，字母“N”表示该焊机为 MIG/MAG 类焊机，字母“B”表示半自动焊机，数字“350”表示额定最大焊接电流

为350A。常见焊机型号说明见表4-1。

表4-1 常见焊机型号说明

第一位		第二位		第三位		第四位		第五位	
代表字母	大类名称	代表字母	小类名称	代表字母	附注特征	代表字母	系列序号	单位	基本规格
Z	直流弧焊机 （弧焊整流器）	X P D	下降特性 平特性 多特性	省略 M L W	一般电源 脉冲电源 高空载电压 交直流 两用电源	省略 1 3 4 5 6 7	磁放大或饱和 电抗器式 动铁心式 动圈式 晶体管式 晶闸管式 交换抽头式 逆变式	A	额定 焊接 电流
B	交流弧焊机 （弧焊变压器）	X P	下降特性 平特性	L	高空载电压	省略 1 2 3 5 6	磁放大或饱和 电抗器式 动铁心式 串联电抗器式 动圈式 晶闸管式 交换抽头式	A	额定 焊接 电流
W	TIG焊机	Z S D Q	自动焊 手工焊 点焊 其他	省略 J E M	直流 交流 交直流 脉冲	省略 1 2 3 4 5 6 7 8	焊车式 全位置焊车式 横臂式 机床式 旋转焊头式 台式 焊接机器人 变位式 真空充气式	A	额定 焊接 电流
N	MIG/MAG 焊机	Z B D U G	自动焊 半自动焊 点焊 堆焊 切割	省略 M C	直流脉冲 二氧化碳 气体保护焊	省略 1 2 3 4 5 6 7	焊车式 全位置焊车式 横臂式 机床式 旋转焊头式 台式 焊接机器人 变位式	A	额定 焊接 电流

（续）

第一位		第二位		第三位		第四位		第五位	
代表字母	大类名称	代表字母	小类名称	代表字母	附注特征	代表字母	系列序号	单位	基本规格
L	等离子弧焊机和切割机	G H U D	切割 焊接 堆焊 多用	省略 R M J S F E K	直流等离子 熔化极等离子 脉冲等离子 交流等离子 水下等离子 粉末等离子 热丝等离子 空气等离子	省略 1 2 3 4 5 8	焊车式 全位置焊车式 横臂式 机床式 旋转焊头式 台式 手工等离子	A	额定焊接电流
S	超声波焊机	D F	点焊 缝焊			省略 2	固定式 手提式	kW	输入功率

4.1.3 电弧焊

电弧焊又称为焊条电弧焊。它是以焊条和焊件作为两个电极，利用电弧放电时产生的热量，熔化焊条和焊件的一种手工操作的焊接方法，由于其有设备简单、操作灵活等特点，因此它是目前焊接生产中使用最广泛的一种焊接方法。

1. 焊接过程

焊接时，将焊条与焊件接触短路后立即提起焊条，引燃电弧。电弧的高温将焊条与焊件局部熔化，熔化了的焊芯以熔滴的形式过渡到局部熔化的焊件表面，与之熔合到一起形成熔池。焊条药皮在熔化过程中产生一定量气体和液态熔渣。产生的气体充满电弧和熔池的周围，起到隔绝大气保护液体金属的作用。液态熔渣密度小，在熔池中不断上浮，覆盖在液体金属上面，也起着保护液体金属的作用。同时，药皮熔化产生的气体、熔渣与熔化了的焊芯、焊件发生一系列冶金反应，保证了所形成焊缝的性能。焊条电弧焊原理示意图如图 4-5 所示。

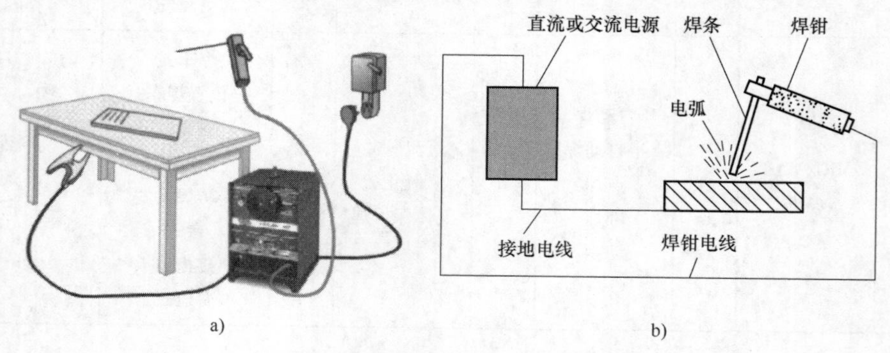

图 4-5 焊条电弧焊原理示意图

2. 焊条

焊条是指气焊或电弧焊时熔化填充在焊件接合处的金属条，是涂有药皮的供焊条电弧焊使用的熔化电极。它是由药皮和焊芯两部分组成的，如图 4-6 所示。焊条的一端为引弧端，另一端（药皮被去除部分）为夹持端。将引弧端的药皮磨成一定的角度，以使得焊芯外露，便于引弧。焊条直径是指焊芯的直径，常用有 ϕ1. 6mm、ϕ2. 0mm、ϕ2. 5mm、ϕ3. 2mm、ϕ4. 0mm、ϕ5. 0mm、ϕ5. 8mm 等。焊条直径一般根据焊件厚度选择，同时也要考虑接头形式、施焊位置和焊接层数，对于重要结构还要考虑热输入要求。

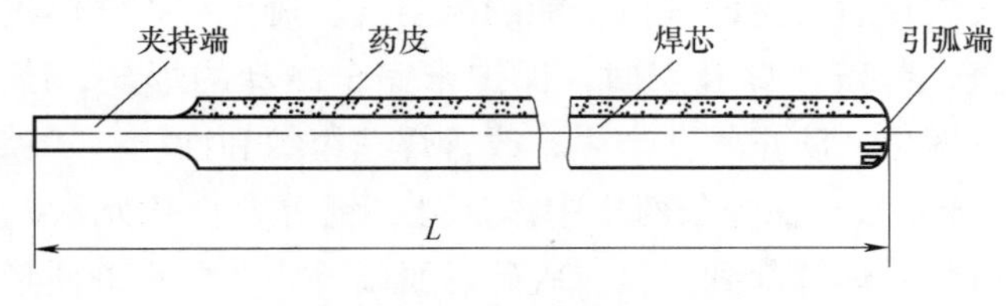

图 4-6　焊条外形示意图

（1）焊条型号　焊条型号是以国家标准为依据编制，反应焊条主要特性的一种表示方法。焊条型号包含以下含义：焊条类别；焊条特点；药皮类型；焊接电源。不同的焊条表示方法也不同，以下为碳钢焊条的表示方法。

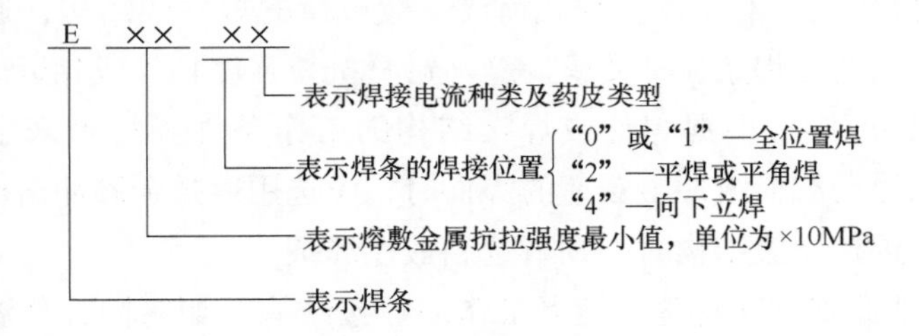

（2）焊条的分类　焊条一般按药皮成分、酸碱性、应用材料、用途等进行分类。

根据药皮的主要成分焊条可分为酸性药皮（a）焊条、碱性药皮（b）焊条、金红石药皮（R）焊条、纤维素药皮（C）焊条、金红石酸性药皮（RA）焊条、金红石碱性药皮（RB）焊条、金红石纤维素药皮（RC）焊条等。

根据熔渣的酸碱性，焊条可分为酸性焊条和碱性焊条。酸性焊条焊接工艺性好，成形整洁，去渣容易，不易产生气孔和夹渣，但药皮氧化性强使合金元素烧损大，力学性能（冲击韧度）比较低。酸性焊条一般均可用交直流电源，典型的酸性焊条是 J422；碱性焊条焊接的焊缝力学性能良好，特别是冲击韧度比较高，主要用于重要结构的焊接。氟化物粉尘有害，应加强现场的通风排气，以改善劳动条件。典型的碱性焊条有 J507。

根据应用材料，焊条可分为结构钢焊条、耐热钢焊条、不锈钢焊条、低温钢焊条、铸铁焊条、镍及镍合金焊条、铜及铜合金焊条、铝及铝合金焊条等。

根据用途，焊条可分为堆焊焊条、超低氢焊条、低尘低毒焊条、立向下焊条、底层焊条、铁粉高效焊条、抗潮焊条、水下焊条、重力焊条和躺焊焊条等。

3. 焊条药皮的作用

1）稳弧。焊条药皮能保证焊接电弧的稳定燃烧，使焊接过程稳定，是保证焊接质量的必要条件。

2）保护电弧及熔池。空气中的氮气、氧气等气体，对焊接熔池的冶金反应有害，焊条药皮熔化后产生的气体，能隔离空气，避免有害气体侵入熔池。焊条熔化后形成熔渣，覆盖在焊缝表面，保护未完全冷却的焊缝，降低焊缝冷却速度，有利于气体逸出，防止气孔产生，改善焊缝组织和性能。

3）渗入合金元素。在焊条药皮中添加硅、锰等合金化元素，焊接时能渗入焊缝金属中，可以对焊缝起到脱氧、脱硫、脱磷等，改善焊缝质量及性能。

4. 焊条的选用

在实际生产中选用焊条时，除根据焊件的化学成分、力学性能、工作环境等要求外，还应考虑结构状况、受力情况和设备条件等综合因素，并且还要考虑以下三点原则。

1）等强度原则。对于承受静载荷或一般载荷的焊件或结构，通常按焊缝与母材等强度原则选用焊条，即要求焊缝与母材抗拉强度相等或相近。

2）等条件原则。根据焊件或焊接结构的工作条件和特点来选用焊条。例如：在焊接承受动载荷或冲击载荷的焊件时，应选用熔敷金属冲击韧度较高的碱性焊条；而在焊接一般结构时，则可选用酸性焊条。

3）等同性原则。在特殊环境下工作的焊接结构，如腐蚀、高温或低温环境等，为了保证使用性能，应根据熔敷金属与母材性能相同或相近原则选用焊条。

4.1.4 气体保护焊

气体保护焊是使用惰性气体保护电弧和焊缝以进行焊接的方法。常见的气体保护焊有氩弧焊、二氧化碳气体保护焊。现以氩弧焊为例。

氩弧焊又称为钨极惰性气体保护焊，是指使用纯钨或钨合金作为电极的非熔化极惰性气体保护焊，简称为 TIG 焊。该焊接方法可用于几乎所有金属及其合金的焊接，可获得高质量的焊缝。

氩弧焊焊接过程如下。

（1）送丝

1）外填丝可用于打底焊和填充焊，采用较大的电流，焊丝在坡口正面，左手捏焊丝不断送进熔池，坡口要求间隙较小或没有间隙。

2）内填丝只用于打底焊，是用左手拇指、食指或中指配合送丝动作，小指和无名指夹住焊丝控制方向，焊丝紧贴坡口内侧钝边处，与钝边一起熔化进行焊接，要求坡口间隙大于焊丝直径。

（2）运焊把　运焊把分为摇把和拖把。摇把是把焊嘴稍稍用力压在焊缝上面，手臂大幅度摇动进行焊接。拖把是指焊嘴轻轻靠或不靠在焊缝上面，右手小指或无名指也是靠或不靠在焊件上，手臂摆动小，拖着焊把进行焊接。

（3）引弧　引弧一般采用引弧器，钨极与焊件不接触来引燃电弧。

（4）焊接　电弧引燃后要在焊件开始的地方预热3~5s，形成熔池后开始送丝。焊接时，焊丝、焊枪角度要合适，焊丝送入要均匀。焊枪向前移动要平稳，左右摆动是两边稍慢，中间稍快。要密切注意熔池的变化。熔池变大、焊缝变宽或出现下凹时，要加快焊接速度或减小焊接电流；反之，则要降低焊接速度或加大焊接电流。

（5）收弧　如果直接收弧很容易产生缩孔，如果是有引弧器的焊枪要断续收弧或调到适当收弧电流慢慢收弧。

4.2　焊接加工技能训练

4.2.1　安全操作规程

1. 焊前准备要求

1）必须穿戴好符合焊接作业要求的防护用品。

2）在距工作场所10m以内清除一切易燃、易爆物品，人员密集场所应设置遮光板。

3）应检查焊机接线的正确性和接地的可靠性。接地电阻应小于4Ω，固定螺栓大于等于M8。

4）禁止焊接密封容器、带压容器和带电（指非焊接用电）设备。

5）焊机应有容量符合要求的专用独立电源开关，超载时能自动切断电源。

6）电源控制装置应置于焊机附近便于人手操作处，周围应有安全通道。

7）焊机的电源线长度为2~3m，需接长电源线时应符合与周边物体绝缘要求，且必须离地2.5m以上。

8）焊机二次线必须使用专用焊接电缆，严禁以其他金属物代替，禁止以建筑物上的金属构架和设备作为焊接电源回路。

9）露天作业时，焊机应有遮阳和防雨、雪安全措施。

2. 焊接过程中要求

1）切断和闭合焊机电源时，要戴电焊手套侧身、侧脸操作；室内作业时应有通风、除尘装置，狭小场所作业应有安全措施保证。

2）焊钳不得乱放，禁止将热焊钳浸水冷却。

3）焊接电缆外皮必须绝缘良好，绝缘电阻不小于1MΩ。

4）焊接电缆需接长时应使用专用连接器，保证绝缘良好，且接头数不宜超过两个。

5）应按额定电流和额定负载持续率使用焊机，严禁超载。

6）焊机发生故障时应立即切断电源，由专职电工检修，焊工不得擅自处理。改变焊机接头、焊机移动及检修时，均须在切断电源后进行。

7）在容器或管道内焊接时应设专人在外监护。

8）距高压线3m或低压线1.5m范围内作业时，输电线必须暂停供电，并在配电箱箱盖上悬挂“有人作业，严禁合闸”标志，方可开始工作。

9）在焊接作业过程中，焊工因出汗衣服潮湿时，不宜坐在带电焊件上休息。

3. 焊接作业结束后要求

1）立即切断电源，整理好电缆线，做好文明生产工作。

2）清除火种及消除其他事故隐患，确保安全后方可离场。

4.2.2 训练任务

1. 焊条电弧焊加工训练任务

按图4-7所示完成V形坡口对接平焊位单面焊成形操作，完成焊件焊接任务。

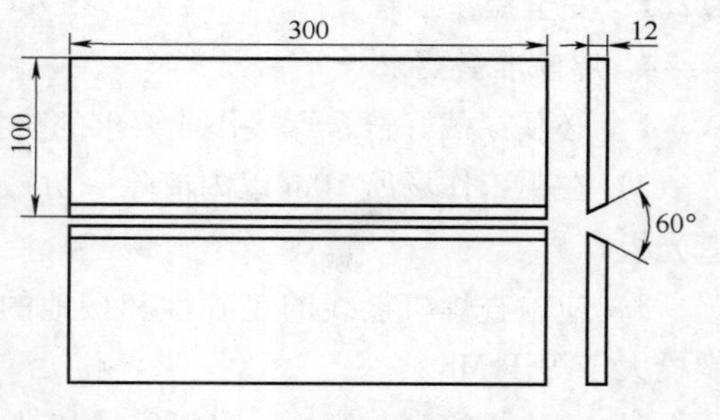

图4-7 V形坡口对接平焊图

技术要求如下。

1）采用V形坡口平焊位单面焊成形。

2）焊缝根部间隙和钝边自定。

3）焊后角变形量应不大于3°。

4）焊接完成后不得打磨。

5）焊缝表面平直，无缺陷。

2. 焊接加工项目评分表

操作完成后根据评分表进行评分，再递交组长复评，最后递交指导教师终评。焊接加工项目评分表见表4-2。

表4-2 焊接加工项目评分表

零件编号：　　　　姓名：　　　　学号：　　　　总分：

<table>
<tr><th>序号</th><th colspan="3">鉴定项目及标准</th><th>配分</th><th>自己检测</th><th>组长检测</th><th>指导教师检测</th><th>指导教师评分</th></tr>
<tr><td rowspan="4">1</td><td rowspan="4">知识（35分）</td><td colspan="2">焊接工艺编制</td><td>10</td><td></td><td></td><td></td><td></td></tr>
<tr><td colspan="2">焊接量具的合理选用</td><td>15</td><td></td><td></td><td></td><td></td></tr>
<tr><td colspan="2">焊条的合理选用</td><td>5</td><td></td><td></td><td></td><td></td></tr>
<tr><td colspan="2">焊接电流的合理选用</td><td>5</td><td></td><td></td><td></td><td></td></tr>
<tr><td rowspan="7">2</td><td rowspan="7">技能（60分）</td><td rowspan="7">焊接过程中有危险操作，立即终止其操作，直接判定不及格</td><td>焊缝表面不允许有焊瘤、气孔、烧穿、夹渣等缺陷</td><td>15</td><td></td><td></td><td></td><td></td></tr>
<tr><td>焊缝咬边深度≤0.5mm，两侧咬边总长度不超过焊缝有效长度的15%</td><td>15</td><td></td><td></td><td></td><td></td></tr>
<tr><td>未焊透深度≤15%δ（焊件厚度）且≤1.5mm，总长度不超过焊缝有效长度的10%</td><td>10</td><td></td><td></td><td></td><td></td></tr>
<tr><td>背面凹坑深度≤20%δ且≤2mm，总长度不超过焊缝有效长度的10%</td><td>5</td><td></td><td></td><td></td><td></td></tr>
<tr><td>焊缝余高0~4mm，焊缝宽度比坡口每侧增宽0.5~2.5mm，宽度差≤3mm</td><td>5</td><td></td><td></td><td></td><td></td></tr>
<tr><td>错边≤10%δ</td><td>5</td><td></td><td></td><td></td><td></td></tr>
<tr><td>焊后角变形≤3°</td><td>5</td><td></td><td></td><td></td><td></td></tr>
<tr><td>3</td><td>素养（5分）</td><td colspan="2">工、量、器具摆放和操作习惯等</td><td>5</td><td></td><td></td><td></td><td></td></tr>
<tr><td colspan="4">合计</td><td>100</td><td></td><td></td><td></td><td></td></tr>
</table>

操作者签字：　　　　组长签字：　　　　指导教师签字：

4.2.3 技能训练

1. 焊条电弧焊基本操作

(1) 焊接接头处的清理　焊接前接头处应除尽铁锈、油污，以便于引弧、稳弧和保证焊缝质量。除锈要求不高时，可用钢丝刷；要求高时，应采用砂轮打磨。

(2) 操作姿势　以平焊从左向右进行操作为例，如图4-8所示。操作者应位于焊缝前进方向的右侧；右手握焊钳；左肘放在左膝上，以控制身体上部不做向下跟进动作；大臂必须离开肋部，不要有依托，应伸展自由。

图 4-8　操作姿势

(3) 引弧　引弧就是使焊条与焊件之间产生稳定的电弧，以加热焊条和焊件进行焊接的过程。常用的引弧方法有敲击法和划擦法两种，如图4-9所示。

焊接时将焊条端部与焊件表面通过轻敲或划擦接触，形成短路，然后迅速将焊条提起2~4mm距离，电弧即被引燃。若焊条提起距离太高，则电弧立即熄灭；若焊条与焊件接触时间太长，就会黏条，产生短路，这时可左右摆动拉开焊条重新引弧或松开焊钳，切断电源，待焊条冷却后再进行处理；若焊条与焊件经接触而未起弧，往往是焊条端部有药皮等妨碍了导电，这时可重击几下，将这些绝缘物清除，直到露出焊芯金属表面。

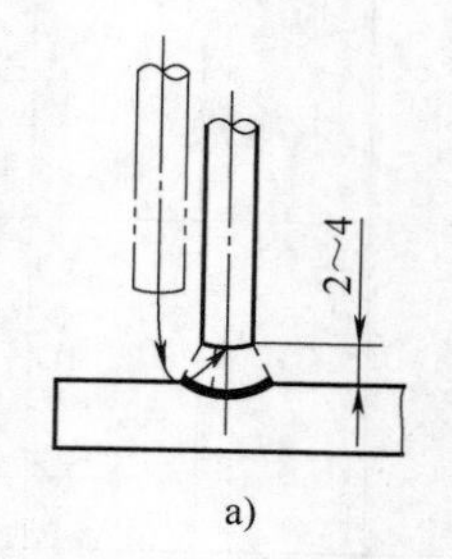

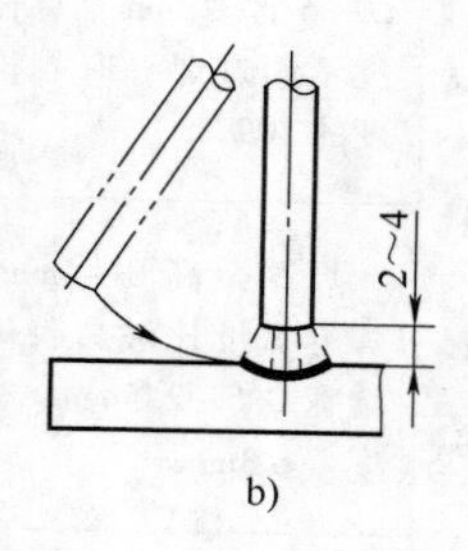

图 4-9　引弧方法

a) 敲击法　b) 划擦法

焊接时，一般选择焊缝前端10~20mm处作为引弧的起点。对焊接表面要求很平整的焊件，可以另外采用引弧板引弧。如果焊件厚薄不一致、间隙不相等、高低不平，则应在薄件上引弧向厚件施焊，从大间隙处引弧向小间隙处施焊，由低的焊件引弧向高的焊件处施焊。

（4）运条　焊条的操作运动简称为运条。焊条的操作运动实际上是一种合成运动，即焊条同时完成三个基本方向的运动，如图 4-10 所示：焊条向熔池方向做逐渐送进运动；焊条沿焊接方向逐渐移动；焊条的横向摆动。

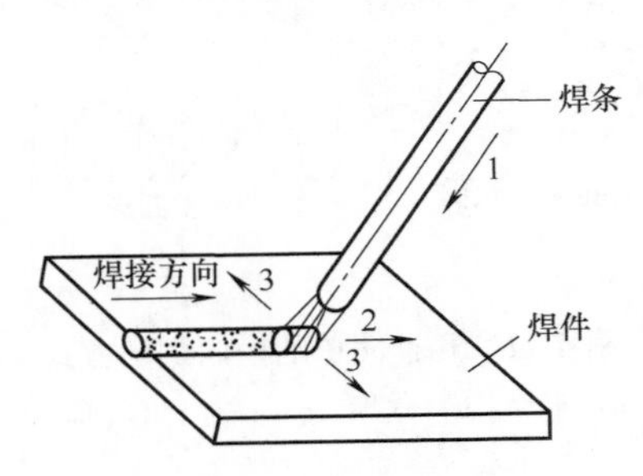

图 4-10　焊条三个基本方向的运动

1—向下送进　2—沿焊接方向逐渐移动　3—横向摆动

1）焊条沿焊接方向逐渐移动。移动的速度称为焊接速度。持焊条前移时，首先应掌握好焊条角度，即焊条在纵向平面内，与正在进行焊接的一点上垂直于焊缝轴线的垂线向前所成的夹角。此夹角影响填充金属的熔敷状态、熔化均匀性及焊缝外形，能避免咬边与夹渣、有利于气流把熔渣吹后覆盖焊缝表面以及对焊件有预热和提高焊接速度等作用。各种焊接接头在空间的位置不同，其焊条角度有所不同。如图 4-11 所示，焊条向前倾斜 60°~70°。

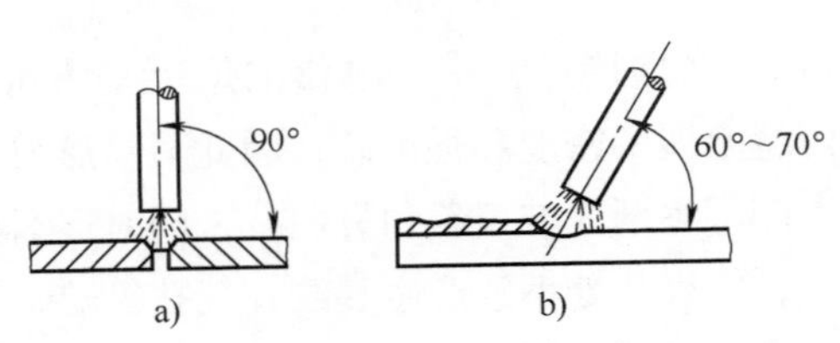

图 4-11　焊条角度

2）焊条的送进运动。送进运动是沿焊条的轴线向焊件方向的下移运动。维持电弧是靠焊条均匀送进，以逐渐补偿焊条端部熔化过渡到熔池内。进给运动应使电弧保持适当长度，以便稳定燃烧。

3）焊条的摆动。焊条的摆动是指焊条在焊缝宽度方向上的横向运动，其目的是为了加宽焊缝，并使接头达到足够的熔深，同时可延缓熔池金属的冷却结晶时间，有利于熔渣和气体浮出。焊缝的宽度和深度之比称为宽深比，窄而深的焊缝易出现夹渣和气孔。焊条电弧焊的宽深比为 2~3。焊条摆动幅度越大，焊缝就越宽。焊接薄板时，不必过大摆动甚至直线运动即可，这时的焊缝宽度为焊条直径的 0.8~1.5 倍；焊接较厚的焊件，需摆动焊条，焊缝宽度可达直径的 3~5 倍。根据焊缝在空间的位置不同，几种简单的横向摆动方式如图 4-12 所示。

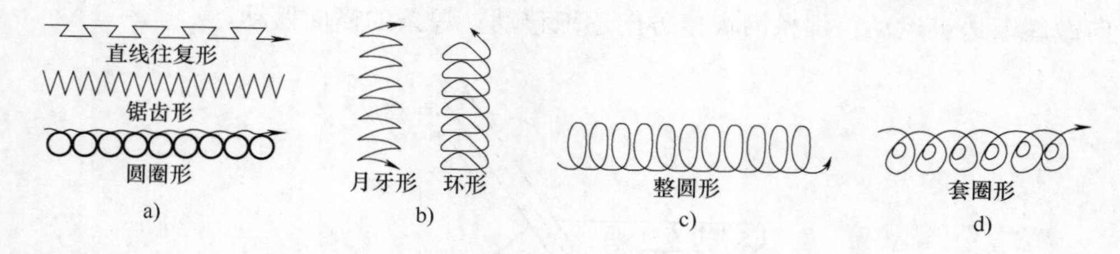

图 4-12　几种简单的横向摆动方式

a）平焊　b）立焊　c）横焊　d）仰焊

综上所述，当引弧后应按三个运动方向正确运条，并对应用最多的对接平焊提出其操作要领，主要要掌握好“三度”：焊条角度、电弧长度和焊接速度。

1）焊条角度。如图 4-11 所示，焊条应向前倾斜 60°~70°。

2）电弧长度。一般合理的电弧长度约等于焊条直径。

3）焊接速度。合适的焊接速度应使所得焊道的熔宽约等于焊条直径的两倍，其表面平整，波纹细密。焊接速度太快时焊道窄而高，波纹粗糙，熔合不良。焊接速度太慢时，熔宽过大，焊件容易被烧穿。

同时要注意：电流要合适、焊条要对正、电弧要低、焊接速度不要快、力求均匀。

（5）灭弧（熄弧）　在焊接过程中，电弧的熄灭是不可避免的。灭弧不好，会形成很浅的熔池，焊缝金属的密度和强度差，因此最易形成裂纹、气孔和夹渣等缺陷。灭弧时，将焊条端部逐渐往坡口斜角方向拉，同时逐渐抬高电弧，以缩小熔池，减小金属量及热量，使灭弧处不致产生裂纹、气孔等缺陷。灭弧时，堆高弧坑的焊缝金属，使熔池饱满地过渡。焊好后，锉去或铲去多余部分。灭弧操作方法有多种，如图 4-13 所示。如图 4-13a 所示，将焊条运条至接头的尾部，焊成稍薄的熔敷金属，将焊条运条方向反过来，然后将焊条拉起来灭弧；如图 4-13b 所示，将焊条握住不动一定时间，填好弧坑然后拉起来灭弧。

（6）焊缝的起头、连接和收尾

1）焊缝的起头。焊缝的起头是指刚开始焊接的部分，如图 4-14 所示。在一般情况下，因为焊件在未焊时温度低，引弧后常不能迅速使温度升高，所以这部分熔深较浅，使焊缝强度减弱。为此，应在起弧后先将电弧稍拉长，以利于对起头进行必要预热，然后适当缩短弧长进行正常焊接。

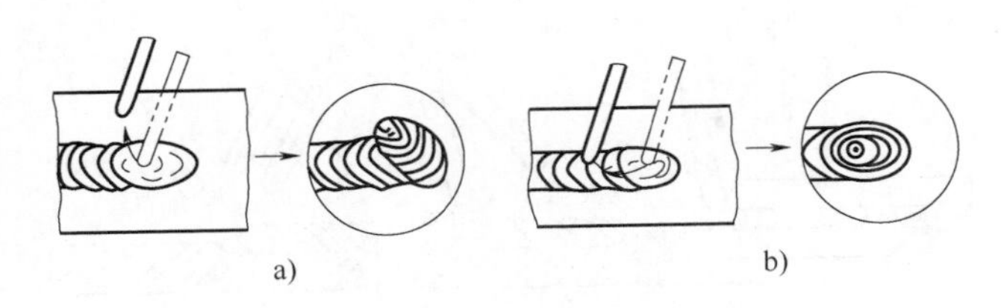

图 4-13 灭弧

a）在焊道外侧灭弧 b）在焊道上灭弧

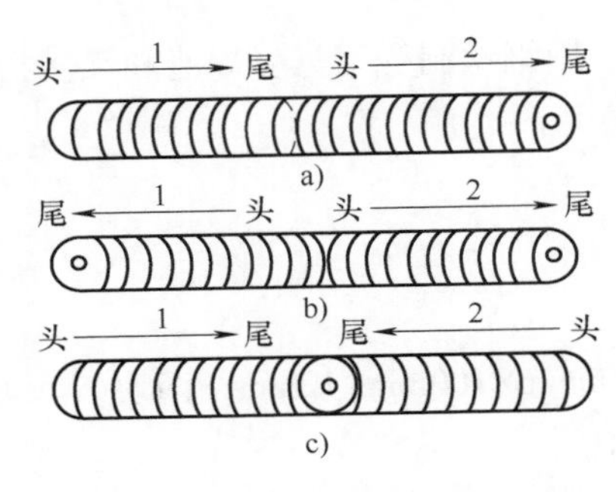

图 4-14 焊缝的起头

2）焊缝的连接。焊条电弧焊时，由于受焊条长度的限制，不可能一根焊条完成一条焊缝，因而出现了两段焊缝前后之间连接的问题。应使后焊的焊缝和先焊的焊缝均匀连接，避免产生连接处过高、脱节和宽窄不一的缺陷。

3）焊缝的收尾。一条焊缝焊完后，应把收尾处的弧坑填满。当一条焊缝收尾时，如果灭弧动作不当，则会形成比母材低的弧坑，从而使焊缝强度降低，并形成裂纹。碱性焊条因灭弧不当而引起的弧坑中常伴有气孔出现，所以不允许有弧坑出现。因此，必须正确掌握焊缝的收尾方法，一般收尾方法有如下几种。

① 划圈收尾法。如图 4-15a 所示，电弧在焊缝收尾处做圆圈运动，直到弧坑填满后再慢慢提起焊条灭弧。此方法最宜用于厚板焊接中。若用于薄板，则易烧穿。

② 反复断弧收尾法。在焊缝收尾处，在较短时间内，电弧反复灭弧和引弧数次，直到弧坑填满，如图 4-15b 所示。此方法多用于薄板和多层焊的底层焊中。

③ 回焊收尾法。电弧在焊缝收尾处停住，同时改变焊条的方向，如图 4-15c 所示，由位置 1 移至位置 2，待弧坑填满后，再稍稍后移至位置 3，然后慢慢拉断电弧。此方法对碱性焊条较为适宜。

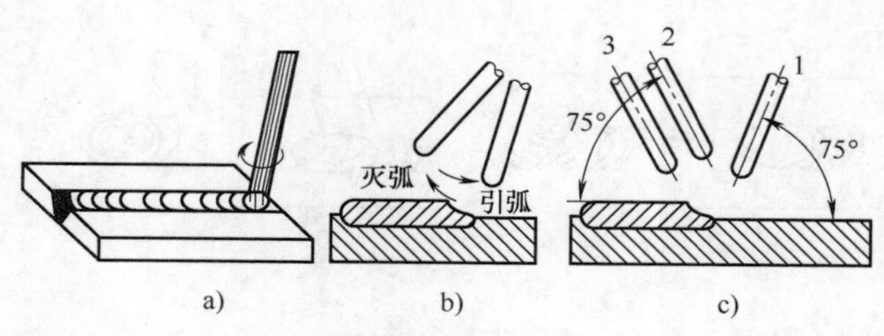

图 4-15　焊缝收尾法

a）划圈收尾法　b）反复断弧收尾法　c）回焊收尾法

（7）焊件清理　焊后用钢丝刷等工具将焊渣和飞溅物清理干净。

2. 平焊技能训练

（1）焊前准备

1）试板准备。

试板材料：Q345。

试板尺寸及数量：300mm×100mm×12mm，两块。

坡口形式：V 形坡口。

2）设备及工具准备。

设备：AX-320 型或 ZXG-300 型电焊机。

工具：锤子、敲渣锤、錾子、钢丝刷、毛刷、焊条盒、钢直尺、划针、样冲、焊缝测量器等。

3）焊接材料选择。因 Q345 钢的最低抗拉强度 R_m 为 470MPa，故应选用 E40 系列焊条。为提高焊接质量，焊接时可选用 E5015 低氢碱性焊条进行焊接。

4）焊前清理。用砂纸、钢丝刷或角向磨光机将坡口面及坡口正反两侧 20mm 以内的油污、铁锈、水分及其他污物清除干净，直至露出金属光泽。

5）试板装配与定位。将两块试板对齐、对平，装配成 V 形坡口的对接接头。装配时不能出现错边，并预留装配间隙，这样有利于焊透。装配间隙根据打底层的焊接方法确定，连弧焊打底装配间隙始焊端为 3.2mm，终焊端为 4mm；断弧焊打底装配间隙始焊端为 3.5mm，终焊端为 4.5mm。为了固定两试板的相对位置，以便施焊，在装配时对试板进行定位焊，定位焊位置应在试板两端 20mm 范围内，定位焊用直径为 3.2mm 的焊条进行焊接，焊接电流为 90~120A，定位焊点不宜过高、过长，始焊端可以少焊一点，焊缝长 8~10mm，终焊端可以多焊一些，焊缝长 10~12mm，如图 4-16 所示。

6）反变形。由于是 V 形坡口，正面需填充较多的金属，焊后易产生变形。为此，在焊前必须进行反变形，反变形量可用游标万能角度尺测量 θ 值，也可测

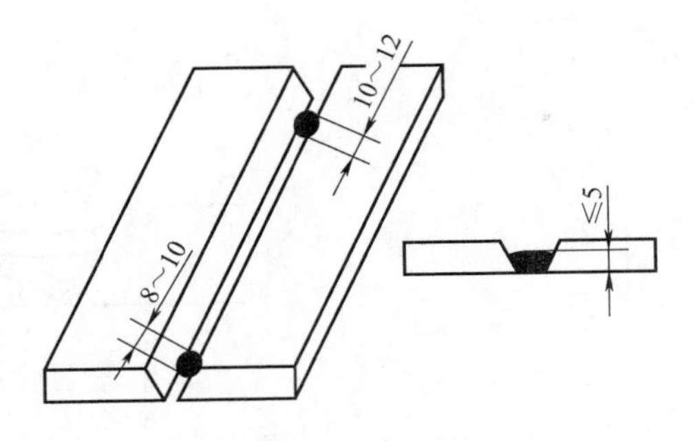

图4-16 试板装配及定位焊

Δ值，如图4-17a所示。例如，$\Delta = b\sin\theta = 100\text{mm}\times\sin3^\circ = 5.23\text{mm}$。获得反变形的方法是用两手拿住其中一块试板的两端，轻轻磕打另一块，如图4-17b所示，使两试板之间呈一夹角。焊接反变形量一般为3°~4°。

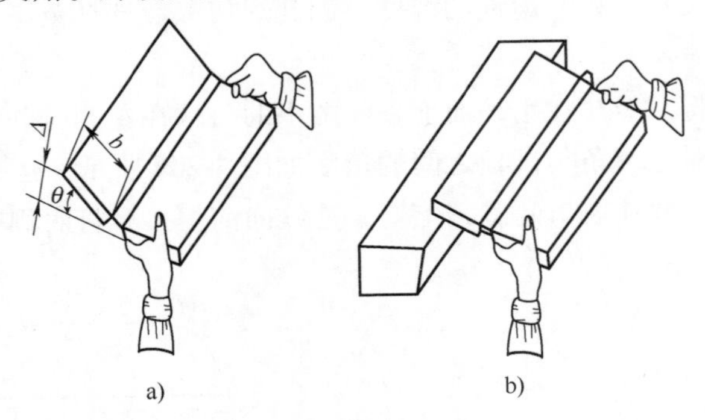

图4-17 反变形处理

a）反变形角度及尺寸 b）获得反变形的方法

7）试板打钢印与划线。在试板上用钢印打上该试板号码，并在距坡口边缘一定距离（如70mm）的试板表面，用划针划上与坡口边缘平行的平行线，如图4-18所示，并打上样冲眼，作为焊后测量焊缝坡口每侧增宽的基准线。

8）焊接参数选择。由于试板厚为12mm，需采用多层多道焊来完成，其焊道分布如图4-19所示，采用单面焊四层四道。

① 打底焊。焊条为ϕ3.2mm；焊接电流为90~120A。

② 填充焊。焊条为ϕ4mm；焊接电流为140~170A。

③ 盖面焊。焊条为ϕ4mm；焊接电流为140~160A。

9）检查电焊机各接线部位是否正确、是否牢固可靠。

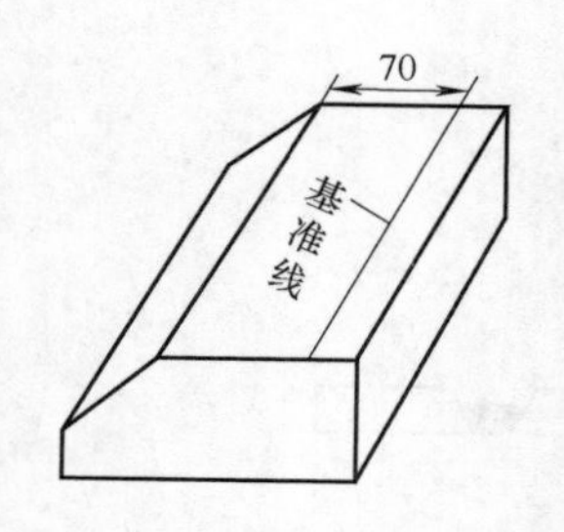

图 4-18　试板表面的基准线

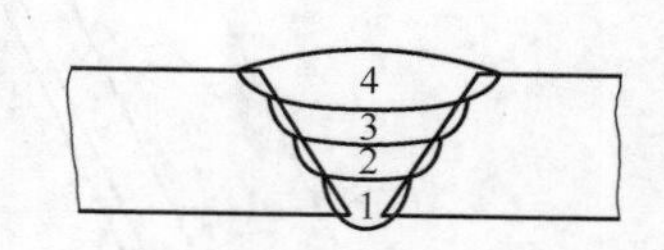

图 4-19　焊道分布

1—打底焊　2、3—填充焊　4—盖面焊

（2）V 形坡口对接平焊操作

1）打底焊。单面焊双面成形技术的关键在于正面打底层的焊接。打底层的焊接目前有断弧焊和连弧焊两种方法。断弧焊施焊时，电弧时燃时灭，靠调节电弧燃、灭时间的长短来控制熔池的温度，因此焊接参数选择范围较宽，是目前常用的一种打底焊方法。

打底焊时，将试板放在水平面上，间隙小的一端在左侧，并在左端定位焊缝处引弧。打底焊时，焊条与试板之间的角度如图 4-20a 所示。运条时采用小幅度锯齿形横向摆动，并在坡口两侧稍停留，连续向前焊接。打底焊中，还应注意以下两点。

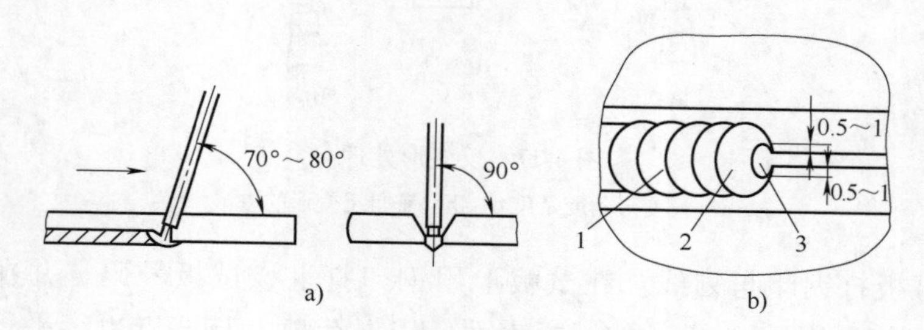

图 4-20　打底焊

a）打底焊时的焊条角度　b）打底焊时的熔孔

1—焊缝　2—熔池　3—熔孔

① 控制熔孔的大小。打底焊时，为保证得到良好的背面成形和优质焊缝，电弧要控制短些，要注意将电弧的 2/3 覆盖在熔池上，电弧的 1/3 保持在熔池前，用来熔化和击穿坡口根部形成的熔孔，熔孔的大小如图 4-20b 所示。

② 正确掌握焊缝接头技术。当焊条即将焊完，需要更换焊条时，将焊条向焊接反方向拉回 10~15mm，并迅速抬起焊条收弧；然后迅速更换焊条，趁熔池还未完全凝固，在熔池前方 10~20mm 处引弧，并立即将电弧退回到接头处。

2）填充焊。填充层施焊前先将前一道焊缝熔渣、飞溅清除干净，修正焊缝的过高处与凹槽。填充焊时，应选用较大一点的电流，焊条角度如图4-21a所示，焊条的运条方法可采用月牙形或锯齿形，摆动幅度应逐层加大，但要注意不能太大，不能让熔池边缘超出坡口面上方的棱边，否则盖面焊时看不清坡口。第三层填充焊时，应控制整个坡口内的焊缝比坡口边缘低0.5~1.5mm，最好略呈凹形。填充焊时的接头方法如图4-21b所示。

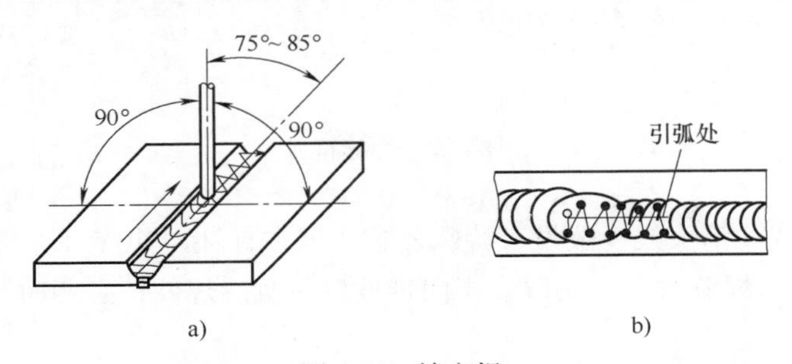

图4-21 填充焊

a）填充焊时的焊条角度 b）填充焊时的接头方法

3）盖面焊。盖面焊时的焊条角度、运条方法及接头方法与填充焊相同。但焊条摆动幅度比填充焊大，摆动到坡口边缘时应稍停顿，避免产生咬边。焊接时必须注意保证熔池边沿不得超过试板坡口表面棱边2mm，否则焊缝超宽。

4.3 知识拓展

1. 焊缝符号

焊缝符号以标准图示的形式和缩写代码标示出一个焊接接头或钎焊接头完整的信息，如接头的位置、如何制备和如何检测等。我国焊缝符号标准有GB/T 324—2008和GB/T 12212—2012两种，前者采用了ISO、IEC等国外组织的标准，是目前国内现行的焊缝标注标准；后者则为焊缝符号的尺寸、比例及简化表示法的制图说明。焊缝符号包含许多信息，而且相当复杂，实际生产中大多数的焊接设计人员只是使用了其中很少一部分。焊缝符号能够提供接头类型、焊缝坡口形状、焊接方法、焊缝位置、质量要求、焊缝次序、焊缝尺寸、最终的焊缝轮廓、工艺要求等重要信息。它一般由基准线、箭头线、基本符号、尺寸符号和其他数据、补充符号等组成，如图4-22所示。

1）基准线。基准线有一条实线和一条虚线，均应与图样底边平行，特殊情况允许与底边垂直。虚线可画在实线上侧或下侧。

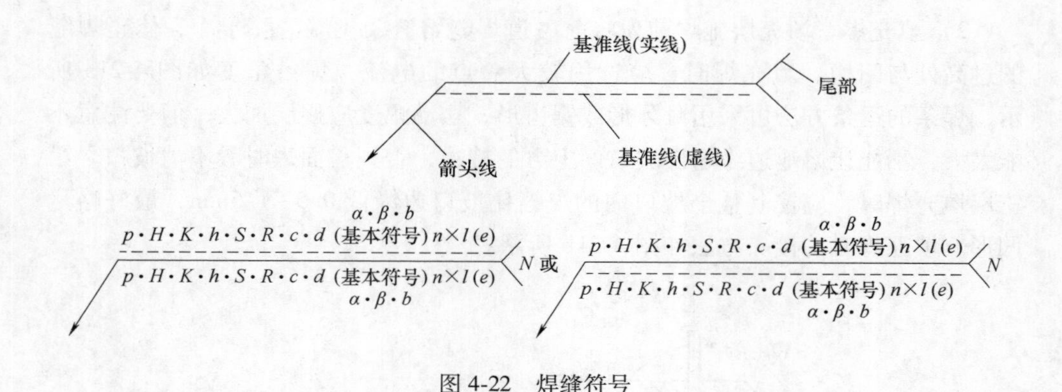

图 4-22 焊缝符号

2）箭头线。箭头线一般没有特殊要求，但在标注单边 V 形、带钝边单边 V 形和带钝边 J 形焊缝时，箭头线应指向带坡口一侧的焊件；必要时，允许箭头线弯折一次。

3）尾部。尾部一般省去，只有对焊缝有附加要求或说明时才加上尾部部分。

4）基本符号。焊缝在接头的箭头侧，则将基本符号标在实线侧；反之标在虚线侧；对称、双面焊缝时可不加虚线。基本符号标在基准线两侧。

5）焊缝形状尺寸。焊缝截面尺寸标在基本符号左侧；焊缝长度尺寸标在基本符号右侧；坡口角度、坡口面角度、根部间隙标在基本符号的上侧或下侧。

6）其他。相同焊缝符号、焊接方法代号、检验方式符号、其他要求和说明等标在尾部右侧。

2. 焊接缺陷

焊接接头的不完整性称为焊接缺陷，主要有焊接裂纹、未焊透、夹渣、气孔和焊缝外观缺陷等。这些缺陷减少焊缝截面面积，降低承载能力，产生应力集中，引起裂纹；降低疲劳强度，易引起焊件破裂，导致脆断。其中危害最大的焊接缺陷是焊接裂纹和气孔。

（1）焊接缺陷的分类　焊接生产中产生的焊接缺陷种类是多种多样的，按其在焊接接头中所处的位置和表现形式的不同，可以把焊接缺陷大致分为两类：一类是外部缺陷；另一类是内部缺陷。焊接缺陷示意图如图 4-23 所示。

（2）焊接缺陷的影响因素

1）材料因素。材料因素是指被焊的母材和所使用的焊接材料，如焊丝、焊条、焊剂及保护气体等。这些材料在焊接时都直接参与熔池或熔合区的物理化学反应，其中，母材本身的材质对热影响区的性能起着决定性的作用，当

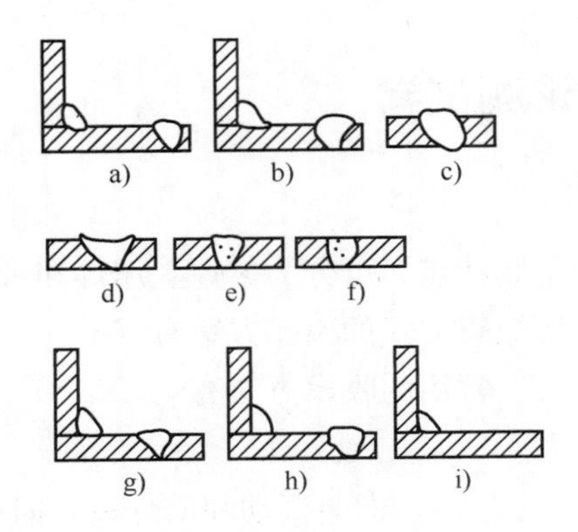

图4-23 焊接缺陷示意图

a）裂纹 b）焊瘤 c）焊穿 d）弧坑 e）气孔 f）夹渣 g）咬边 h）未融合 i）未焊透

然，所采用的焊接材料对焊缝金属的成分和性能也起关键作用。如果焊接材料与母材匹配不当，不仅可能引起焊接区内的裂纹、气孔等各种缺陷，也可能引起脆化、软化等性能变化。所以，为了保证得到良好的焊接接头，必须对材料因素予以重视。

2）工艺因素。同一种母材，在采用不同的焊接方法和工艺措施的条件下，其焊接质量会表现出很大的差别。

焊接方法对焊接质量的影响主要在两个方面：首先是焊接热源的特点，其可以直接改变焊接热循环的各项参数，如热输入、高温停留时间、冷却速度等；其次是对熔池和接头附近区域的保护方式，如渣保护、气保护等。焊接热过程和冶金过程必然对接头的质量和性能会有决定性的影响。

3）结构因素。焊接接头的结构设计影响其受力状态，其既可能影响焊接时是否发生缺陷，又可能影响焊后接头的力学性能。设计焊接结构时，应尽量使接头处于拘束度较小、能自由伸缩的状态，这样有利于防止焊接裂纹的产生。

4）使用条件。焊接结构必须符合使用条件的要求，如载荷的性质、工作温度的高低、工作介质有无腐蚀性等，其必然会影响到接头的使用性能。

例如：焊接接头在高温下承载，必须考虑到合金元素的扩散使整个结构发生蠕变的问题；承受冲击载荷或在低温下使用时，要考虑到脆性断裂的可能性；接头如需在腐蚀介质中工作时，又要考虑应力腐蚀的问题。

综上所述，影响焊接缺陷的因素是多方面的，如材料、工艺、结构和使用条件等，必须综合考虑上述因素的影响。

4.4 焊接加工理论测试卷

一、填空题

1. 根据焊接过程的不同特点，可分为熔焊、压焊和（　　　　）三大类。

2. 焊条电弧焊常采用短路方式的引弧方法有（　　　　）和（　　　）。

3. 焊条电弧焊焊接时，常用的收尾方法有（　　　　）、反复断弧收尾法和回焊收尾法。

4. 焊条的运条由（　　　）、横向摆动和沿焊接方向移动三个运动组成。

5. 按照使用热源的不同，一般将熔焊分为（　　）、气焊、铝热焊、电渣焊、电子束焊和激光焊等。

6. 焊条一般按（　　　）、酸碱性、应用材料、用途等进行分类。

7. 平焊运条时，焊条的摆动有（　　　　）、锯齿形和圆圈形。

8. 焊接缺陷的材料因素是指被焊的母材和所使用的焊接材料，如（　　）、（　　）、焊剂及保护气体等。

二、选择题

1. 焊条电弧焊选择电源种类和极性的根据是（　　）。

A. 焊接接头形式　B. 焊件厚度　C. 焊接坡口形式　D. 焊条药皮种类

2. 焊条电弧焊的焊条药皮对熔池的保护形式是（　　）保护。

A. 气　B. 渣　C. 气渣联合　D. 烟雾

3. 碱性焊条需高温烘干，其烘干温度为（　　）℃。

A. 350~450　B. 250~350　C. 150~250　D. 50~150

4. （　　）焊条一般不需要烘干。

A. 酸性　B. 碱性　C. 中性　D. 一般

5. 二氧化碳气体保护焊是采用二氧化碳气体作为（　　）。

A. 保护对象　B. 保护介质　C. 电离介质　D. 工作介质

三、判断题

1. 埋弧焊采用的电源是交流和直流电源。（　　）

2. 氩弧焊焊工的工作服应为布料或皮革服装。（　　）

3. 氩气瓶属于液化气瓶。（　　）

4. 鱼鳞状焊缝不属于焊接缺陷。（　　）

5. 型号为 NB350 的焊机可用于氩弧焊。（　　）

四、简答题

1. 什么是运条？简述运条操作要领。

2. 简述焊条的选用原则。

3. 什么是焊接缺陷？简述焊接常见缺陷。

第5章 铸造加工

5.1 铸造加工工艺

5.1.1 铸造概述

1. 铸造定义

铸造是生产铸件的一种工艺方法，将液态金属浇入预先制备好的铸型中，待其凝固、冷却后从铸型中取出，经清理后即可获得铸件。铸件可直接使用，也可进一步加工成零件后使用。

铸造是一种传统的金属成形方法。目前铸造仍然是制造业中不可缺少的工艺方法之一，广泛应用于机械、汽车、电力、冶金、石化、航空、航天、国防、造船等方面。

铸造行业是制造业的主要组成部分，在国民经济中占有十分重要的地位。在科学技术不断进步的今天，铸造技术也在不断发展。其他领域的新技术、新发明也不断地促进铸造技术的发展。铸造生产的现代化将为制造业不断进步与发展奠定可靠基础。

2. 常用铸造方法

铸造方法有很多种，按其工艺过程的特点，可分为砂型铸造和特种铸造两大类，如图5-1所示。

目前最常用和最基本的铸造方法是砂型铸造。在铸造生产中，砂型铸造约占80%。砂型铸造主要用于铸铁件、铸钢件的铸造。砂型铸造是将液态金属注入砂型（用型砂作为造型材料而制作的铸型）中得到铸件的方法。

3. 砂型铸造的生产工艺过程

砂型铸造的生产工艺过程主要有制模、配砂、造型、造芯、合型、熔炼、浇

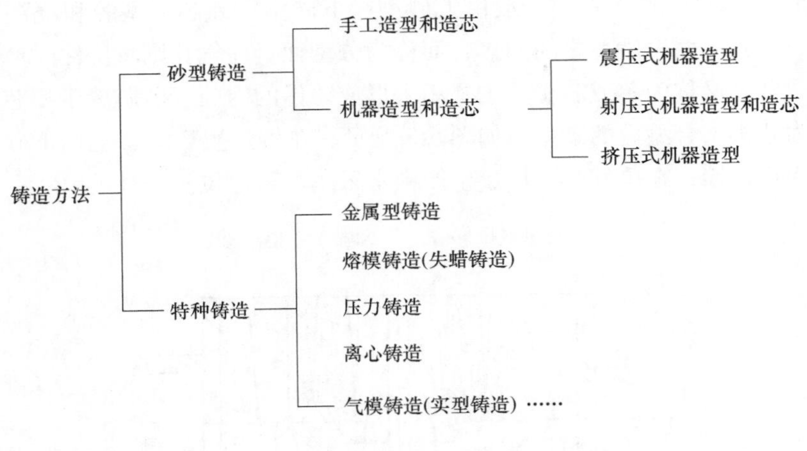

图5-1　铸造方法分类

注、落砂、清理和检验。套筒铸件的生产工艺过程，如图5-2所示。根据零件形状和尺寸，设计并制造模样和芯盒；配制型砂和芯砂；利用模样和芯盒等工艺装备分别制作砂型和砂芯；将砂型和砂芯合为一个整体铸型；将熔融的金属浇注入铸型，完成充型过程；冷却凝固后落砂取出铸件；最后对铸件清理并检验。

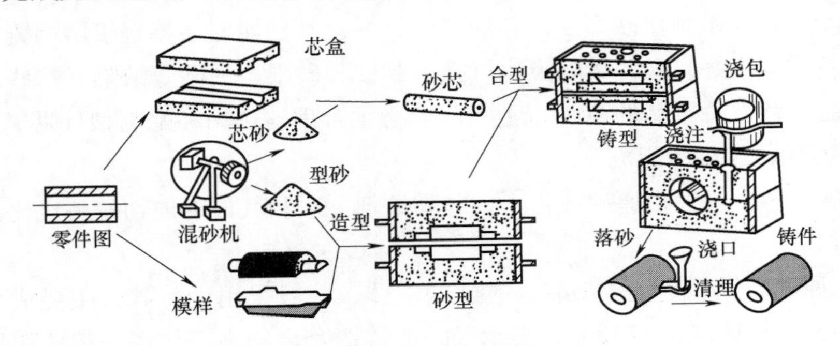

图5-2　套筒铸件的生产工艺过程

4. 砂型及其组成

（1）砂型与型腔　砂型是用型砂作为造型材料而制作的铸型，包括形成铸件形状的空腔、砂芯和浇注系统的组合整体。砂型用砂箱支撑时，砂箱也是铸型的组成部分。

型腔是指铸型中造型材料所包围的空腔部分。液态金属经浇注系统充满型腔，冷却凝固后获得所要求的形状和尺寸的铸件。因此，型腔的形状和尺寸要和铸件的形状和尺寸相适应。

（2）砂型的组成　砂型一般由上砂型、下砂型、砂芯、型腔和浇注系统等部分组成，其中两个砂型之间的接合面称为分型面。通气孔则将浇注时产生的气体排出。砂芯又称为芯或芯子，主要用来形成铸件的内腔。砂芯放于型芯座中的部分称为芯头。合型后的砂型，如图 5-3 所示。在批量生产时，上、下砂箱的定位通常用定位销；在单件、小批量生产中常采用泥号定位。

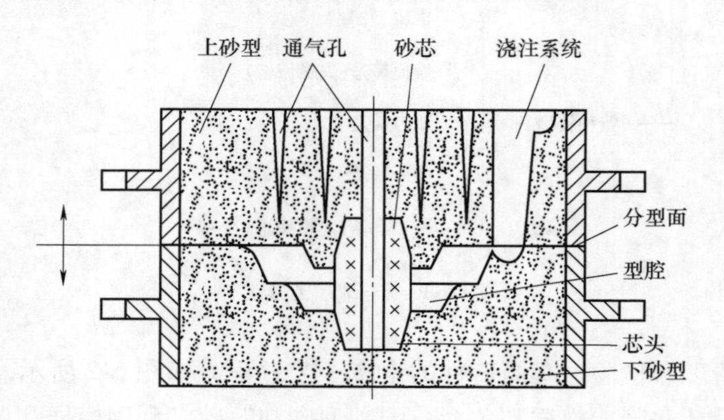

图 5-3　合型后的砂型

5.1.2　型砂与芯砂

型砂与芯砂是制作砂型及砂芯的主要材料，其性能好坏将直接影响铸件的质量。型砂质量不好，会使铸件产生气孔、黏砂、砂眼、夹砂等缺陷，这些缺陷造成的废品占铸件总废品的 50%以上，因此必须合理地选用和配制型（芯）砂。

1. 型砂、芯砂的组成

型砂、芯砂一般由原砂或再生砂与黏结剂、水和其他附加物按一定比例混制而成。

1）原砂。原砂是组成型砂、芯砂的主体，一般采用天然砂，主要成分是石英（SiO_2），其熔点达 1713℃，能承受一般铸造合金的高温作用。铸造用原砂要求二氧化硅的质量分数为 85%~97%。原砂颗粒的大小、形状对型砂、芯砂的性能影响很大，一般以圆形、大小均匀为佳。

2）黏结剂。黏结剂的作用是使砂粒黏结在一起，制成砂型和砂芯。在砂型铸造中所用黏结剂多为黏土类黏结剂，包括普通黏土和膨润土两类。除黏土类黏结剂外，常用的黏结剂还有水玻璃、树脂等。原砂和黏结剂再加入一定量的水混制后，就在砂粒表面包上一层黏土膜，如图 5-4 所示，经紧实后使型砂、芯砂具有一定的强度和透气性。

3）水。水可与黏土形成黏土膜，从而增加砂粒的黏结作用，并使其具有一定的强度和透气性。水分的多少对型砂、芯砂性能和铸件的质量影响极大。水分过多，易使型砂、芯砂湿度过大，强度下降，造型时易黏膜；水分过少，型砂与芯砂干而脆，强度、可塑性降低，造型、起模困难。因此，水分要适当，合适的黏土、水分比为3∶1。

4）附加物。附加物是为了改善型砂、芯砂的某些性能而加入的材料。常用的附加物由煤粉、锯末、焦炭粒等。如加入煤粉，由于其在高温液态金属的作用下燃烧形成气膜，隔离了液态金属与铸型内腔表面的直接作用，能够防止铸件产生黏砂缺陷，提高铸件的表面质量；而型砂、芯砂中加入木屑，烘烤后被烧掉，可增加型砂、芯砂的孔隙率，提高其透气性。

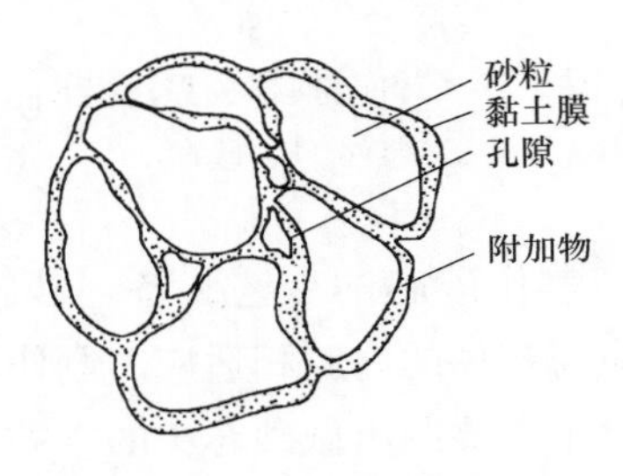

图5-4 黏土砂结构

2. 型砂、芯砂应具备的主要性能

1）强度。强度是指型砂、芯砂抵抗外力而不被破坏的能力，包括常温湿强度、干强度、硬度以及高温强度。

2）透气性。紧实后型砂、芯砂的孔隙度称为透气性，是指能让气体通过的能力。

3）耐火度。耐火度是指型砂、芯砂承受液态金属高温作用而不熔化、不烧结的性能。

4）退让性。型砂、芯砂随铸件的冷却收缩而被压缩退让的性能称为退让性。

5）可塑性。可塑性是指型砂、芯砂在外力作用下，能形成一定的形状，当外力去掉后，仍能保持此形状的能力。

6）流动性。流动性是指型砂与芯砂在外力或本身重力的作用下，沿模样表面和砂粒间相对流动的能力。

5.1.3 造型与制芯

1. 模样、芯盒与砂箱

（1）模样　模样是根据零件形状设计制作，用来形成铸型型腔的工艺装备。它决定铸件的外部形状和尺寸。零件与模样关系示意图，如图5-5所示。模样一般用木材、金属、塑料或其他材料制成。模样设计时须考虑铸件最小壁厚，设计分型面、起模斜度、加工余量、收缩余量、铸造圆角、型芯头等。

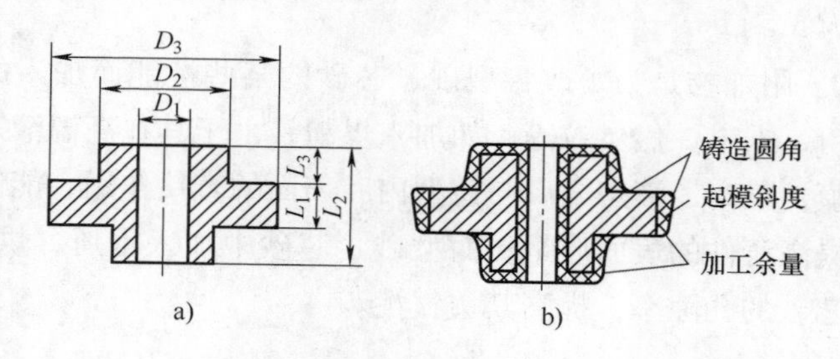

图 5-5　零件与模样关系示意图

a）零件　b）模样

（2）芯盒　芯盒是用以制作砂芯的工艺装备。砂芯在铸型中用来形成铸件的空腔，因此芯盒的内腔应与零件的内腔相适应。制作芯盒时，除和制作模样一样考虑上述问题以外，芯盒中还要制出做砂芯头的空腔，以便做出带有砂芯头的砂芯。砂芯头是砂芯端部的延伸部分，它不形成铸件轮廓，只是落入芯座内，用于定位和支撑砂芯。

（3）砂箱　砂箱是铸件生产中必备的工艺装备之一，用于铸造生产中容纳和紧固砂型。一般根据铸件的尺寸、造型方法选择合适砂箱。按砂箱的制造方法，可把砂箱分为整铸式、焊接式、装配式。

2. 造型方法

造型与制芯是铸造生产过程中两个重要的环节，是获得优质铸件的前提和保证。造型方法可分为手工造型和机器造型两大类。手工造型主要用于单件小批量生产，机器造型主要用于大批量生产。

（1）手工造型　手工造型的特点是操作灵活、适应性强，是目前应用最广泛的造型方法。手工造型的方法很多，可以根据铸件的结构特点、生产批量以及本单位的条件合理进行选择。常见的方法有整模造型、分模造型、活块造型、挖砂造型、假箱造型、刮板造型、三箱造型、地坑造型等。

1）整模造型。整箱造型的特点是模样为整体结构，造型时模样轮廓全部放在一个箱内（一般为下砂箱），分型面为平面，如图 5-6 所示。造型时，现将下砂型舂好，然后翻箱，舂制上砂型，整个模样能从分型面方便地取出。整模造型操作简单，不受上下箱错位影响而产生错型缺陷，所得铸型型腔的形状和尺寸精度好，用于外形轮廓上有一个平面可作为分型面的简单铸件，如压盖、齿轮坯、轴承座、带轮等零件的铸型造型。

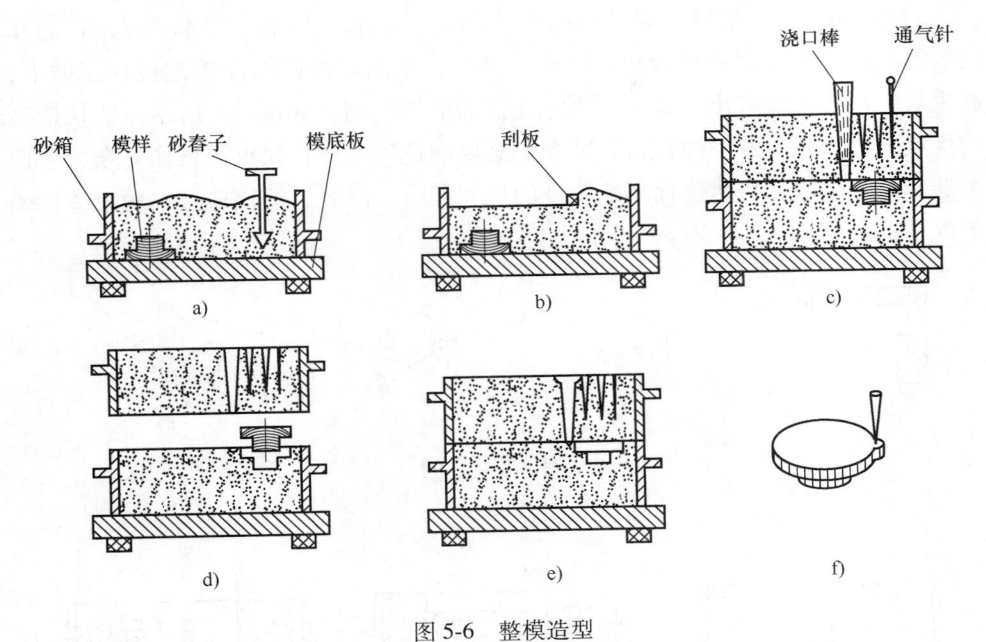

图 5-6 整模造型

a)、b) 填砂、舂砂、造下砂型 c) 翻转下砂型、造上砂型、扎通气孔

d) 开箱、起模、开浇道 e) 合型 f) 带浇道的铸件

2) 分模造型。铸件的最大截面不在端面时，一般将模样沿着模样的最大截面（分型面）分成两个部分，利用这样的模样造型称为分模造型，如图 5-7 所示。有时对于结构复杂、尺寸较大、具有几个较大截面又互相影响起模的模样，可以将其分成几个部分，采用分模造型。模样的分型面常作为砂型的分型面。分模造型的方法简便易行，适用于形状复杂铸件的造型，特别是广泛用于有孔或带有砂芯的铸件，如套筒、阀体、水管、箱体、立柱等造型。分模造型时铸件形状在两半个砂型中形成，为了防止错箱，要求上、下砂型合型准确。

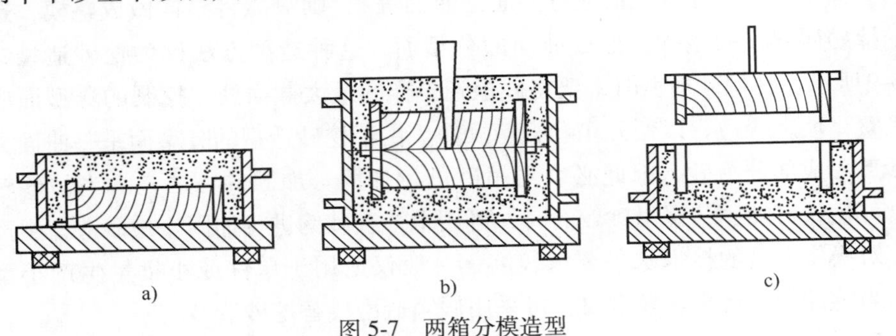

图 5-7 两箱分模造型

a) 造下砂型 b) 造上砂型 c) 起模

3）活块造型。模样上有妨碍起模的凸起（凸台、肋板、耳板等），在制作模样时将这些部分制成可拆卸或活动的部分，用燕尾榫或活动销连接在模样上，起模后，再将活块取出，这种造型方法称为活块造型，如图 5-8 所示。活块造型的优点是可以减少分型面数目，减少不必要的挖砂工作；缺点是操作复杂，生产率低，经常会因活块错位而影响铸件的尺寸精度。因此，活块造型一般只适用于单件小批量生产。

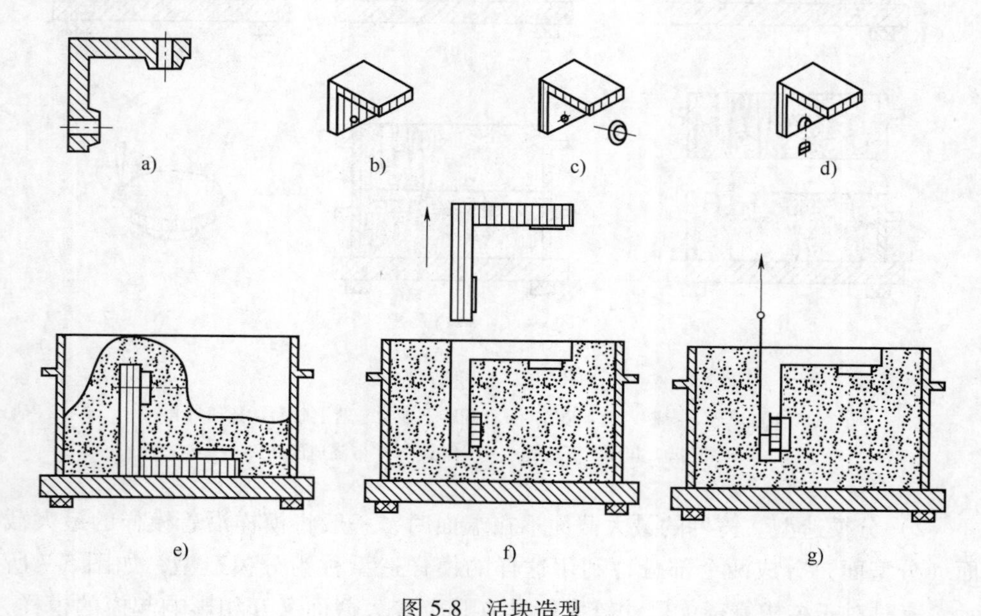

图 5-8 活块造型

a）零件 b）铸件 c）用销连接的活块 d）用燕尾榫连接的活块 e）造下砂型，拔出销 f）取出模样本体 g）取出活块

4）挖砂造型。当铸件的最大截面不在一端，而模样又不便分模时（如分模后的模样壁太薄、强度太低或分型面是曲面等），则只能将模样做成整模，造型时挖掉妨碍起模的型砂，形成曲面的分型面，这种造型方法称为挖砂造型，如图 5-9所示。在挖砂造型时，要将砂挖到模样的最大截面处，挖制的分型面应光滑平整，坡度合适，以便开箱和合箱操作。由于挖砂造型的分型面是一曲面，在上砂型形成部分吊砂，因此必须对吊砂进行加固。加固的方法是：当吊砂较低时，可插铁钉加固；当吊砂较高时，可用木片或砂钩进行加固。挖砂造型生产率低，对操作人员的技术水平要求较高，一般仅适用于单件或小批量生产小型铸件。当铸件的生产数量较多时，可采用假箱造型代替挖砂造型。

5）假箱造型。为了克服挖砂造型的缺点，提高劳动生产率，在造型时可用

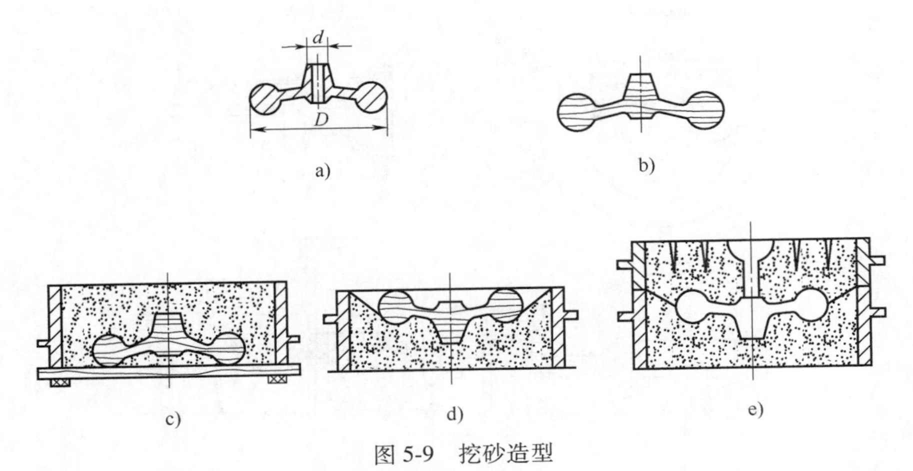

图 5-9 挖砂造型

a）零件 b）模样 c）造下砂型 d）翻箱、挖砂、成分型面 e）起模、合型

成形底板代替平面底板，并将模样放置在成形底板上造型以省去挖砂操作，也可以用含黏土量多、强度高的型砂舂紧制成砂质成形底板，以代替平面底板进行造型，称为假箱造型，如图 5-10 所示。

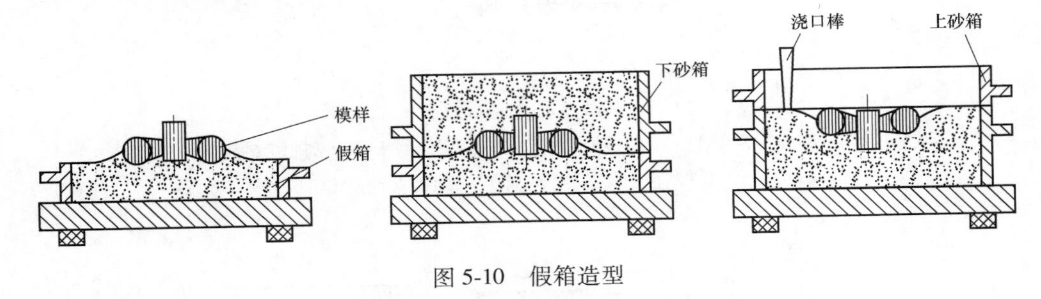

图 5-10 假箱造型

6）刮板造型。刮板造型是指不用模样而用刮板操作的造型方法。刮板是一块与铸件截面形状相适应的木板，依据砂型型腔的表面形状，引导刮板做旋转、直线或曲线运动，完成造型工作，如图 5-11 所示。对于某些特定形状的铸件，如旋转体类，当其尺寸较大、生产数量较少时，若制作模样则要消耗大量木材及制作模样的工时，因此可以用刮板造型，刮制出砂型型腔。刮板造型只能用手工操作，对操作技术要求较高，一般只适用于单件小批量、尺寸较大铸件的造型。

7）三箱造型。有些铸件具有两端截面比中间大的外形（如槽轮），必须使用三只砂箱、分模造型。砂型从模样的两个最大截面处分型，形成上、中、下三个砂型才能起出模样。这种用三只砂箱、铸型有两个分型面的造型方法称为三箱造型，如图 5-12 所示。三箱造型比两箱造型多一个分型面，容易产生错箱，操作复杂、效率低，只适合单件或小批量生产。

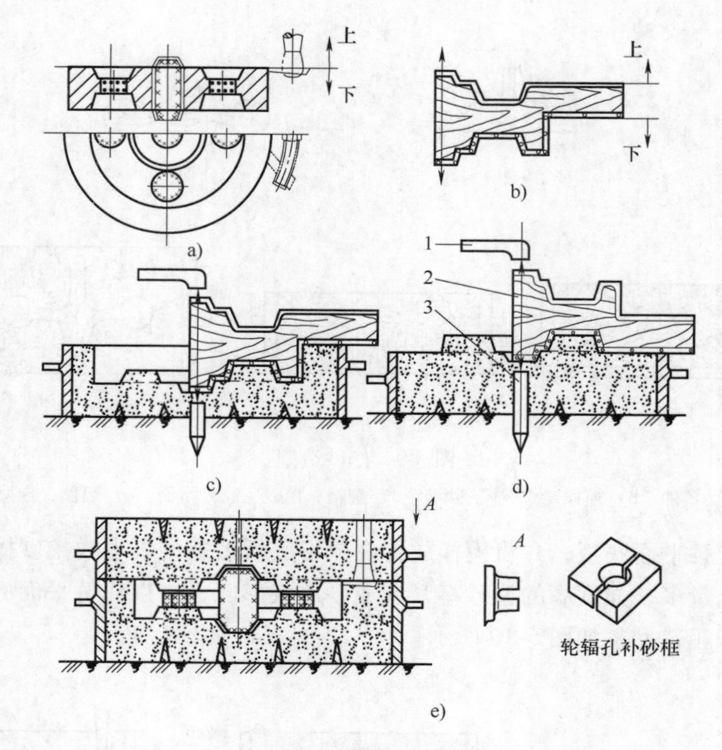

图 5-11　刮板造型

a）轮形铸件　b）刮制上、下砂型的刮板　c）刮制下砂型　d）刮制上砂型　e）铸型

1—刮板支架　2—刮板　3—地桩（底座）

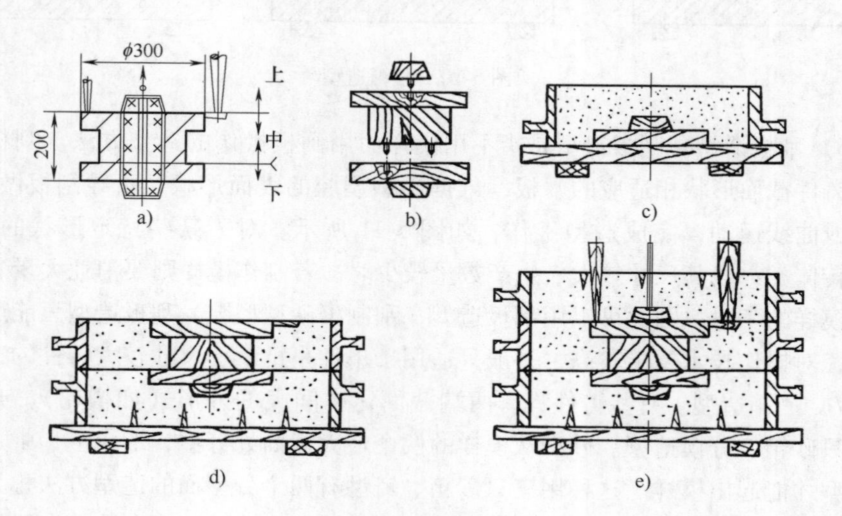

图 5-12　三箱造型

a）铸件　b）模样　c）造下砂型　d）造中砂型　e）造上砂型

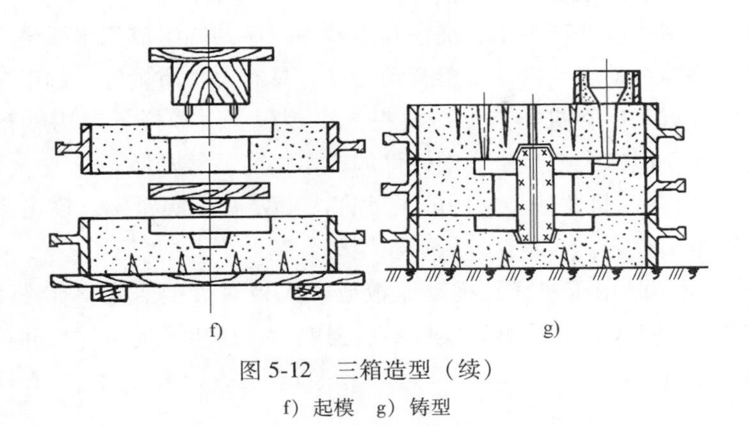

图5-12　三箱造型（续）
f）起模　g）铸型

8）地坑造型。用车间地面的砂坑或特制的砂坑制造下型的造型方法称为地坑造型，如图5-13所示。地坑造型制造大铸件时，常用焦炭垫底，再埋入数根排气管以利于气体的排出。地坑造型可以节省砂箱，降低工装费用。地坑造型过程复杂、效率低，故主要用于中、大型铸件的单件或小批量生产。

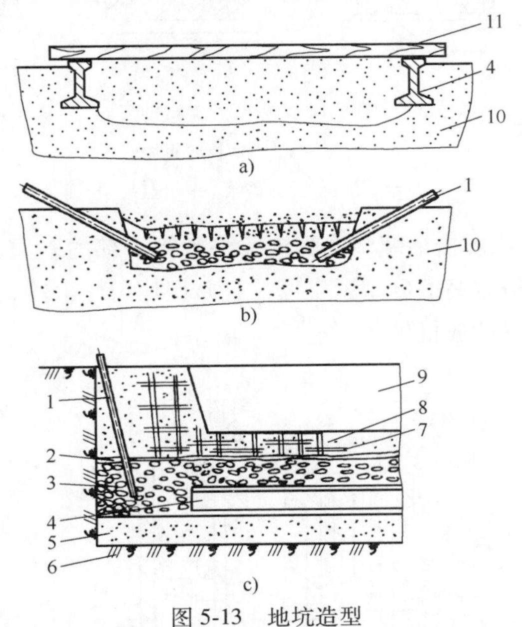

图5-13　地坑造型
a）固定式制芯骨的软砂床　b）硬砂床　c）加固硬砂床
1—排气管　2—草袋　3—炉渣　4—钢轨　5—填充砂　6—地坑　7—铁棍　8—面砂
9—型腔　10—砂坑　11—刮板

（2）机器造型　机器造型是以机器全部或部分代替手工紧砂和起模等造型

工序，并与机械化砂处理系统、浇注和落砂等工序共同组成流水线生产。机器造型可以大大提高劳动生产率，改善劳动条件，具有铸件质量好、加工余量小、生产成本低等优点。尽管机器造型需要投入专用设备、模样、专用砂箱以及厂房等，投资较大，但在大批量生产中铸件的成本仍能显著降低。

1）紧砂方法。机器造型常用的紧砂方法主要有压实紧实、震击紧实、抛砂紧实、射砂紧实等。

① 压实紧实是用压实气缸推动压板或模底板对砂型压实，如图 5-14 所示。压实紧实具有生产率高，砂型紧实度高、强度大，所生产的铸件尺寸精度高、表面质量好等优点。

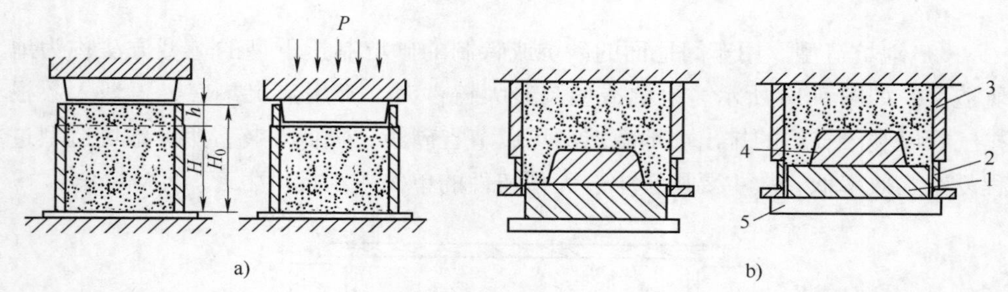

图 5-14　压实紧实原理

a）压板加压　b）模底板加压

1—压板　2—辅助框　3—砂箱　4—模样　5—模底板

② 震击紧实是用震击活塞多次震击，将砂箱下部的砂型紧实，如图 5-15 所示。震击紧实可获得较高的砂型紧实度，且砂型均匀性也较高，可用于精度要求高、形状较复杂铸件的成批生产。

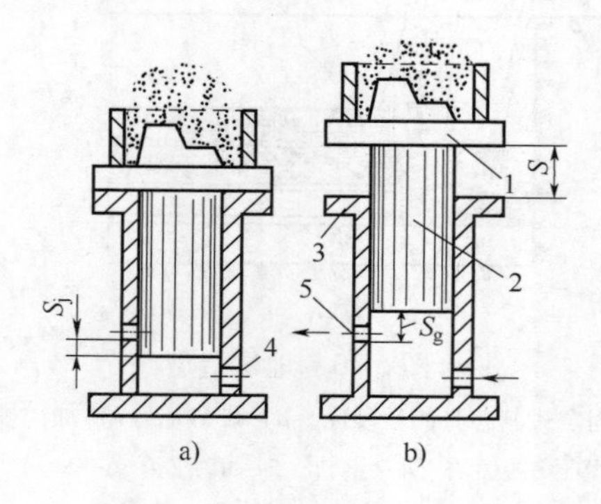

图 5-15　震击紧实原理

1—工作台　2—震击活塞　3—气缸（机座）4—进气孔　5—排气孔

③ 抛砂紧实是将型砂高速抛入砂箱中，这样可以同时完成添砂和紧砂工作。抛砂机工作时，转子高速旋转，将型砂抛向砂箱，随着抛砂头在砂箱上方移动，将整个砂箱填满并紧实，如图 5-16 所示。由于抛砂机抛出的砂团速度大致相同，所以砂箱各处的紧实程度均匀。此外，抛砂造型不受砂箱大小的限制，适用于生产大、中型铸件。

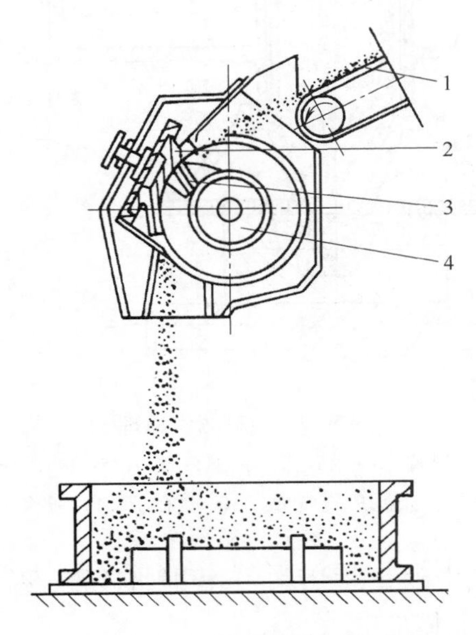

图 5-16 抛砂紧实原理

1—带式输送机 2—弧板 3—叶片 4—转子

④ 射砂紧实是用压缩空气将型砂以很高的速度射入砂箱并加以挤压而得到紧实，如图 5-17 所示。射砂紧实的特点是砂型紧实度分布均匀，生产速度快，工作无振动噪声，一般应用在中、小件的成批铸件生产中，尤其适用于无芯或少芯铸件。

2）起模方法。机器造型常用的起模方法主要有顶箱起模、漏箱起模、翻箱起模等。

① 顶箱起模是指当砂箱中砂型紧实后，造型机的顶箱机构顶起砂型，使模样与砂箱分离，完成起模的方法。这种顶箱机构结构简单，但是起模时容易掉砂，一般只适用于形状简单、高度不大的铸型制造。

② 漏箱起模是将模样分成两个部分，模样上平浅的部分固定在模板上，凸出部分可向下抽出，这时砂型由模板托住不会掉砂，然后再落下模板。这种方法适合于铸型型腔较深或不允许有起模斜度时的起模。

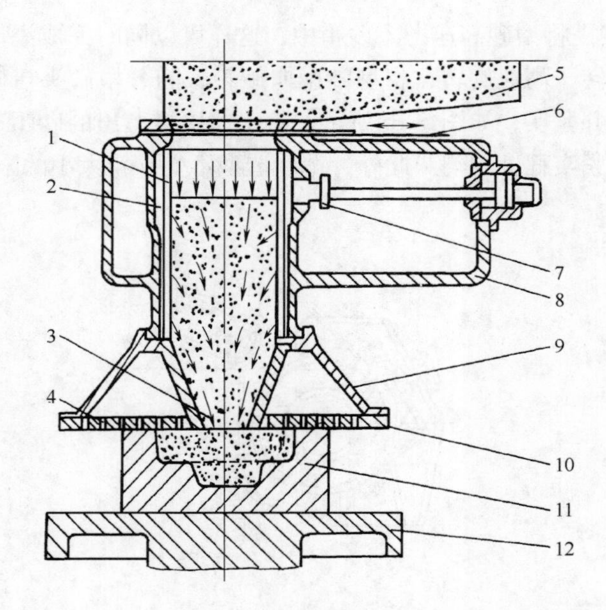

图 5-17　射砂紧实原理

1—射砂筒　2—射腔　3—射砂孔　4—排气塞　5—砂斗　6—加砂闸板
7—射砂阀　8—贮气包　9—射砂头　10—射砂板　11—砂箱　12—工作台

③ 翻箱起模是砂箱中砂型紧实后，起模时将砂箱、模样一起翻转 180°，然后再使砂箱下降，完成起模工作。

3. 制芯

（1）砂芯的作用及要求　砂芯的主要作用是形成铸件的内腔，也可用来形成复杂的外形。砂芯由砂芯主体和芯头两部分组成，其结构如图 5-18 所示。

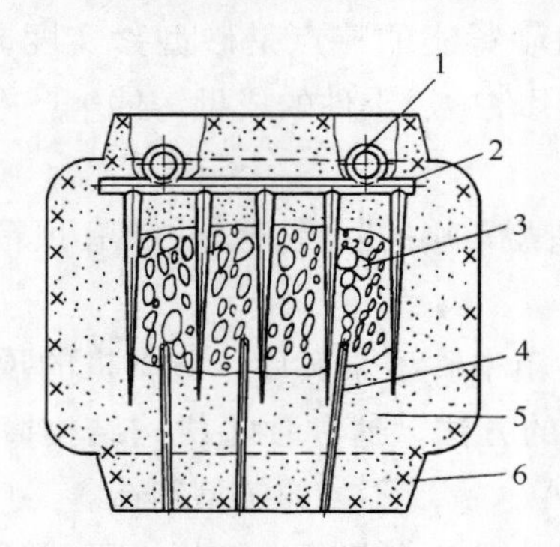

图 5-18　砂芯结构

1—吊环　2—芯骨　3—焦炭　4—通气孔　5—砂芯主体　6—芯头

在浇注过程中，砂芯的表面被高温液态金属包围，同时受到液态金属的冲刷，工作环境条件恶劣，所以，要求砂芯比砂型有更高的强度、耐火度、退让性和透气性，以确保铸件质量，并便于清理。

（2）制芯工艺措施　为了保证砂芯的尺寸精度、形状精度、强度、透气性和装配稳定性，制芯时应根据砂芯尺寸大小、复杂程度及装配方案采取以下措施。

1）放置芯骨。在砂芯中放置芯骨，可以提高砂芯的强度，并便于吊运及下芯。小型芯骨可以用铁丝、铁钉等制成；大、中型芯骨一般用铸铁浇注而成，并在芯骨上做吊环，以便运输。常见芯骨结构，如图5-19所示。

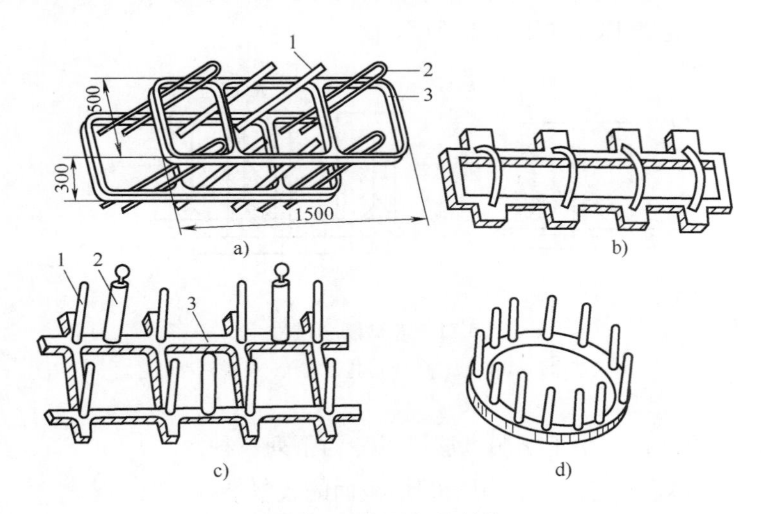

图5-19　常见芯骨结构

a）框架式焊接芯骨　b）、c）、d）铸铁插齿式芯骨

1—芯骨齿　2—吊环　3—框架（骨架）

2）砂芯通气。在浇注过程中，为使砂芯中的气体能顺利而迅速地从芯头排出，砂芯中必须留有通气孔，并且各部分通气孔要互相贯通。形状简单的砂芯可用通气针扎出通气孔；对于形状复杂的砂芯可预埋蜡线，熔烧后形成通气孔，或在两半砂芯上挖出通气孔等。常见的砂芯通气方式，如图5-20所示。

3）刷涂料。在砂芯表面涂刷耐火材料，防止铸件黏砂。铸铁件用砂芯一般采用石墨作为涂料，铸钢件用砂芯一般采用石英粉作为涂料，非铁合金铸件用砂芯采用滑石粉作为涂料。

4）烘干。将砂芯烘干以提高砂芯的强度和透气性。根据砂芯所用芯砂的配比不同，砂芯的烘干温度也不一样。黏土砂芯烘干温度为250~350℃，油砂芯烘

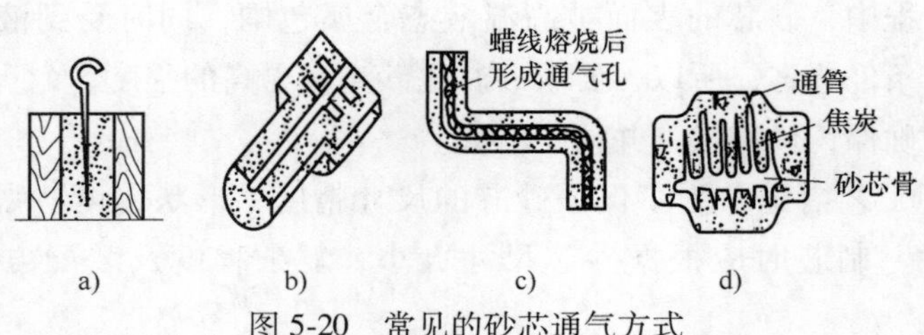

图 5-20　常见的砂芯通气方式

a）扎通气孔　b）挖通气孔　c）埋蜡线　d）放焦炭

干温度为 180~240℃。

（3）制芯方法　砂芯一般是用芯盒制成的。芯盒的空腔形状和铸件的内腔相适应。芯盒制芯过程，如图 5-21 所示。

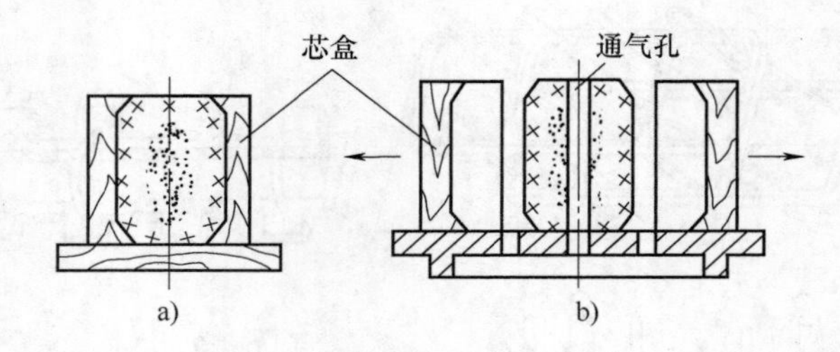

图 5-21　芯盒制芯过程

a）固定芯盒，填砂，刮平　b）扎通气孔，从两侧移开芯盒

根据芯盒的结构，手工制芯方法可以分为下列三种。

1）对开式芯盒制芯。它适用于圆形截面的较复杂砂芯。

2）整体式芯盒制芯。它适用于形状简单的中、小型砂芯。

3）可拆式芯盒制芯。对于形状复杂的大、中型砂芯，当用整体式和对开式芯盒无法取芯时，可将芯盒分成几块，分别拆去芯盒取出砂芯。芯盒的某些部分还可以做成活块。

成批大量生产的砂芯可用机器制出。黏土、合脂砂芯多用震击制芯机制芯，水玻璃砂芯可用射芯机制芯，树脂砂芯需用热芯盒射芯机和壳芯机制芯。

4. 合型

砂型的装配称为合型，又称为合箱组型，是将上砂型、下砂型、砂芯、浇口杯等组合成一个完整铸型的操作过程。合型是制造铸型的最后一道工序，是决定铸型型腔形状及尺寸精度的关键，直接关系到铸件的质量。即使铸型和砂芯的质量很好，若合型操作不当，也会引起跑火、错型、偏芯、塌型、砂眼等缺陷。合型的工作包括铸型的检验、装配和紧固。

（1）铸型的检验和装配 下芯前，先清除型腔、浇注系统和砂型表面的浮砂，并检查其形状、尺寸及排气通道是否合格，然后固定好砂芯，并确保浇注时液态金属不会钻入芯头而堵塞排气通道，最后再准确平稳地合上上砂型。

（2）铸型的紧固 液态金属充满型腔后，上砂型将受到液态金属的浮力而抬起，造成液态金属从分型面流出（俗称为跑火），因此，装配好的铸型必须进行紧固。在单件、小批量生产时，多使用压铁压住上砂箱，压铁重量一般是铸件重量的3~5倍，压铁应压在砂箱箱带上，不要压在铸型上，避免压坏铸型。在成批、大量生产时，常使用卡子或螺栓紧固铸型。紧固时，应使铸型受力均匀、对称，如图5-22所示。

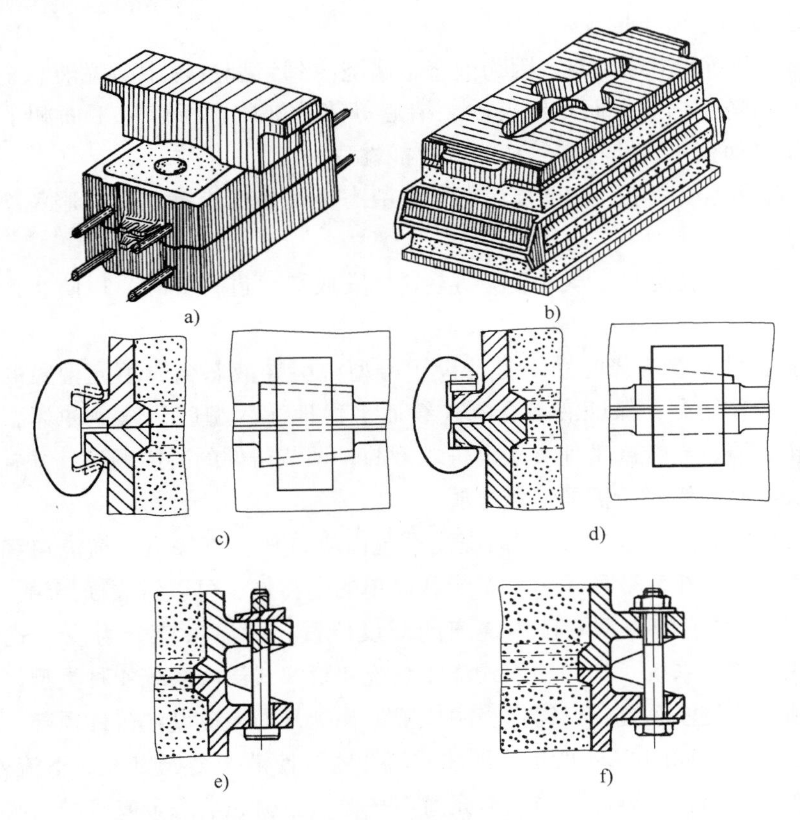

图5-22 铸型的紧固方法

a）压铁 b）成形压铁 c）锁箱卡子 d）卡子打斜铁 e）斜铁打入柱栓 f）螺栓

5. 造型工艺

造型时必须考虑的主要工艺问题是分型面、浇注位置及浇注系统的确定。它们直接影响铸件的质量及生产率。

（1）分型面的确定

1）整个铸件尽量在同一砂箱内，以减少错箱的可能性和提高铸件的精度。

2）分型面尽量是平直面，但必须是最大截面。

3）尽量减少分型面、活块和砂芯的数量。

4）便于砂芯的固定、排气和开箱检查。

（2）浇注位置的确定　浇注位置是指铸件在浇注时所处的位置。浇注位置的确定原则如下。

1）重要的机械加工面朝下或处于侧立位置。因为浇注时，液态金属中混杂的熔渣、气体等上浮后容易在铸件的上表面形成气孔、渣孔、砂眼等缺陷，而朝下的表面或侧立面质量较好。

2）大平面朝下或倾斜。因为液态金属浇注到铸型过程中高温液态金属的热作用，易将铸型烤裂，而导致夹砂、结疤等铸造缺陷。所以大平面朝下或倾斜后，将烘烤面变小，此种缺陷产生的可能性变小。

3）薄壁部位朝下。薄壁部位朝下时液态金属易于充满型腔，避免冷隔和浇不足缺陷的产生。

4）厚大部位朝上。厚大部位朝上利于安放冒口进行补缩，以防止产生缩孔缺陷。

（3）浇注系统　浇注系统是开设于铸型中引导液态金属填充型腔的一系列通道。它的作用是：保证液态金属连续而平稳地流入型腔，以免冲坏型壁和砂芯，防止熔渣、砂粒或其他夹杂物进入型腔；调节铸件的凝固顺序，并补充铸件在冷却和冷凝收缩时所需的液态金属。

1）浇注系统的组成。典型的浇注系统由浇口杯、直浇道、横浇道和内浇道 4 部分组成，如图 5-23 所示。对于形状简单的小铸件，可以省去横浇道。

2）浇注系统的类型。按内浇道的开设位置，浇注系统分为顶注式浇注系统、底注式浇注系统、中间注入式浇注系统和阶梯式浇注系统 4 种类型。

①顶注式浇注系统。以铸件浇注位置为基准，内浇道设在铸件顶部，成为顶注式浇注系统，如图 5-24 所示。顶注式浇注系统使液态金属自上而下流入型腔，利于充满型腔和补充铸件收缩，但充型不平稳，会引起液态金属飞溅、吸气、氧化及冲砂等问题。顶注式浇注系统适用于高度较小、形状简单的薄壁件，易氧化的合金铸件不宜采用。

② 底注式浇注系统。底注式浇注系统的内浇道设置在型腔底部，如图 5-25 所示。液态金属从下而上平稳充型，易于排气，多用于易氧化的非铁金属材料铸件及形状复杂、要求较高的钢铁材料铸件。底注式浇注系统使型腔上部的液态金

属温度低而下部高，故补缩效果差。

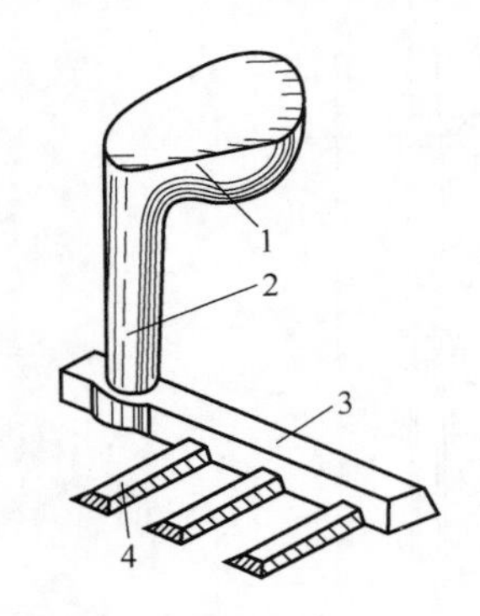

图 5-23　典型的浇注系统

1—浇口杯　2—直浇道　3—横浇道　4—内浇道

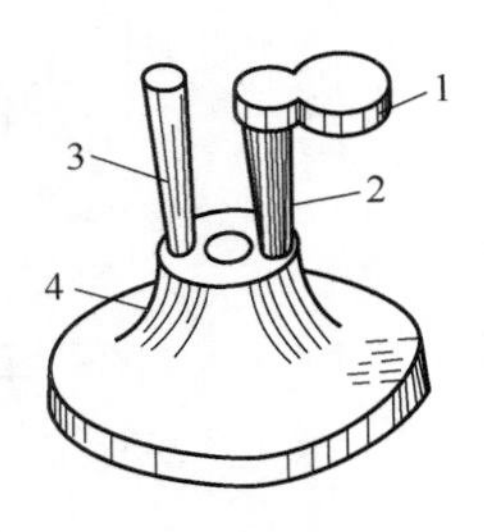

图 5-24　顶注式浇注系统

1—浇口杯　2—直浇道　3—出气孔　4—铸件

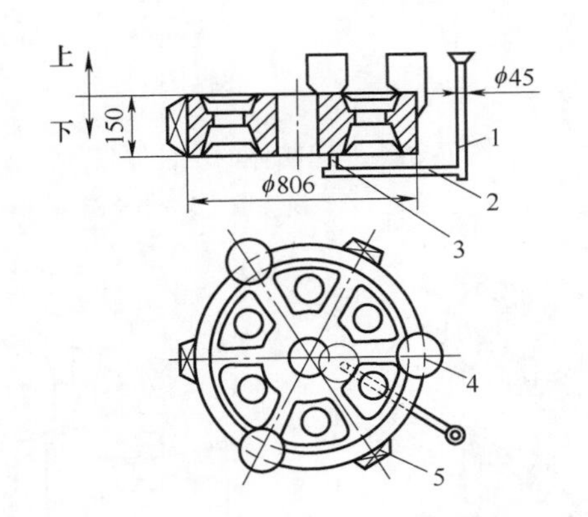

图 5-25　底注式浇注系统

1—直浇道　2—横浇道　3—内浇道　4—冒口　5—冷铁

③ 中间注入式浇注系统。中间注入式浇注系统是介于顶注式和底注式之间的一种浇注系统，液态金属经过开在分型面上的横浇道和内浇道进入型腔。图 5-26 所示为变速箱体的浇注系统，是一种典型的中间注入式浇注系统。这类浇注系统开设方便，应用广泛，主要用于一些中型、不是很高、水平尺寸较大的铸件生产。

④ 阶梯式浇注系统。阶梯式浇注系统是沿型腔不同高度开设多层内浇道，如图 5-27 所示。液态金属首先从型腔底部充型，待液面上升后，再从上部充型，兼有顶注式和底注式浇注系统的优点，主要用于高大铸件的生产。

3）浇注系统的设置要求。合理地设置浇注系统，能够较大限度地避免铸造缺陷的产生，保证铸件质量。

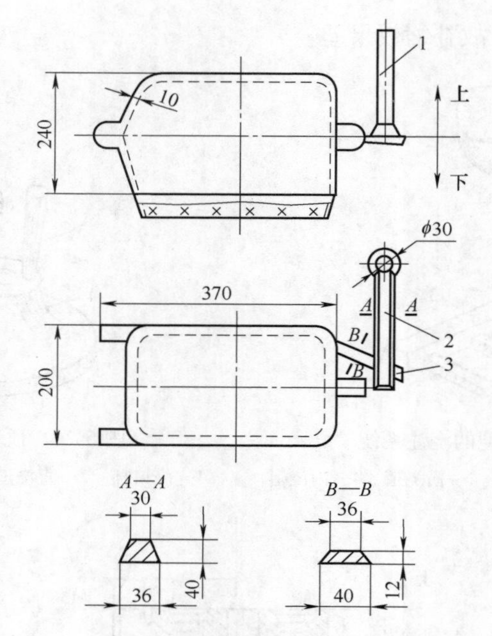

图 5-26　变速箱体的浇注系统

1—直浇道　2—横浇道　3—内浇道

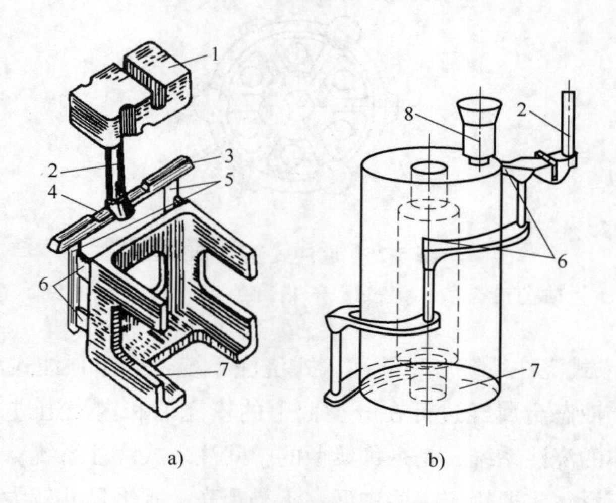

图 5-27　阶梯式浇注系统

a）常用结构　b）印刷机辊子的特殊结构

1—浇口杯　2—直浇道　3—横浇道　4—阻流段　5—分配直浇道　6—内浇道　7—铸件　8—冒口

6. 冒口与冷铁

为了实现在浇注、冷凝过程中能正常充型和冷却收缩，一些铸件设计中应用了冒口和冷铁。

（1）冒口 高温液态金属注入铸型后，由于冷却凝固将产生体积收缩，使铸件最后凝固部位产生缩孔或缩松。为了获得完整的铸件，必须在可能产生缩孔或缩松的部位设置冒口。冒口是铸型中特设的储存补缩用液态金属的空腔，使缩孔或缩松进入冒口中，凝固后的冒口是铸件上的多余部分，清理铸件时予以切除，如图5-28所示。冒口具有补缩、排气、集渣和引导充型的作用。

冒口应设在铸件厚壁处、最后凝固的部位，并应比铸件晚凝固。冒口形状多为圆柱形或球形。常用的冒口可以根据冒口在铸件上的位置分为顶冒口和侧冒口。

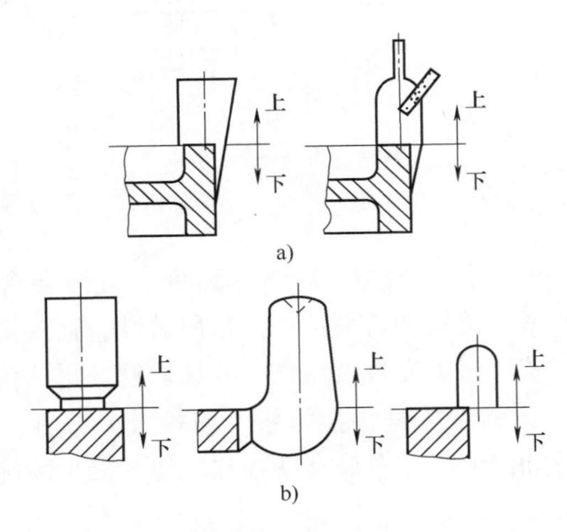

图5-28 常用冒口种类

a）铸钢件冒口 b）铸铁件冒口

（2）冷铁 为增加铸件局部的冷却速度，在砂型、砂芯表面或型腔中安放的金属物称为冷铁，如图5-29所示。砂型中放冷铁的作用是加大铸件厚壁处的凝固速度，消除铸件的缩孔、裂纹和提高铸件的表面硬度与耐磨性。冷铁可单独用在铸件上，也可与冒口配合使用，以减少冒口尺寸或数目。

5.1.4 铸造合金熔炼与浇注

铸造合金熔炼是铸件生产的主要工序之一，是获得优质铸件的关键。若熔炼控制不当，会造成铸件的成批报废。合格的铸造合金不仅要求理想的成分与浇注温度，而且要求液态金属有较高的纯净度（夹杂物、含气量要少）。

1. 铸造合金熔炼

（1）铸铁 铸铁是一种以铁、碳、硅为基础的多元合金，其中碳的质量分

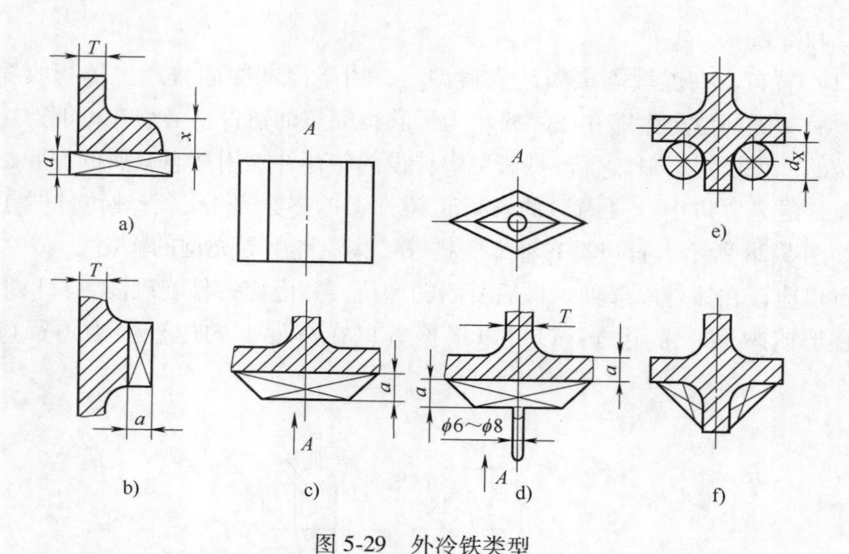

图 5-29　外冷铁类型

a)、b）平面直线形的　c）带切口平面　d）平面棱形　e）圆柱形　f）异形

数为 2.0%~4.0%，硅的质量分数为 0.6%~3.0%，此外还含有锰、硫、磷等元素。铸铁按用途分为常用铸铁和特种铸铁。常用铸铁包括灰铸铁、球墨铸铁、可锻铸铁、蠕墨铸铁；特种铸铁有抗磨铸铁、耐蚀铸铁及耐热铸铁等。

（2）铸铁熔炼　铸铁熔炼是将金属料、辅料入炉加热，熔化成铁液，为铸造生产提供预定成分和温度、非金属夹杂物和气体含量少的优质铁液的过程。它是决定铸件质量的关键工序之一。

（3）合金熔炼设备　熔炼合金所用的能源一般是焦炭或电能。采用焦炭作为燃料的熔炼设备有坩埚炉和冲天炉。这种熔炼设备投资小、成本低，但是合金的温度和成分不易控制，劳动强度大，易造成环境污染，此类设备正逐渐被淘汰。采用电能的熔炼设备有电阻炉及感应电炉。感应电炉又有高频炉、中频炉和低频炉之分。电炉所熔炼的液态金属质量高，温度和成分易于控制，对环境污染程度达到最小，但是它投资大、成本高。

2. 铸件的浇注

将液态金属浇入铸型的过程称为浇注。浇注是保证铸件质量的重要环节之一，对铸件质量影响很大。如果浇注操作不当会引起浇不足、冷隔、跑火、气孔、缩孔和夹渣等缺陷。据统计，铸造生产中，由于浇注原因而报废的铸件，约占报废件总数的 20%~30%。为了获得合格的铸件，除正确的造型、熔炼合格的铸造合金液外，在浇注过程中，必须严格控制浇注温度和浇注速度。

一般情况下，铸铁的浇注温度在 1340℃左右，铸造碳钢的浇注温度在

1500℃左右，铸造锡青铜的浇注温度在1200℃左右，铸造铝硅合金的浇注温度在700℃左右。浇注速度不宜太快与太慢。较快的浇注速度，可使铸造合金液很快地充满型腔，减少氧化程度，但过快的浇注速度易冲坏砂型。较慢的浇注速度易于补缩，获得组织细密的铸件，但过慢的浇注速度易产生夹砂、冷隔、浇不足等缺陷。

5.1.5 铸件落砂、清理及缺陷分析

1. 铸件落砂与清理

当液态金属在铸型中凝固或冷却后，从铸型中取出，称为落砂。铸件在铸型中应冷却到一定温度才能落砂。落砂过早，高温铸件在空气中急冷，易产生变形和开裂，表面也易氧化或形成白口，难以切削加工。落砂过晚，过久占用生产场地和砂箱，不利于提高生产率。

落砂以后，铸件还带有浇注系统、冒口、飞边、表面黏砂等，还要进行清理。铸件清理工作包括：去除浇冒口和分型面处的飞边；清除砂芯及芯骨；清除铸件表面的黏砂，得到表面光整的铸件。

2. 铸件缺陷分析

（1）对铸件质量的要求　铸件外形要求完整光洁，无气孔、缩孔和缩松、冷隔、浇不足、裂纹和变形、错箱等缺陷，无黏砂、夹砂和夹渣；尺寸符合要求，偏差在要求范围内，加工面有足够的加工余量；铸件内部要求组织致密，无孔洞（气孔、缩孔和缩松），无夹杂物（夹渣、夹砂）。各种金属牌号有国家标准，可作为力学性能的验收依据。铸件常见的缺陷特征及产生原因见表5-1。

表5-1　铸件常见的缺陷特征及产生原因

缺陷名称	简　图	特　征	产生原因
气孔		气孔为内表面光滑的圆形孔洞，多数集中在铸件的上部，分布在表面上或表面下	1）造型材料含水量过高 2）砂型紧实度过大，透气性差 3）浇冒口设置不合理，不利于排气 4）浇注速度过大 5）砂型及砂芯的通气孔被堵
缩孔和缩松		缩孔为内表面不平整且形状不规则的空洞。缩松为一群分散的小缩孔。它们一般存在于铸件的上部或厚大部分	1）冒口设置不合理 2）浇注温度过高 3）铸件设计不合理，壁厚相差太大

（续）

缺陷名称	简　图	特　征	产生原因
夹砂和夹渣	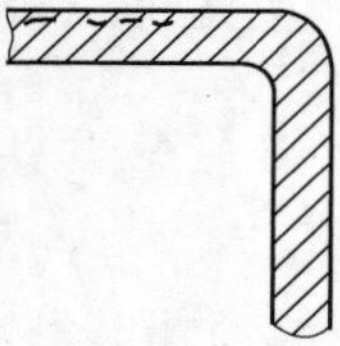	在铸件的表面或内部存在有砂粒或渣	1）型砂和芯砂的强度低，易被液态金属冲散 2）浇注系统设计不合理，使液态金属进入型腔的冲力太大，或是挡渣不力 3）型腔内未清除，留有砂粒
黏砂	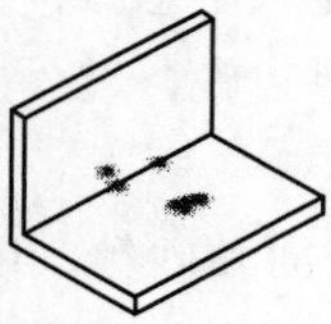	在铸件表面上砂粒与金属相互黏在一起，不易清理	1）型砂的耐火度过低 2）浇注温度太高 3）砂粒粗而造成砂粒间隙过大 4）砂型和砂芯涂料不好
浇不足和冷隔	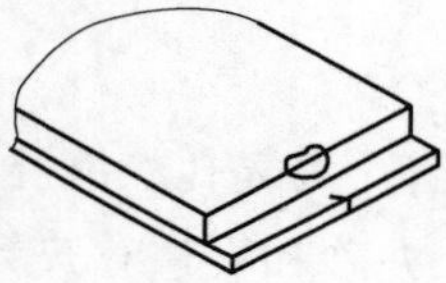	浇不足为铸件的形状不完整。冷隔为铸件表面存在氧化膜夹层	1）浇注温度过低，液态金属流动性差 2）浇注系统设计不合理 3）浇注速度过小 4）壁厚太薄
裂纹	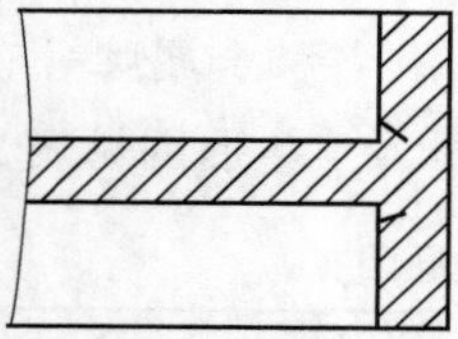	高温下形成的裂纹为热裂纹，呈曲折状，断面为氧化色。低温下形成的裂纹为冷裂纹，细小，断面无氧化	1）合金收缩量大 2）铸件结构不合理，内圆角不够大 3）浇注系统设计不合理 4）型砂和芯砂的退让性差
砂眼	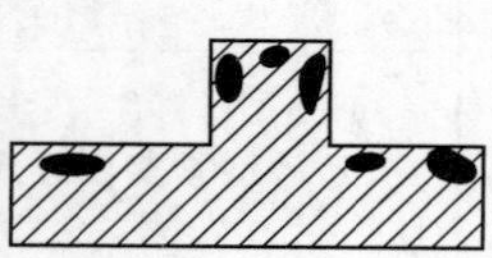	铸件内部和表面的空洞内有型砂嵌入	1）砂型内有浮砂 2）型砂和芯砂的强度低 3）浇注系统开设不合理，如直浇道过高、内浇道的截面小等

（2）铸件质量检验　铸件的表面质量一般用肉眼检验即可，必要时用放大镜；铸件的内部缺陷，如气孔、缩孔和缩松等，可用磁力探伤、超声波探伤和X射线等进行检验；铸件的力学性能一般是用同一包液态金属浇注的试棒在各种试验设备上进行检验；铸件的内部组织可进行金相检验，金相检验有助于力学性能的分析。

5.2 铸造加工技能训练

5.2.1 安全操作训练

1. 铸造加工特点

铸造加工由于工序繁多，要与高温液态金属相接触，车间环境一般较差（高温、高粉尘、高噪声、高劳动强度），安全隐患较多，既有人员安全问题，又有设备、产品安全问题。因此，铸造加工的安全生产问题尤为突出。

2. 铸造加工安全操作注意事项

1）进入车间后，应时刻注意头上的起重机，脚下的工件与铸型，防止碰伤、撞伤及烧伤等事故发生。

2）混砂机转动时，不得用手扒料和清理碾轮，不准伸手到机盆内添加黏结剂等。

3）注意保管和摆放好自己的工具，防止被埋入砂中压坏；防止被起模针和通气针扎伤手脚。

4）工作结束后，要认真清理工具和场地，砂箱要安放稳固，防止倒塌伤人毁物。

5）铸造熔炼与浇注现场不得有积水。

6）注意浇包及所有与液态金属接触的物体都必须烘干、烘热后使用，否则会引起爆炸。

7）浇包中的液态金属不能盛得太满，抬包时两人动作要协调，应招呼同伴同时放包，切不可单独丢下抬杆，以免翻包，酿成大祸。

8）浇注时，人不可站在浇包正面，否则易造成严重的安全事故。

9）所有破碎、筛分、落砂、混碾和清理设备，应尽量密闭，以减少车间的粉尘。同时，应规范车间通风、除尘及个人劳动保护等防护措施。

10）铸造合金熔炼过程中产生的有害气体，如冲天炉排放的含有一氧化碳的多种废气、铝合金精炼时排放的有害气体等，应有相应的技术处理措施，现场人员也应加强防护。

5.2.2 训练任务

1. 目标

1）了解铸造生产工艺过程、特点和应用。

2）了解砂型的结构。

3）了解浇注系统的组成及作用。

4）分清零件、铸件和模样之间的差别。

5）了解熔炼过程。

6）了解常见的铸造缺陷及其产生的原因。

7）熟悉砂型铸造的典型工艺过程（整模造型、分模造型、挖砂造型、活块造型）。

8）了解开炉、浇注操作的基本过程。

2. 装备、材料、工具、设备

1）模板、砂箱、模样、芯盒。

2）手工造型工具：砂舂子、通气针、起模针、秋叶、砂钩、浇口棒等。

3）造型材料：原砂（山砂或河砂）、黏土、植物油、煤粉等。

4）合金熔炼材料：铝料等。

5）设备：坩埚电阻炉、箱式电阻炉、温度控制器等。

3. 任务

1）制备型砂和芯砂。

2）完成造型训练。

3）完成开炉、浇注。

5.2.3 技能训练

1. 制备型砂和芯砂

首先筛砂、松砂，再将新砂、旧砂、黏结剂和附加物等加入混砂机中进行搅拌干混2~3min，然后加水湿混5~7min，性能符合要求后卸砂，最后再堆放4~5h，使型砂中的水分均匀混合，待用。

2. 造型

（1）制作模样　用木材、金属或其他材料制成的铸件原形统称为模样。它是用来形成铸型的型腔。用木材制作的模样称为木模，用金属或塑料制成的模样称为金属模或塑料模。目前大多数工厂使用的是木模。模样的外形与铸件的外形相似，不同的是铸件上如有孔穴，在模样上不仅实心无孔，而且要在相应位置制作出芯头。

（2）造型前的准备工作

1）准备造型工具，选择平整的底板和大小合适的砂箱。砂箱选择过大，不仅消耗过多型砂，而且浪费舂砂工时。砂箱选择过小，则木模周围的型砂舂不紧，在浇注时液态金属容易从分型面即交界面间流出。通常，木模与砂箱内壁及顶部之间须留有30~100mm的距离，此距离称为吃砂量。吃砂量的具体数值视木模大小而定。

2）擦净木模，以免造型时型砂黏在木模上，造成起模时损坏型腔。

3）安放木模时，应注意木模上的斜度方向，不要把它放错。

（3）舂砂

1）舂砂时必须分次加入型砂。对小砂箱每次加砂厚为50~70mm。加砂过多舂不紧，而加砂过少又浪费工时。第一次加砂时须用手将木模周围的型砂按紧，以免木模在砂箱内移动。然后用砂舂子的尖头分次舂紧，最后改用砂舂子的平头舂紧型砂的最上层。

2）舂砂应按一定的路线进行，切不可乱舂，以免各部分松紧不一。

3）舂砂用力大小应该适当，不要过大或过小。用力过大，砂型太紧，浇注时型腔内的气体跑不出来。用力过小，砂型太松易塌箱。同一砂型各部分的松紧是不同的。靠近砂箱内壁应舂紧，以免塌箱。靠近型腔部分，砂型应稍紧些，以承受液态金属的压力。远离型腔的砂层应适当松些，以利透气。

4）舂砂时应避免砂舂子撞击木模。一般砂舂子与木模相距20~40mm，否则易损坏木模。

（4）撒分型砂　在造上砂型之前，应在分型面上撒一层细粒无黏土的干砂（即分型砂），以防止上、下砂箱黏在一起开不了箱。撒分型砂时，手应距砂箱稍高，一边转圈、一边摆动，使分型砂经指缝缓慢而均匀散落下来，薄薄地覆盖在分型面上。最后应将木模上的分型砂吹掉，以免在造上砂型时，分型砂黏到上砂型表面，而在浇注时被液态金属冲下来落入铸件中，使其产生缺陷。

（5）扎通气孔　除了保证型砂有良好的透气性外，还要在已舂紧和刮平的型砂上，用通气针扎出通气孔，以便浇注时气体易于逸出。通气孔要垂直而且均匀分布。

（6）开浇口杯　浇口杯应挖成60°的锥形，大端直径约60~80mm。浇口面应修光，与直浇道连接处应修成圆弧过渡，以引导液态金属平稳流入砂型。若浇口杯挖得太浅而成碟形，则浇注液态金属时会四处飞溅伤人。

（7）做合箱线　若上、下砂箱没有定位销，则应在上、下砂箱打开之前，在砂箱壁上做出合箱线。最简单的方法是在砂箱壁上涂上粉笔灰，然后用划针划出细线。需进炉烘烤的砂箱，则用砂泥黏敷在砂箱壁上，用墁刀抹平后，再刻出线条，称为打泥号。合箱线应位于砂箱壁上两直角边最远处，以保证 x 和 y 方向均能定位，并可限制砂箱转动。两处合箱线的线数应不相等，以免合箱时弄错。做合箱线后，即可开箱起模。

（8）起模

1）起模前要用水笔沾些水，刷在木模周围的型砂上，以防止起模时损坏砂型型腔。刷水时应一刷而过，不要使水笔停留在某一处，以免局部水分过多而在浇注时产生大量水蒸气，使铸件产生气孔缺陷。

2）起模针位置要尽量与木模的重心铅垂线重合。起模前，要用小锤轻轻敲打起模针的下部，使木模松动，便于起模。

3）起模时，慢慢将木模垂直提起，待木模即将全部起出时，快速取出。起模时注意不要偏斜和摆动。

（9）修型　起模后，型腔如有损坏，应根据型腔形状和损坏程度，正确使用各种修型工具进行修补。如果型腔损坏较大，可将木模重新放入型腔进行修补，然后再起出。

（10）合箱　合箱是造型的最后一道工序，其对砂型的质量起着重要的作用。合箱前，应仔细检查砂型有无损坏和散砂、浇口是否修光等。如果要下砂芯，应先检查砂芯是否烘干，有无破损及通气孔是否堵塞等。砂芯在砂型中的位置应该准确稳固，以免影响铸件精度，并避免浇注时被液态金属冲偏。合箱时应注意使上砂箱保持水平下降，并应对准合箱线，防止错箱。合箱后最好用纸或木片盖住浇口，以免砂子或杂物落入浇口中。

3. 浇注、清理

1）按合金牌号要求浇注，浇注温度按工艺要求规定，浇注时间应小于1min。

2）在合金液成分、温度达到要求，脱氧也已完成后，出炉扒渣。

3）将坩埚对准浇口杯，快速浇注，浇注时引流要稳、准、快，防止合金液喷溅、断流或细流。

4）静置砂型，待冷却后取出铸件，用铁锤敲打浇注系统和冒口，用钢钎将铸件表面的型砂清理干净，严禁用铁锤敲打铸件本体。

5）用角磨机、细砂轮对浇冒口、飞边毛刺、通气孔残余、多肉进行打磨。

6）打磨后的铸件制品送到指定地方堆放整齐。

5.3 知识拓展

随着科学技术的发展和生产水平的提高，对铸件质量、劳动生产率、劳动条件和生产成本有了进一步的要求，因而铸造方法有了长足的发展。特种铸造是指有别于砂型铸造方法的其他铸造工艺。目前特种铸造方法已发展到几十种，最常用的有压力铸造、实型铸造、离心铸造、低压铸造、熔模铸造等。

特种铸造能获得如此迅速发展，主要是由于这些方法一般都能提高铸件的尺寸精度和表面质量，或提高铸件的物理及力学性能；此外，大多数方法能提高金属的利用率（工艺出品率），减少原砂消耗量；有些方法更适宜于高熔点、低流动性、易氧化合金铸件的铸造；有的方法能明显改善劳动条件，并便于实现机械化和自动化生产而提高生产率。

1. 压力铸造

压力铸造是指在高压作用下将液态金属以较高的速度压入高精度的型腔内，力求在压力下快速凝固，以获得优质铸件的高效率铸造方法。它的基本特点是高压（5~150MPa）和高速（5~100m/s）。

压铸型是压力铸造生产铸件的模具，主要由活动半型和固定半型两大部分组成。固定半型固定在压铸机的定型座板上，由浇道将压铸机压射室与型腔连通。活动半型随压铸机的动型座板移动，完成开合型动作。完整的压铸型组成中包括型体部分、导向装置、抽芯机构、顶出铸件机构、浇注系统、排气和冷却系统等部分。压力铸造工艺过程，如图5-30所示。

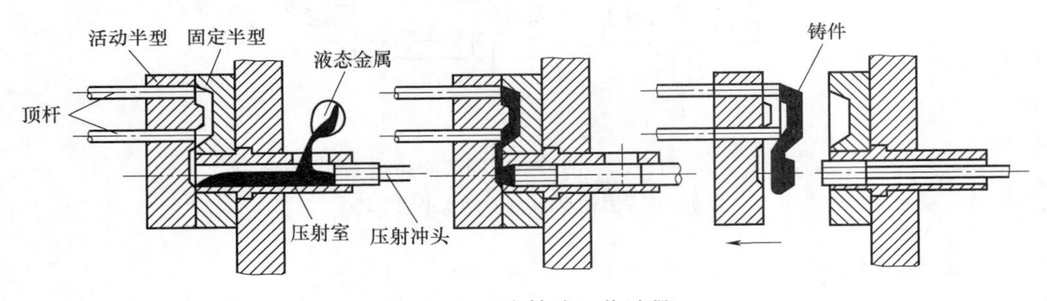

图5-30　压力铸造工艺过程

压力铸造的优点是压铸件具有“三高”：铸件精度高、强度与硬度高、生产率高。

压力铸造的缺点是存在无法克服的皮下气孔，且塑性差；设备投资大，应用范围较窄（适用于低熔点的合金和较小的、薄壁且均匀的铸件，适宜的壁厚：锌合金为1~4mm，铝合金为1.5~5mm，铜合金为2~5mm）。

2. 实型铸造

实型铸造是指使用泡沫聚苯乙烯塑料制造模样（包括浇注系统），在浇注时，迅速将模样燃烧汽化直到消失掉，液态金属充填了原来模样的位置，冷却凝固后而形成铸件的铸造方法。实型铸造工艺过程，如图5-31所示。

3. 离心铸造

离心铸造是指将液态金属浇入高速旋转（250~1500r/min）的铸型中，使其在离心力作用下填充铸型和结晶的铸造方法。两种方式的离心铸造，如图5-32所示。

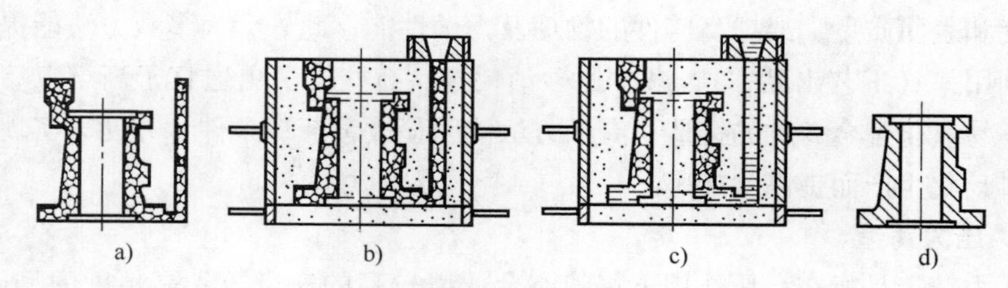

图 5-31　实型铸造工艺过程

a）泡沫聚苯乙烯塑料模样　b）造型　c）浇注　d）铸件

用离心铸造生产中空圆筒形铸件质量较好，且不需要型芯，没有浇冒口，所以可简化工艺，出品率高且具有较高的劳动生产率。

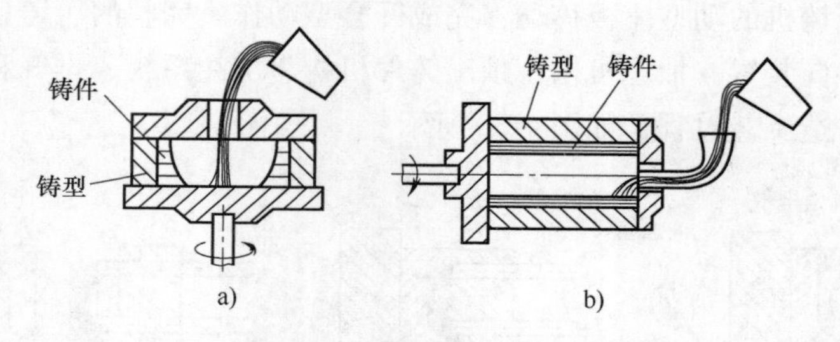

图 5-32　两种方式的离心铸造

a）绕垂直轴旋转　b）绕水平轴旋转

4. 低压铸造

低压铸造是指使液态金属在压力作用下充填型腔，以形成铸件的一种方法，如图 5-33 所示。由于所用压力较低，所以称为低压铸造。低压铸造介于重力铸

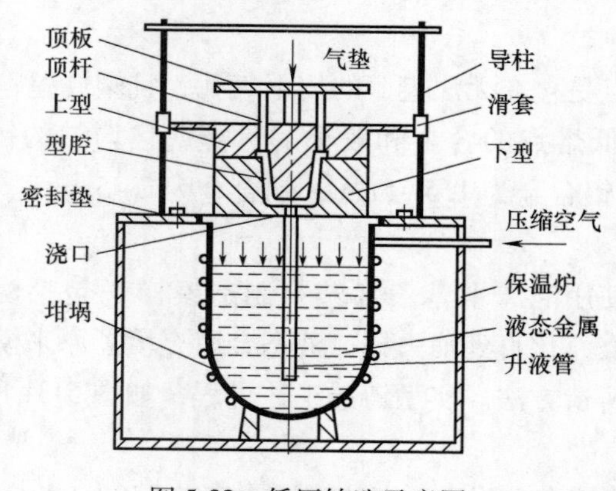

图 5-33　低压铸造示意图

造和压力铸造之间的一种铸造方法。浇注时压力和速度可人为控制，故可适用于各种不同的铸型；充型压力及时间易于控制，所以充型平稳；铸件在压力下结晶，自上而下定向凝固，所以铸件致密，力学性能好，金属利用率高，铸件合格率高。

低压铸造的独特优点表现为：液态金属充型比较平稳；铸件成形性好，有利于形成轮廓清晰、表面光洁的铸件，对于大型薄壁铸件的成形更为有利；铸件组织致密，力学性能高；提高了液态金属的工艺收缩率，一般情况下不需要冒口，工艺收缩率一般可达90%。此外，劳动条件好；设备简单，易实现机械化和自动化，也是低压铸造的突出优点。

5. 熔模铸造

熔模铸造是指用易熔材料（蜡或塑料等）制成精确的可熔性模型，并涂以若干层耐火涂料，经干燥、硬化成整体型壳，加热型壳熔失模型，经高温焙烧形成耐火型壳，在型壳中浇注铸件的铸造方法。熔模铸造特点：铸件尺寸精度高，表面粗糙度值低；适用于各种铸造合金、各种生产批量；生产工序繁多，生产周期长，铸件不能太大。熔模铸造的工艺过程，如图5-34所示。

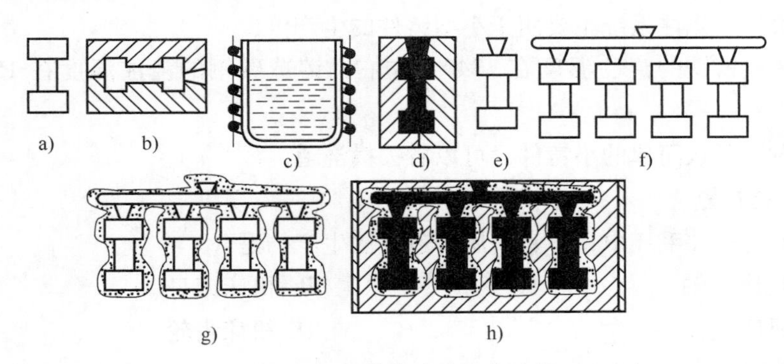

图5-34　熔模铸造的工艺过程

a）母模　b）压型　c）熔蜡　d）铸造蜡模　e）单个蜡模

f）组合蜡模　g）结壳、熔失蜡模　h）造型、浇注

5.4　铸造加工理论测试卷

一、填空题

1. 铸造方法有很多种，按其工艺过程的特点，可分为（　　　）和特种铸造两大类。

2. 砂型铸造的生产工艺过程主要有制模、配砂、造型、（　　　）、合型、熔炼、浇注、落砂、清理和检验。

3. 型砂与芯砂是制作砂型及砂芯的主要材料，其性能好坏将直接影响（　　）。

4.（　　）是用以制作砂芯的工艺装备。

5.（　　）的特点是操作灵活，适应性强，是目前应用最广泛的造型方法。

6. 砂芯由砂芯主体和（　　）两部分组成。

7. 典型的浇注系统由（　　）、直浇道、横浇道和内浇道4部分组成。

8. 当液态金属在铸型中凝固或冷却后，从铸型中取出，称为（　　）。

9.（　　）可单独用在铸件上，也可与冒口配合使用，以减少冒口尺寸或数目。

10. 将砂芯烘干以提高砂芯的强度和（　　）。

二、判断题

1. 铸件外形要求完整光洁，无气孔、缩孔和缩松、冷隔、浇不足、裂纹和变形、错箱等缺陷。（　　）

2. 冒口应设在铸件薄壁处、最先凝固的部位，并应比铸件早凝固。（　　）

3. 阶梯式浇注系统主要用于小型铸件的生产。（　　）

4. 一般铸铁的浇注温度在1340℃左右，铸造碳钢的浇注温度在1500℃左右。（　　）

5. 对于形状简单的小铸件，可以省去横浇道。（　　）

三、选择题

1. 下列零件毛坯中，适宜采用铸造方法生产的是（　　）。

A. 机床主轴　　B. 机床床身

C. 机床丝杠　　D. 机床齿轮

2. 分型面应选择在（　　）。

A. 铸件受力面上　　B. 铸件加工面上

C. 铸件最大截面处　　D. 铸件的中间

3. 为提高合金的流动性，常采用的方法是（　　）。

A. 适当提高浇注温度　　B. 加大通气孔

C. 降低出铁温度　　D. 延长浇注时间

4. 以下（　　）不是砂型铸造的翻砂工具。

A. 砂箱、砂舂子、底板、模样、砂刀　　B. 冒口、浇注系统、通气针

C. 起模针、砂钩、圆钩　　D. 水罐、筛子、铁锹、敲棒

5. 铸造铝硅合金的浇注温度在（　　）左右。

A. 700℃
B. 1350℃
C. 1200℃
D. 1500℃

四、简答题

1. 浇注位置是指铸件在浇注时所处的位置。浇注位置的确定原则是什么？

2. 为了实现铸件在浇注、冷凝过程中能正常充型和冷却收缩，一些铸件设计中应用了冒口，其作用是什么？

3. 造型时必须考虑的主要工艺问题是分型面、浇注位置及浇注系统的确定，它们直接影响铸件的质量及生产率。确定分型面的原则是什么？

4. 根据芯盒的结构，手工制芯方法有哪三类？分别适用于哪些场合？

5. 造型方法可分为手工造型和机器造型两大类，简述其内容及优点。

第 2 篇　先进加工技术

第6章

数 控 加 工

6.1 数控加工概述

6.1.1 数控机床加工坐标系

数控机床是利用编制的程序对其执行电动机进行控制，实现切削加工。在编写程序前需对数控机床的坐标系进行认识和了解，否则将会导致编程错误出现报警，甚至由于坐标系认识错误导致安全事故。

1. 机床坐标系

为了确定数控机床的运动方向和距离，首先要在数控机床上建立一个坐标系，该坐标系称为数控机床坐标系，也称为机械坐标系。数控机床坐标系确定后也就确定了刀具位置和机床运动的基本坐标。它是数控机床的固有坐标系，一般该坐标系的值出厂设置后即为固定值不轻易变更。

2. 工件坐标系

工件坐标系是编程时使用的坐标系，又称为编程坐标系。该坐标系是人为设定的。为简化编程、确保程序的通用性，对数控机床的坐标轴和方向制定了统一的标准。规定直线进给坐标轴用 *X*、*Y*、*Z* 表示，常称为基本坐标轴。*X*、*Y*、*Z* 坐标轴的相互关系用右手定则决定。如图 6-1 所示，大拇指的指向为 *X* 轴的正方向，食指指向为 *Y* 轴的正方向，中指指向为 *Z* 轴的正方向。围绕 *X*、*Y*、*Z* 轴旋转的圆周进给坐标轴分别用 *A*、*B*、*C* 表示。根据右手螺旋定则，如图 6-2 所示，以大拇指指向+*X*、+*Y*、+*Z* 方向，则食指、中指等的指向是圆周进给运动的+*A*、+*B*、+*C* 方向。

（1）数控车床坐标系　通常把传递切削力的主轴定为 *Z* 轴。对于数控车床而言，工件的转动轴为 *Z* 轴，其中远离工件的装夹部件方向为 *Z* 轴的正方向，接近工件的装夹部件方向为 Z 轴的负方向，如图 6-3 所示。

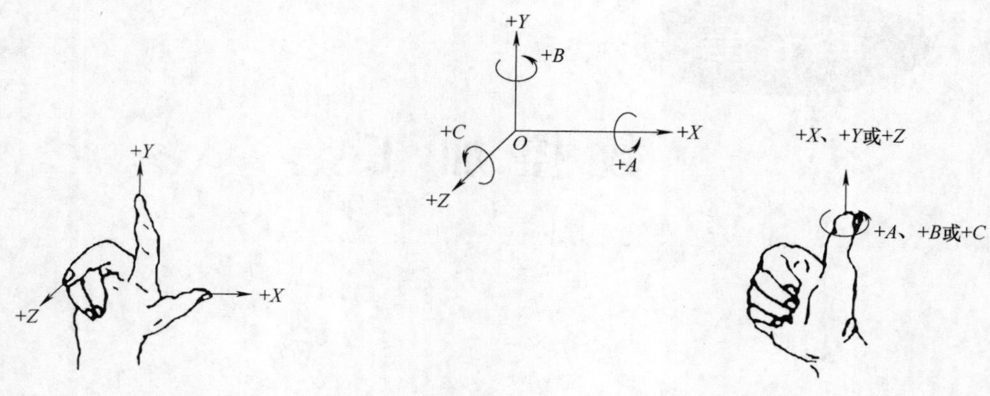

图 6-1　右手定则

图 6-2　右手螺旋定则

X 轴一般平行于工件装夹面且垂直于 Z 轴。对于数控车床而言，X 轴在工件的径向上且平行于横向滑座。刀具远离工件旋转中心的方向为 X 轴的正方向。刀具接近工件旋转中心的方向为 X 轴的负方向，如图 6-3 所示。

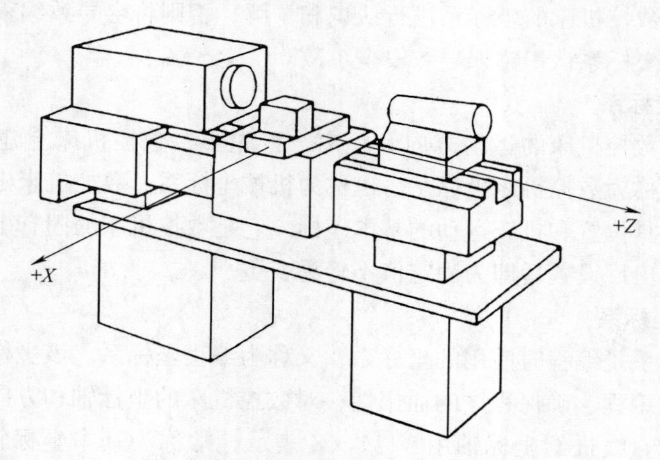

图 6-3　数控车床 X、Z 轴定义

（2）数控铣床坐标系　对于数控铣床而言，装刀柄的轴为 Z 轴，其中远离工作台的方向为 Z 轴的正方向，接近工作台的方向为 Z 轴的负方向，如图 6-4 所示。

对于刀具旋转的数控铣床而言，沿工作台的左右方向即为数控铣床 X 轴。若 Z 轴是垂直的即立式数控铣床，面对刀具主轴向立柱看时，X 轴正方向指向右；若 Z 轴是水平的，当从主轴向工件看时，X 轴正方向指向右，如图 6-4

所示。

利用已确定的X、Z轴的正方向，用右手定则或右手螺旋定则，确定Y轴的正方向。右手定则：大拇指指向$+X$，中指指向$+Z$，则$+Y$方向为食指指向；右手螺旋法则：在XOZ平面，从Z轴至X轴，拇指所指的方向为$+Y$，如图6-4所示。

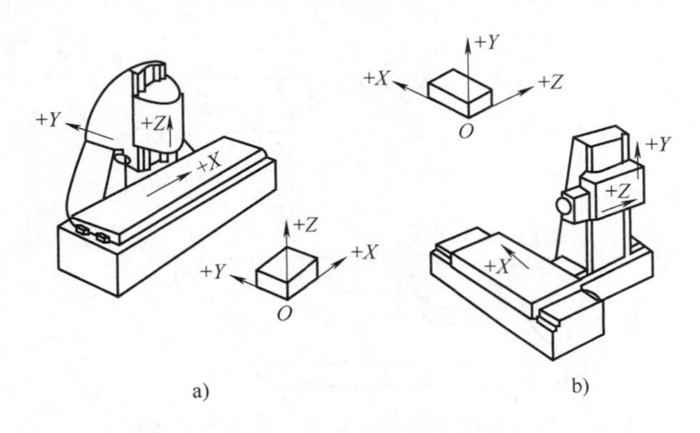

图6-4 数控铣床坐标系

a）立式数控铣床 b）卧式数控铣床

3. 机床坐标系与工件坐标系的关系

（1）数控车床上机床坐标系与工件坐标系的关系 建立工件坐标系是数控车床加工前必不可少的一步。编程人员在编写程序时根据零件图样及加工工艺，以工件上某一固定点为原点建立笛卡儿坐标系，其原点即为工件原点。对于数控车床，一般选择把工件原点设置在旋转轴与端面的交接点处。

数控车床上机床坐标系与工件坐标系的关系，如图6-5所示。

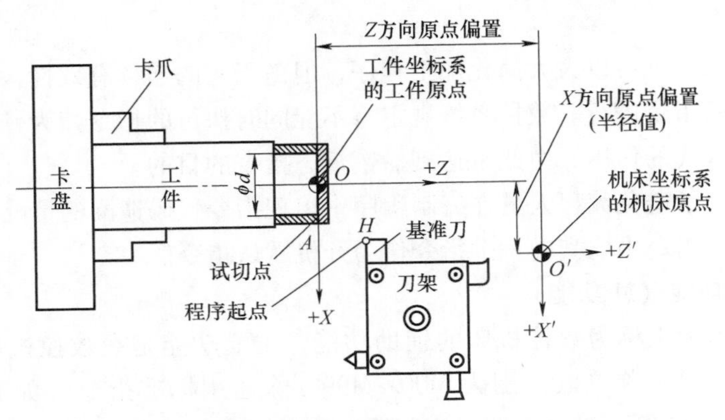

图6-5 数控车床上机床坐标系与工件坐标系的关系

（2）数控铣床上机床坐标系与工件坐标系的关系　对于数控铣床，通常将工件的编程零点设置在工件的中心点，即工件的中心点为 X 零点、Y 零点，工件的上表面为 Z 零点。数控铣床上机床坐标系与工件坐标系的关系，如图 6-6 所示，其中 O_1 为机床坐标系，O_3 为工件坐标系。

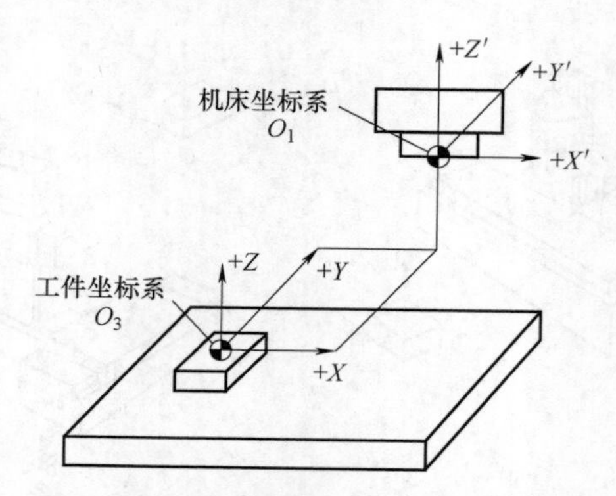

图 6-6　数控铣床上机床坐标系与工件坐标系的关系

6.1.2　数控机床编程基础

1. 准备功能（G 功能）

G 指令习惯上称为数控机床的准备功能。它是数控编程中内容最多、用途最广的编程指令，主要功能是数控系统向机床执行元件发送以何种方式切削、何种进给速度进行切削加工或位移。它通常以 G+两位数字组成，其范围为 G00～G99。不同的 G 功能代表不同的切削方式或不同的运动动作。

G 指令分为模态指令和非模态指令。模态指令是指在某一程序段指令之后，可以一直保持有效状态，直到撤销这些指令；非模态指令是指仅在编入的程序段中生效的指令。

利用模态指令可以大大简化加工程序，但由于它的连续有效性，使得其撤销必须由相应的指令进行。数控系统规定将不能同时执行的指令归为一组。同一组指令有相互取代的作用，由此来达到撤销模态指令的目的。

此外，为了避免编程人员在编制程序中出现指令代码遗漏的情况，数控系统规定在每一组指令中取其中一个指令作为开机默认指令。

2. 辅助功能（M 功能）

M 指令习惯上称为数控机床的辅助功能，主要功能是在数控机床运行过程中控制机床辅助动作，其范围为 M00～M99。除通用标准指令（如 M03、M04、M00、M98、M99 等）外，有些机床制造厂商根据自己机床的机械运动设计出特定的 M 指令，用于控制辅助功能的开或关。

FANUC 0i-TD数控车床常用M指令一览表，见表6-1。

表6-1 FANUC 0i-TD数控车床常用M指令一览表

序号	指令	功能
1	M00	程序暂停
2	M01	程序选择暂停
3	M02	程序结束
4	M03	主轴正转
5	M04	主轴反转
6	M05	主轴停止
7	M07	内冷却开
8	M08	外冷却开
9	M09	冷却关
10	M30	程序结束、系统复位
11	M98	子程序调用
12	M99	子程序结束标记

3. 主轴转速功能

S指令习惯上称为数控机床的主轴转速功能，用于指定主轴转速（r/min），如S800则表示转速为800r/min。通常机床主轴转速都会被限制，即设定了最高转速。当S指令转速超过主轴最高转速时，按机床最高转速执行。

在操作数控机床时，可根据实际情况随时调整机床面板上的“主轴转速倍率”旋钮，调整合适的转速值。S指令需要M03（主轴正转）或M04（主轴反转）才能使机床主轴转动起来。

4. 刀具功能（T功能）

T指令习惯上称为数控机床的刀具功能，用于选择数控机床刀具号及刀具补偿号，通常以T+四位数字组成，其中前两位数字为刀具号，后两位数字为刀具补偿号。例如，T0102指令，指定的是选择1号刀具，选择的是2号刀具补偿号。

5. 进给速度功能（F功能）

F指令习惯上称为数控机床的进给速度功能，用于控制刀具移动时的速度，通常以F+数字组成。默认状态下F后面的数字表示每转刀具的进给量，单位为mm/r。

通常机床最高进给速度都会被限制，即设定了最高进给速度。当F指令进给速度超过机床最高进给速度时，按机床最高进给速度执行。

在操作数控机床时，可根据实际情况随时调整机床面板上的“切削进给倍率”旋钮，调整合适的进给速度。F功能一旦设定数值后，如下面程序段中未被重新指定，则表示先前所设定的进给速度继续有效。

6. 常用G指令编程格式及应用

(1) G00快速点定位

格式：G00　X (U)____Z (W)____;

G00指令可以将刀具从当前位置移动到指令指定的位置（在绝对坐标方式下）或移动到某个距离处（在增量坐标方式下）。G00为模态指令（持续有效指令）。X(U)、Z(W) 后的数值表示在绝对值（增量值）编程方式下的运动终点坐标。G00指令也可以用G0表示。G00指令运动轨迹，如图6-7所示。

如图6-8所示（以数控铣床为例），刀具由*A*点快速定位到*B*点，用绝对值编程表示为：G00X34Z26；刀具由*A*点快速定位到*B*点，用增量值编程表示为：G00 U24 W16。

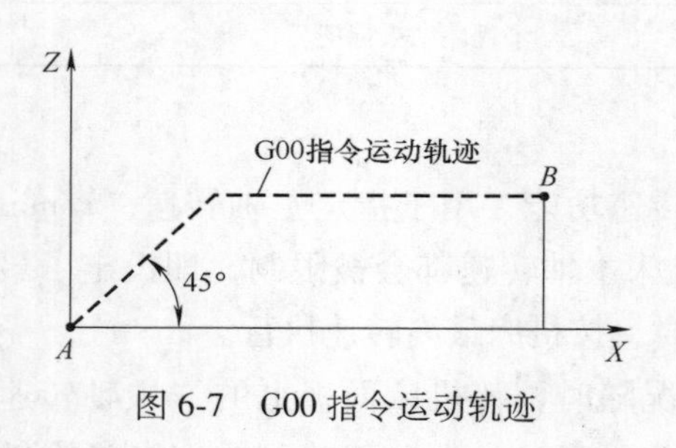

图6-7　G00指令运动轨迹

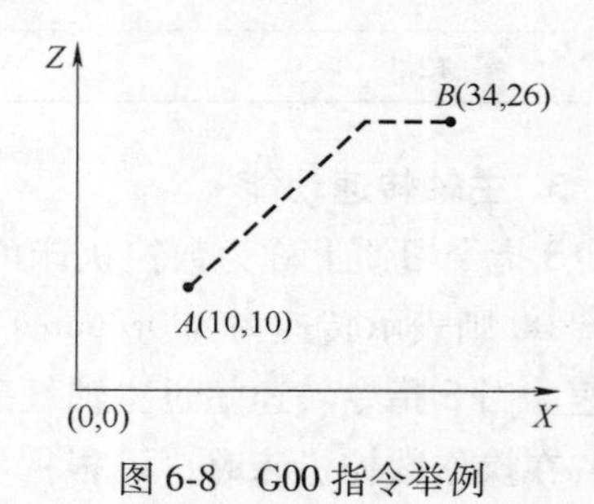

图6-8　G00指令举例

(2) 直线插补 (G01)

格式：G01 X (U)____Z (W)____F____;

式中，X、Z是要求移动到的位置的绝对坐标值；U、W是要求移动到的位置的增量坐标值（数控车床）；F是切削进给倍率，默认状态下数控车床单位为mm/r，数控铣床单位为mm/min。

直线插补以直线方式和指令给定的移动速度，从当前位置移动插补到指令指定的终点位置，如图6-9所示。

以图6-10为例（以数控车床为例），假设刀具从定位*A*点开始切削至轮廓*B*点，程序如下。

G01 X30 Z-14 F0.1；（绝对值编程，直线插补，进给速度为0.1mm/r）

X50 Z-22；（绝对值编程，直线插补，进给速度为0.1mm/r）

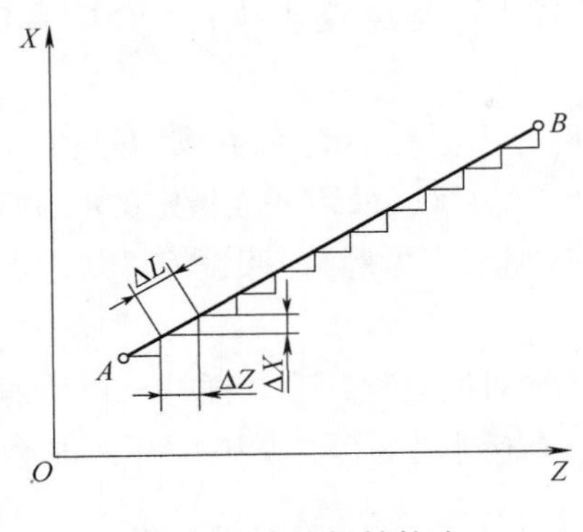

图 6-9　直线插补轨迹

或

G01 X30 W-14 F0.1；（绝对、增量混合编程，直线插补，进给速度为 0.1mm/r）

U20 W-8；（增量值编程，直线插补，进给速度为 0.1mm/r）

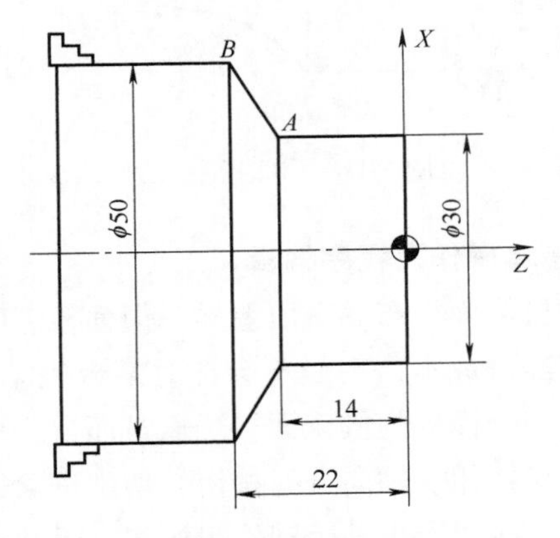

图 6-10　G01 指令举例

（3）圆弧插补（G02、G03）

格式：G02/G03 X（U）____Z（W）____I____K____F____；

或 G02/G03 X（U）____Z（W）____R____F____；

式中，X、Z 是绝对坐标方式编程时，圆弧终点在工件坐标系中的坐标；U、W 是增量坐标方式编程时，圆弧终点相对于圆弧起点的位移量；I、K 是圆心相对于圆弧起点的增加量（即等于圆心的坐标减去圆弧起点的坐标；R 是工件圆弧半径；F 是切削进给倍率，默认状态下单位为 mm/r。

G02/G03 为模态指令（持续有效指令），X(U)、Z(W) 后的数值表示在绝对值（增量值）编程方式下的运动终点坐标。G02/G03 指令也可以用 G2/G3 表示。

执行 G02/G03 指令时，刀具结合绝对值或增量值，按规定的切削进给速度沿 X 轴 Z 轴移动至终点坐标位置，最终形成指定的圆弧轨迹。

以图 6-11 为例（以数控车床为例），假设刀具从起点开始切削至圆弧轮廓终点，程序如下。

G01 X18 Z0 F0. 1；（绝对值编程，直线插补，进给速度为 0. 1mm/r）

G02 X30 Z-10 R20；（绝对值编程，圆弧插补，进给速度为 0. 1mm/r）

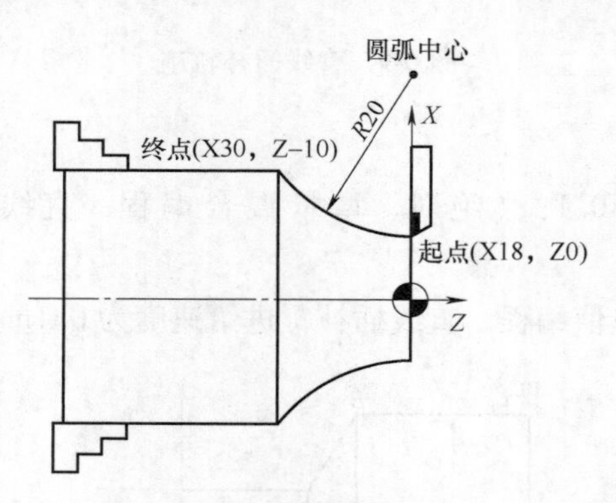

图 6-11　G02 指令举例

6. 1. 3　数控机床面板基本操作及程序编辑

不同厂家所设计的机床面板布局有所差异，但面板上的图标及英文字符具有统一性。考虑机床厂家经济成本，一般不会针对某台机床而特定设计一个面板，而是同一类型机床设定一个模板的机床面板。通常而言，机床面板主要由电源按钮、急停按钮、模式选择按钮、轴向选择按钮、切削进给修调按钮、主轴转速修调按钮、主轴手动正反转按钮、主轴手动停止按钮、手动换刀按钮、手动切削液开关按钮、手摇脉冲轮等组成。

本节将结合浙江凯达机床股份有限公司生产的 CK6136S 型数控车床操作面板进行介绍及操作方法讲解。数控铣床的操作与数控车床的操作基本一致，参考数控车床的操作步骤即可。CK6136S 型数控车床操作面板，如图 6-12 所示。

1. 系统电源按钮

车床控制系统电源按钮，如图 6-13 所示，其中“ON”为系统电源开，按此按钮系统电源被打开；“OFF”为系统电源关，按此按钮系统电源被切断。

2. 急停按钮

在任何时刻（含车床在切削过程中）按急停按钮，车床所有运动全部立即

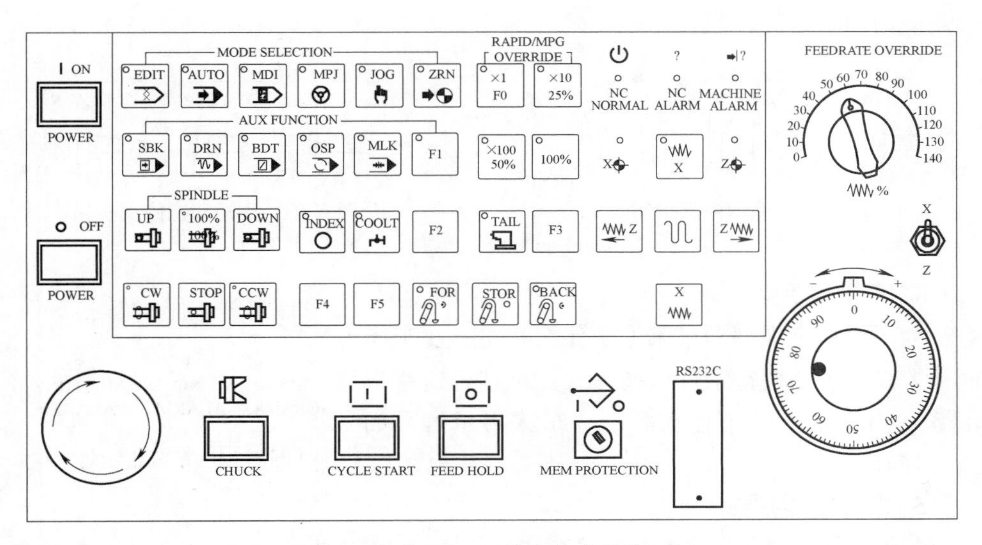

图 6-12　CK6136S 型数控车床操作面板

停止。一般在刀具发生碰撞、紧急突发状况时第一时间按下该按钮，切断车床所有运动。释放急停按钮时沿旋转方向旋转一定角度，受按钮内弹簧力的作用即自动释放。急停按钮，如图 6-14 所示。

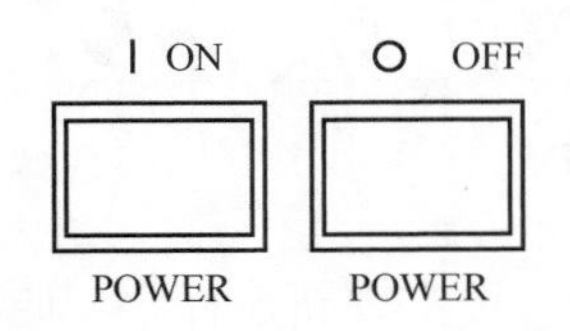

图 6-13　车床控制系统电源按钮

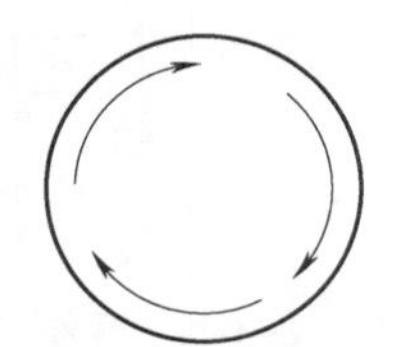

图 6-14　急停按钮

3. 主轴手动控制

数控车床的主轴有正转（CW）、反转（CCW）、停止（STOP）三个工作状态，不仅可以依靠数控程序控制，在手摇脉冲进给和手动移动功能的模式下，通过主轴手动控制按钮也可对其进行控制（主轴转速以上一次车床转速为依据）。主轴手动控制按钮，如图 6-15 所示。

在手摇脉冲进给和手动移动功能的模式下，车床主轴转速可以通过主轴转速修调按钮进行调整（以 100%转速为基准）。按 UP 按钮主轴转速提升 10%，按 DOWN 按钮主轴转速降低 10%。主轴转速修调按钮，如图 6-16 所示。修调的主轴转速上限为 120%转速，修调的主轴转速下限为 50%转速。按 100%主轴转速修调按钮即为实际转速。

图 6-15　主轴手动控制按钮

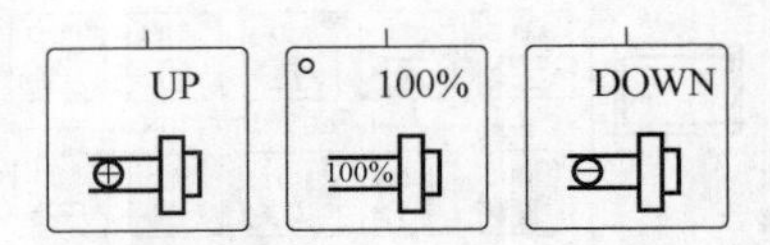

图 6-16　主轴转速修调按钮

4. 车床指示灯

为了更加直观判别车床处于什么状态，在车床面板上设置了一些指示灯，操作人员可结合这些指示灯来判断车床处于什么状态。车床指示灯，如图 6-17 所示。

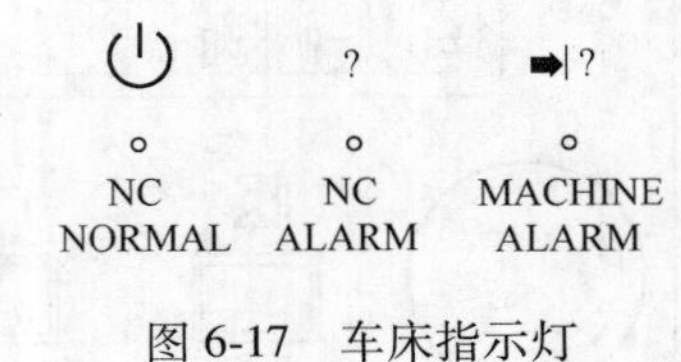

图 6-17　车床指示灯

5. 车床功能按钮

数控车床一般有编辑功能（EDIT）、自动加工功能（AUTO）、MDI 功能（MDI）、手摇轮功能（MPJ）、手动移动功能（JOG）、回零功能（ZRN），如图 6-18 所示。车床操作面板把这类功能按钮归纳为模式选择（MODE SELECTION）模块。

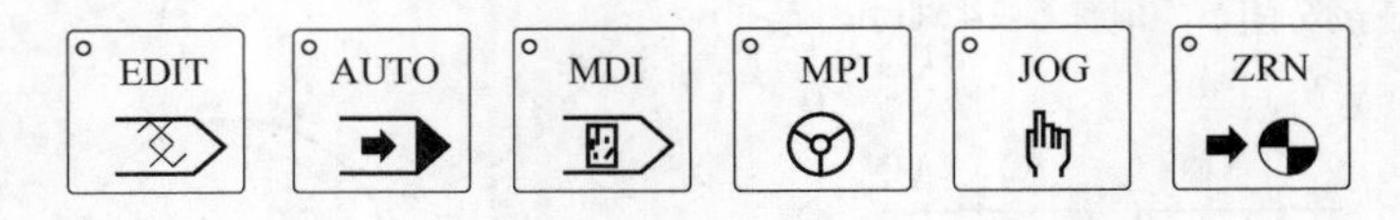

图 6-18　功能按钮

按编辑功能按钮，系统进入程序编辑功能，可实现新建程序、调用程序、修改程序、删除程序等功能。

（1）新建程序　确认程序保护钥匙处于“OFF”位置。

1）按车床操作面板上的“EDIT”程序编辑功能按钮。

2）按系统面板上的“PROG”程序显示按钮，此时 CRT 显示程序目录或显示单个程序的状态均可，如图 6-19 所示。

3）在缓存区输入程序名 O1234，如图 6-20 所示。FANUC 程序名必须是 O+4 位数字组成（数字不足 4 位时数字前以 0 补足）。如系统中已有 O1234 程序名，则出现“指定的程序已存在”报警，如图 6-21 所示。

4）按系统面板上的“INSERT”按钮，新程序名被输入，如图 6-22 所示。

5）在缓存区输入程序段结束符“;”，如图 6-23 所示。

6）按系统面板上的“INSERT”按钮，程序段结束符“;”被输入，如

图6-24所示。

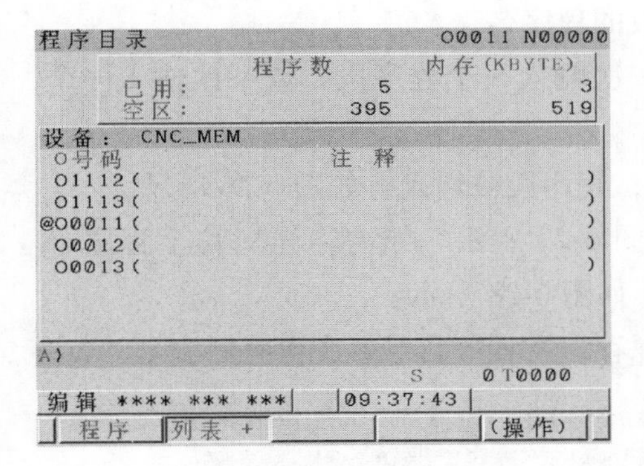

图6-19 程序目录画面

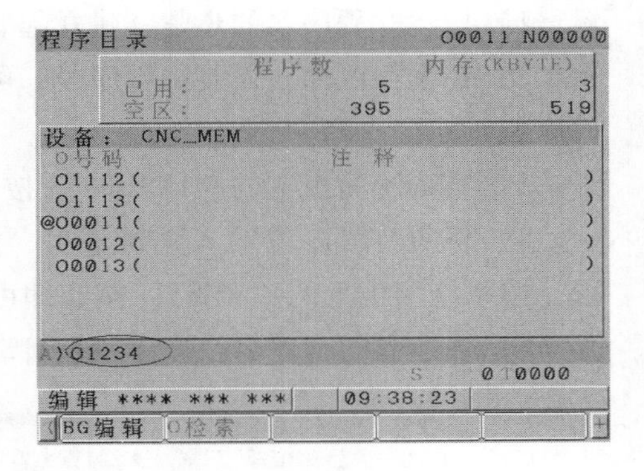

图6-20 缓存区新建程序名

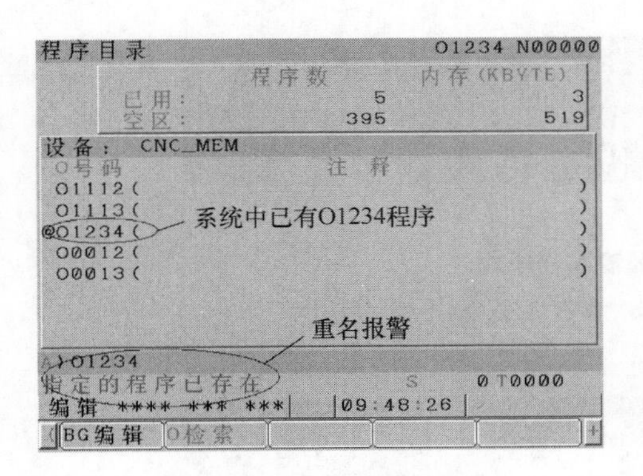

图6-21 重名报警画面

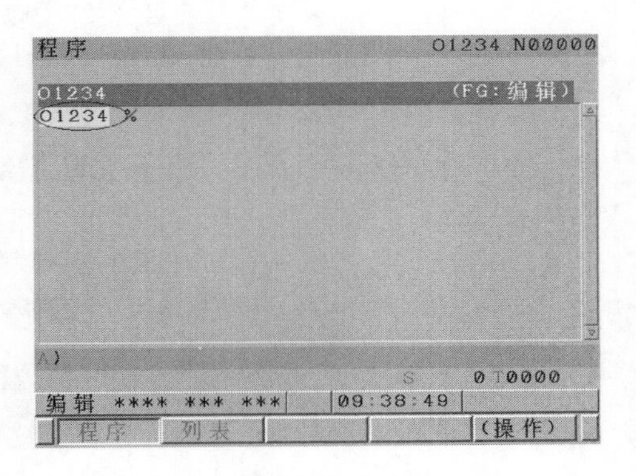

图6-22 新程序名建立成功

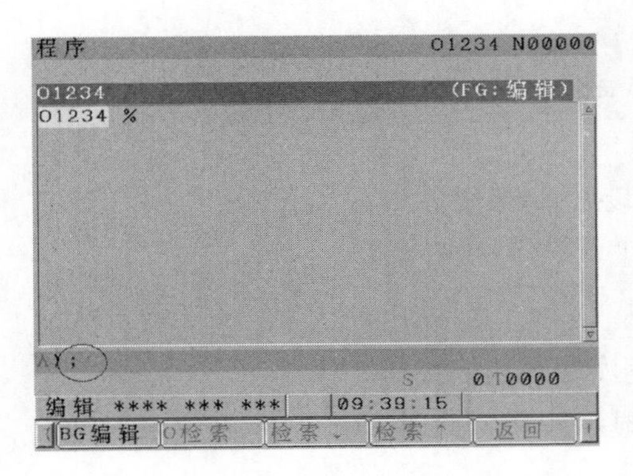

图6-23 缓存区输入程序段结束符

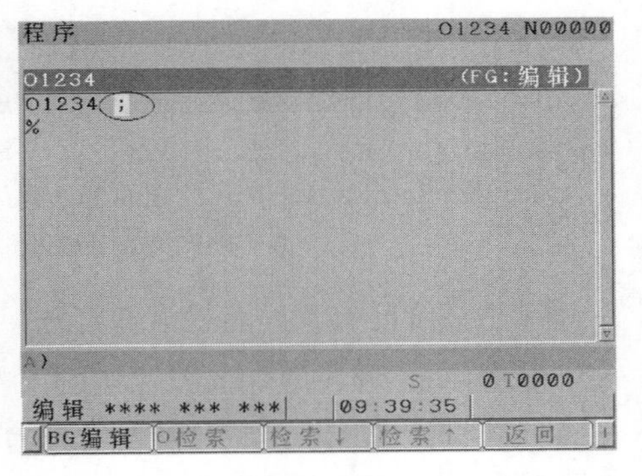

图6-24 程序段结束符建立成功

（2）程序段指令的输入

1）按建立程序名的步骤，建立起有效的程序名。

2）在缓存区输入需要的程序段，可一次输入一个程序段，或一次输入多个程序段，如图 6-25 所示。

3）按系统面板上的“INSERT”按钮，程序段被输入，如图 6-26 所示。

4）将所有程序段输入系统即可，如图 6-27 所示。如需将光标移至程序首段，按系统面板上的“REST”按钮即可，如图 6-28 所示。

5）被建立的程序名及程序段被自动保存，在程序目录表中可查看到。

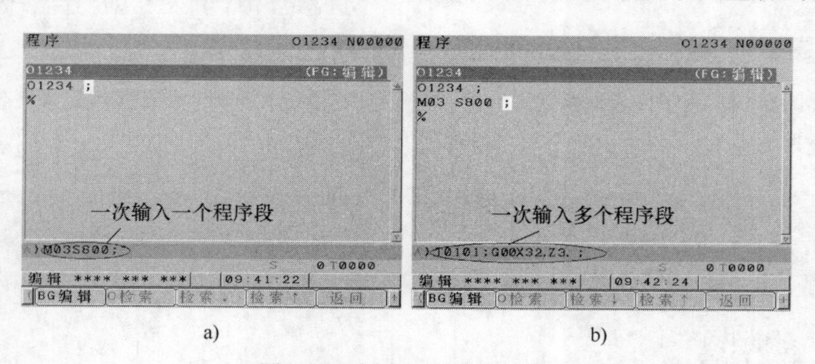

a) b)

图 6-25 缓存区输入程序段

a）缓存区输入一个程序段 b）缓存区输入多个程序段

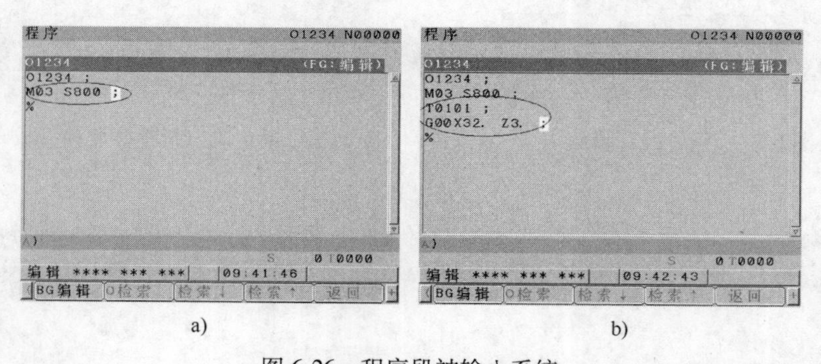

a) b)

图 6-26 程序段被输入系统

a）一个程序段被输入 b）多个程序段同时被输入

（3）系统已有程序名检索并打开

1）按车床操作面板上的“EDIT”程序编辑功能按钮。

2）按系统面板上的“PROG”程序显示按钮，此时 CRT 显示程序目录或显示单个程序的状态均可。

3）在缓存区输入需要被检索的程序名，以 O1234 为例，如图 6-29 所示。

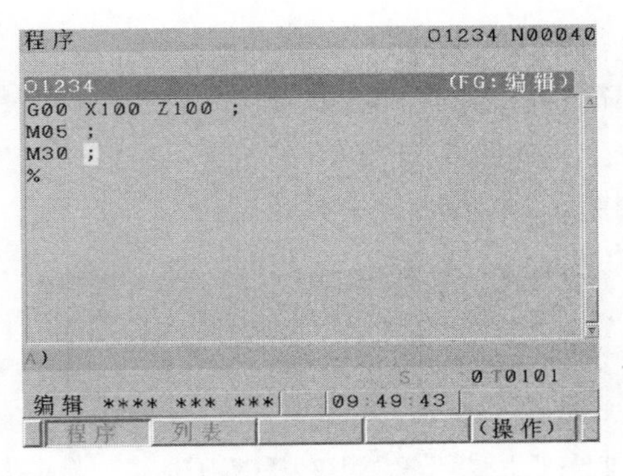

图 6-27 所有程序段输入系统

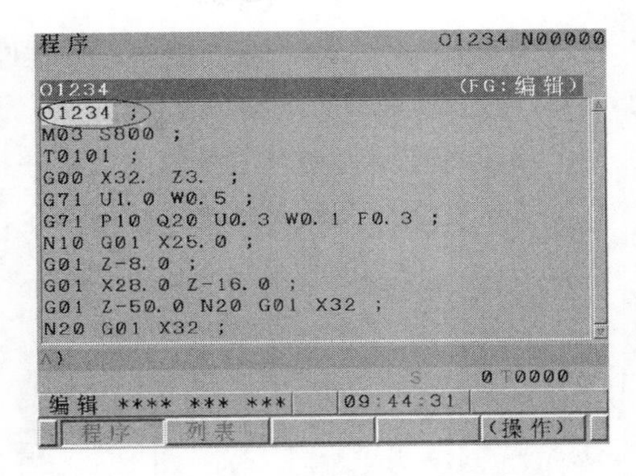

图 6-28 光标被移至程序首段

4）按系统面板上的向下光标按钮或按软菜单上的“O 检索”按钮，如图 6-30 所示。

5）检索完成，检索的程序被打开，如图 6-31 所示。如系统中没有被检索的程序名，系统将出现报警，如图 6-32 所示。

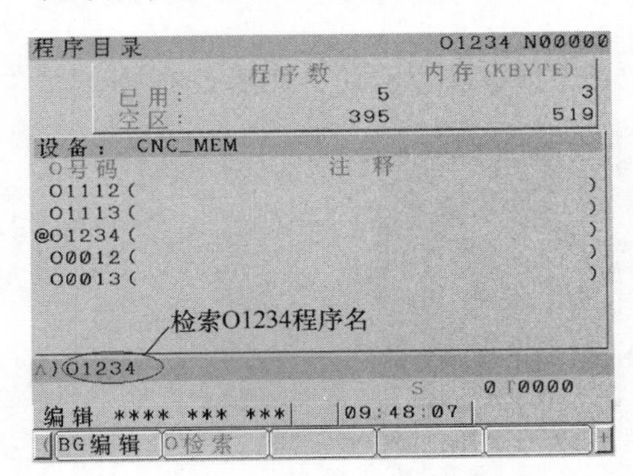

图 6-29 缓存区输入检索的程序名

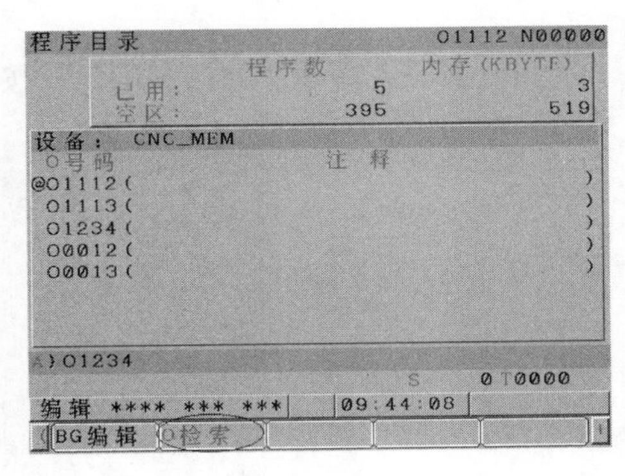

图 6-30 O 检索软菜单

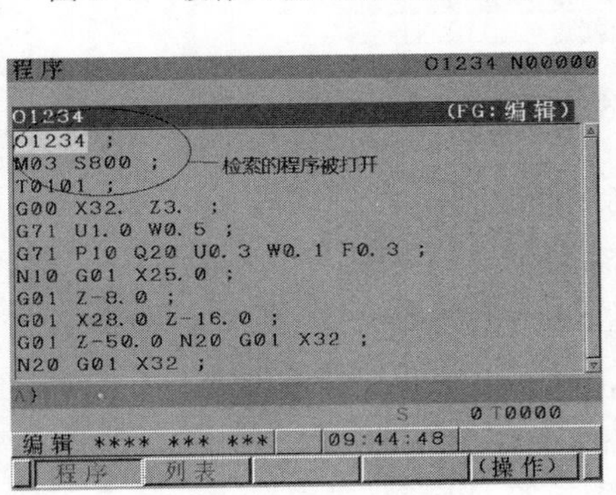

图 6-31 检索的程序被打开

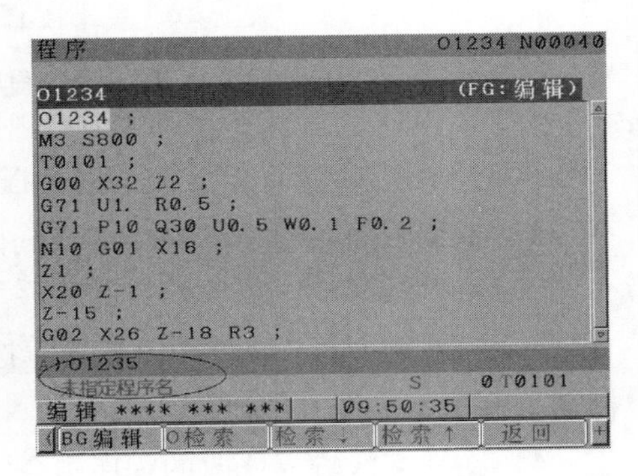

图 6-32 未检索到程序报警

（4）利用“ALTER”按钮进行程序指令修改

1）根据程序名检索的操作方法，调出需要修改的程序。

2）将光标移动至需要修改的程序指令上，如图 6-33 所示。

3）在缓存区输入修改的程序指令，如图 6-34 所示。

程序 O1234 N00000
O1234 (FG:编辑)
O1234 ;
M03 S800 ;
T0101 ;
G00 X32. Z3. ;
G71 U1.0 W0.5 ;
G71 P10 Q20 U0.3 W0.1 F0.3 ;
N10 G01 X25.0 ;
G01 Z-8.0 ;
G01 X28.0 Z-16.0 ;
G01 Z-50.0 N20 G01 X32 ;
N20 G01 X32 ;
A)
S 0 T0000
编辑 **** *** *** 09:45:13
BG编辑 O检索 检索↓ 检索↑ 返回

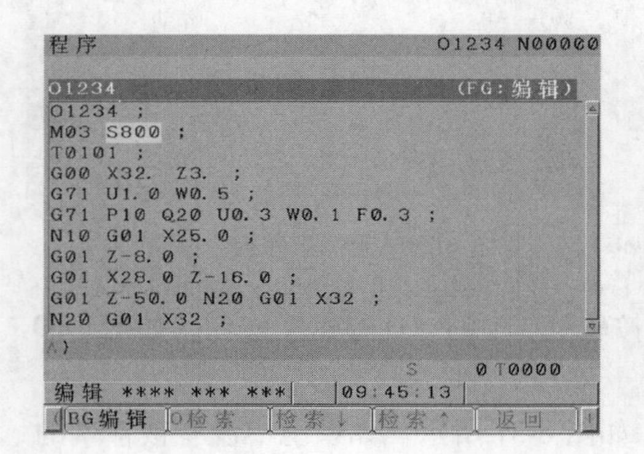

图 6-33　将光标移动至需要修改的程序指令上

程序 O1234 N00000
O1234 (FG:编辑)
O1234 ;
M03 S800 ;
T0101 ;
G00 X32. Z3. ;
G71 U1.0 W0.5 ;
G71 P10 Q20 U0.3 W0.1 F0.3 ;
N10 G01 X25.0 ;
G01 Z-8.0 ;
G01 X28.0 Z-16.0 ;
G01 Z-50.0 N20 G01 X32 ;
N20 G01 X32 ;
A)S600
S 0 T0000
编辑 **** *** *** 09:45:13
BG编辑 O检索 检索↓ 检索↑ 返回

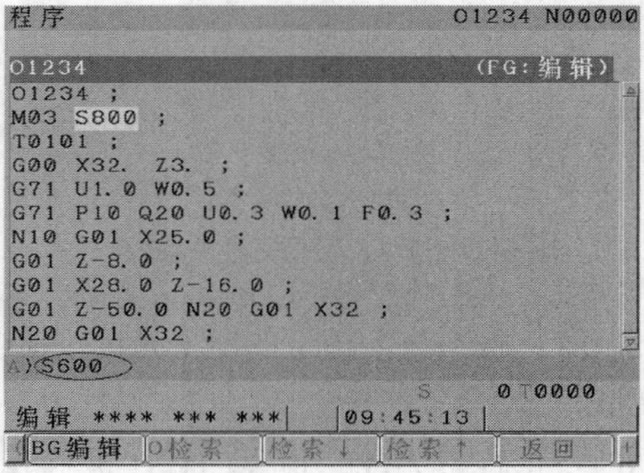

图 6-34　缓存区输入修改的程序指令

4）按系统面板上的“ALTER”按钮，程序指令修改成功，如图 6-35 所示。

程序 O1234 N00000
O1234 (FG:编辑)
O1234 ;
M03 S600 ;
T0101 ;
G00 X32. Z3. ;
G71 U1.0 W0.5 ;
G71 P10 Q20 U0.3 W0.1 F0.3 ;
N10 G01 X25.0 ;
G01 Z-8.0 ;
G01 X28.0 Z-16.0 ;
G01 Z-50.0 N20 G01 X32 ;
N20 G01 X32 ;
A)
S 0 T0000
编辑 **** *** *** 09:45:45
程序 列表 (操作)

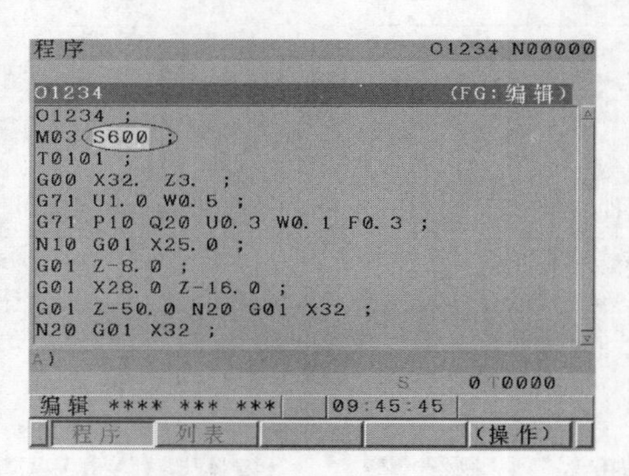

图 6-35　程序指令修改成功

（5）利用“DELETE”按钮进行程序指令修改

1）根据程序名检索的操作方法，调出需要修改的程序。

2）将光标移动至需要修改的程序指令上。

3）按系统面板上的“DELETE”按钮，光标上的程序指令被删除，并将光标前移一格，如图 6-36 所示。

4）在缓存区输入修改的程序指令，如图 6-37 所示。

5）按系统面板上的“INSERT”按钮，完成程序指令修改，如图 6-38 所示。

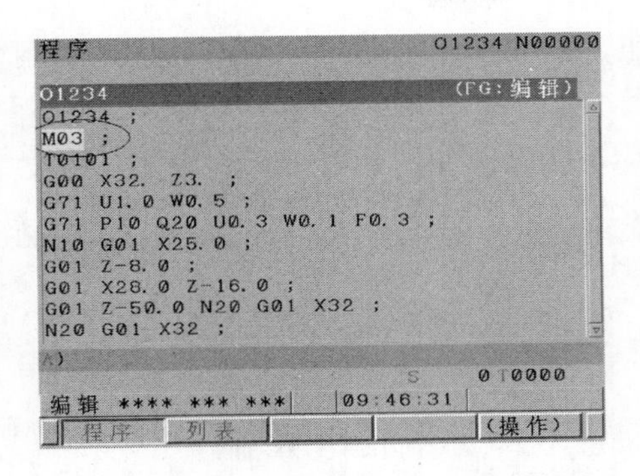

图 6-36 需要修改的程序指令被删除

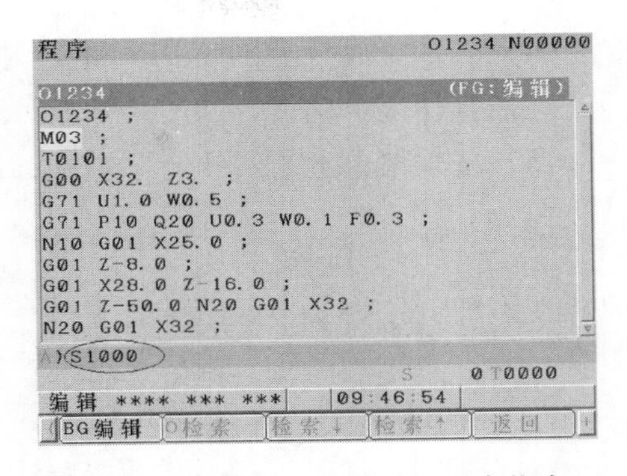

图 6-37 缓存区输入修改的程序指令

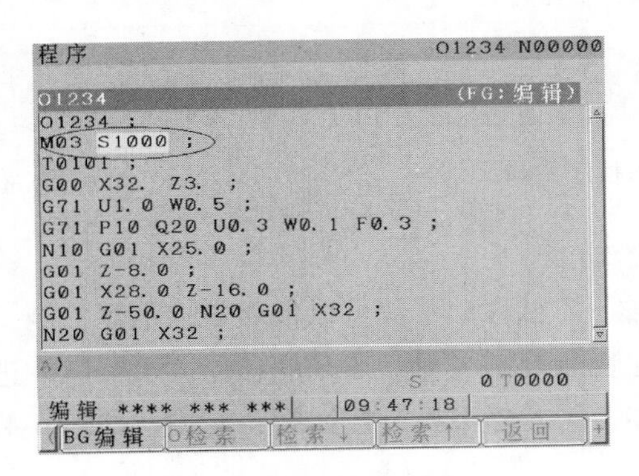

图 6-38 完成程序指令修改

（6）删除程序

1）按车床操作面板上的“EDIT”程序编辑功能按钮。

2）按系统面板上的“PROG”程序显示按钮，此时 CRT 显示程序目录或显示单个程序的状态均可。

3）在缓存区输入需要删除的程序名，以 O1234 为例，如图 6-39 所示。

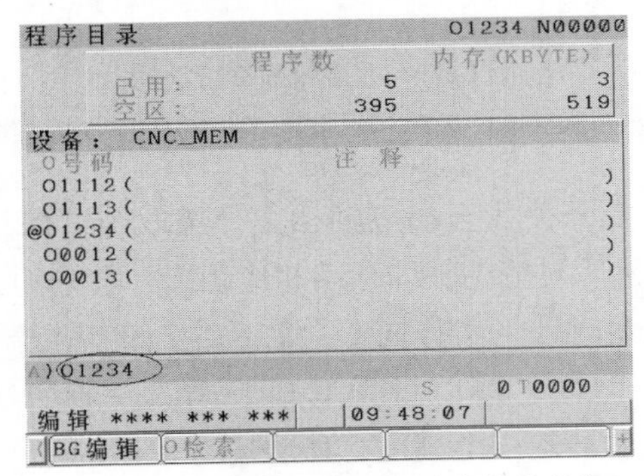

图 6-39 缓存区输入需要删除的程序名

4）按系统面板上的“DELETE”按钮，系统弹出“程序（O1234）是否删除”，需操作人员确认，如图 6-40 所示。

5）按软菜单上的“执行”按钮，程序被删除，如图 6-41 所示。

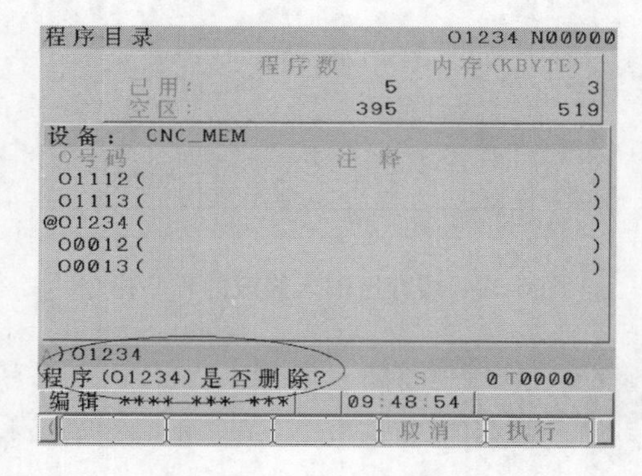

图 6-40　删除程序待确认

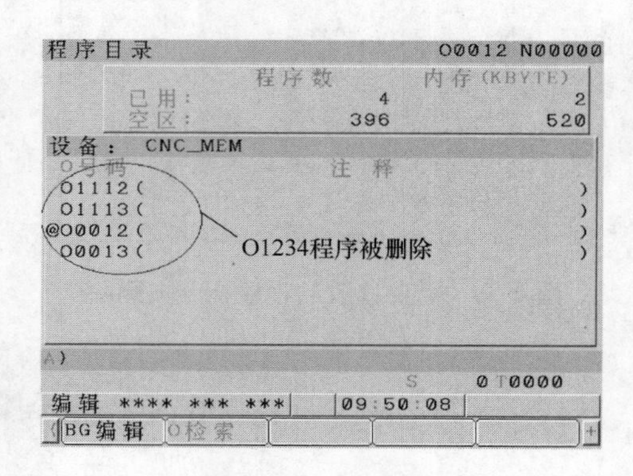

图 6-41　程序被删除

6. 手摇脉冲进给功能

数控车床的 X 轴、Z 轴移动不仅可以依靠数控程序控制，在手摇脉冲进给功能下依靠手摇脉冲轮也能控制 X 轴、Z 轴的移动。手摇脉冲进给功能需要将手摇脉冲轮、X/Z 轴拨档开关、倍率控制按钮配合使用，如图 6-42 所示。

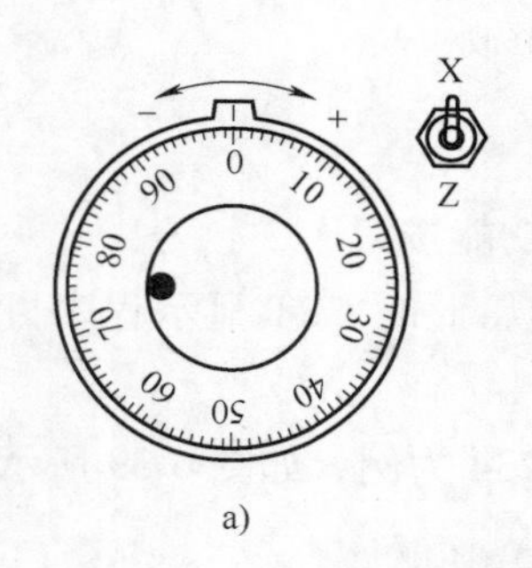

a)

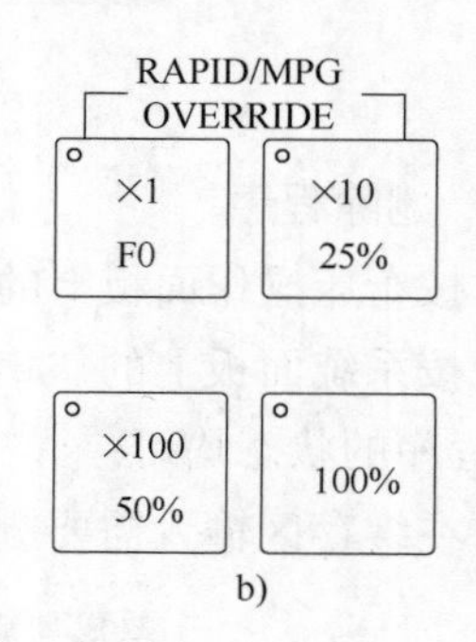

b)

图 6-42　手摇脉冲进给功能

a）手摇脉冲轮及 X/Z 轴拨档开关　b）倍率控制按钮

首先将 X/Z 轴拨档开关拨至相应轴档上，选取合适倍率控制按钮，旋转手摇脉冲轮一个刻度，机床对应的轴即移动相应距离。移动的方向由手摇脉冲轮的顺时针（正方向）或逆时针（负方向）旋转决定。倍率控制按钮的“×1”表示旋转手摇脉冲轮一个刻度，移动量为 0.001mm，一般用于微量调整时使用；“×10”表示旋转手摇脉冲轮一个刻度，移动量为 0.01mm，一般用于慢移动或切削时使用；“×100”表示旋转手摇脉冲轮一个刻度，移动量为0.1mm，一般用于较快速移动时使用。

7. 手动进给功能

数控车床的X轴、Z轴移动不仅可以依靠数控程序控制，在手动进给功能模式下按X、Z轴的方向按钮也能控制X轴、Z轴的移动，其移动速度与进给修调倍率的拨位开关位置有关系，移动速度按车床系统参数NO.1423设定，通常设定值为2500mm/min，实际的手动进给速度按该设定值与进给修调倍率的百分比执行。手动进给功能如图6-43所示。在手动进给功能模式下按X、Z轴的方向按钮同时按住快速移动键，移动速度则按车床系统参数NO.1424设定，通常设定值为3500mm/min，实际的快速进给速度按该设定值与进给修调倍率的百分比执行。

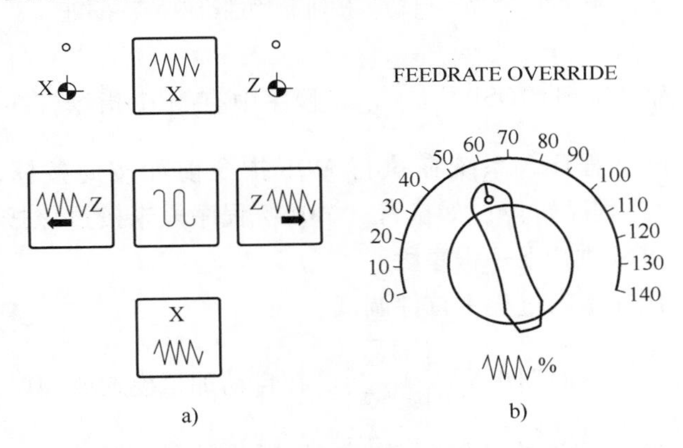

图6-43 手动进给功能

a）X、Z轴方向键 b）进给修调倍率

8. 车床回参考点功能

按车床回参考点按钮的同时按X、Z轴的正方向按钮，车床回参考点即回零。车床在开机时是否需要进行回零操作根据其所配的编码器来决定，如配置的是绝对编码器则不需要进行回零操作；如配备的是相对编码器，在车床开机时必须进行回零操作，否则车床的坐标数据将会混乱导致切削路径不准确，甚至出现撞刀等安全事故。特别要注意的是：如该车床配置的是绝对编码器，在使用过车床“锁定”功能后必须将车床系统进行重启；如该车床配置的是相对编码器，在使用过车床“锁定”功能后必须进行车床回零操作。

9. 程序运行控制功能

1）单段程序控制按钮“SBK” SBK。在自动加工模式或MDI模式下执行程序，如按此按钮，可实现程序段的单段程序控制，即每按一次“循环启动”按钮，系统执行一个程序段的程序，运行完当前段程序后“循环启动”按钮运行指示灯显红色，需再次按“循环启动”按钮系统才会执行下一个程序段。在程序运行过程中，可按单段程序控制“SBK”按钮使单段程序控制功能生效或失效。“循环启动”按钮和“进给保持”按钮如图 6-44 所示。

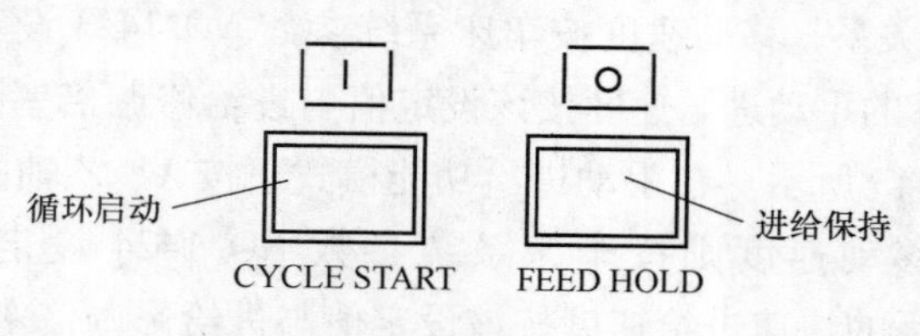

图 6-44 “循环启动”按钮和“进给保持”按钮

2）选择性暂停按钮“OSP”。程序中有 M01 指令，在自动加工模式或 MDI 模式下执行程序，系统在执行 M01 指令前如按此按钮，系统执行到“M01”程序段时，程序暂停；如执行“M01”程序段未按过该按钮，程序就不执行暂停功能，继续执行下一程序段。

此功能一般用在生产过程中首件调试。

3）程序空运行按钮“DRN”。在自动加工模式或 MDI 模式下执行程序按此按钮，程序中的进给速度无效。空运行进给速度按参数 NO. 1410 设定，通常设定值为 2500mm/min。此按钮一般在车床运动轴锁定状态下，校验数控程序是否正确，提高仿真模拟速度时用。在零件切削时用该按钮要特别小心（只有空切削方能使用该功能），以防出现撞刀等情况发生。

4）车床坐标锁定按钮“MLK”。按此按钮，车床运动轴被锁住（主轴旋转不受限），在手动或程序执行下都无法移动，但系统坐标可以随着指令变动。此按钮一般用于程序的仿真模拟。按过该按钮后需使车床断电重启或回机械零点，使系统坐标值与车床实际位置坐标值相统一，否则将可能会出现“撞机”事故。

6.2 数控车削加工技能训练

数控车床是机械加工的主要设备，其是利用数字化程序对工件进行切削加工。数控车床的程序一般有手动编程、自动编程两大类。它的应用范围非常广泛，主要用于加工工件的旋转表面，如轴类和盘类工件的内外表面、任意角度的内外圆锥面、复杂的内外曲面（如椭圆、双曲线）和圆锥、圆柱、端面螺纹等，并能进行切槽、钻孔、铰孔、镗孔等。数控车床和普通车床的工件装夹方式基本相同，但为了提高加工效率和加工稳定性、减轻操作人员的劳动强度，部分数控车床采用液压卡盘装夹工件。

数控车床主要加工的工件，如图6-45所示。

图6-45 数控车床主要加工的工件

6.2.1 安全操作规程

1. 安全操作注意事项

1）工件必须夹紧并把自定心卡盘夹紧工具（卡盘钥匙）取下收回。

2）操作人员必须身着符合车工安全规定的工作衣、工作鞋、护目镜。

3）长发人员必须将头发盘起并戴工作帽，不准将头发留在帽子外边。

4）严禁在车间内嬉戏、打闹，严禁在车床间穿梭。

5）一般不允许两人同时操作车床。但某项工作如需要两个人或多人共同完成时，应注意相互协调一致。

6）主轴起动开始切削之前一定要关好防护门，程序正常运行中严禁开启防护门。

7）禁止用手触摸正在旋转的主轴，车床在工作中发生故障或不正常现象时应立即按急停按钮，保护现场，同时立即报告指导教师。

8）车床开动期间严禁离开工作岗位，严禁做与设备操作无关的事情。

9）工件加工后，不能用手触摸工件或刀具，防止烫伤。

2. 换刀时注意事项

1）数控车刀刀柄更换时，应将刀具切削点略高于工件回转中心，否则切削工件端面时中心会留有小凸头。

2）回转刀架时，应给其预留足够的回转空间，以防与工件、卡盘、尾座发生干涉及碰撞。

3）更换数控车刀刀片时可不将刀柄卸下，直接拧开螺钉更换，更换后必须将螺钉拧紧，以防刀片发生移动。

3. 加工时注意事项

1）车床开始加工之前必须采用程序校验方式检查所用程序是否与被加工工件相符，待确认无误后，方可关好安全防护门，开动车床进行工件加工。

2）操作人员严禁修改车床参数。必要时必须通知设备管理员，请设备管理员修改。

3）在加工过程中，如出现异常危机情况可按下急停按钮，以确保人身和设备的安全。

6.2.2 数控车床与数控车刀

1. 数控车床分类

数控车床可以根据不同指标进行分类，常见的有根据数控车床的主轴位置、数控车床的系统等进行分类。但不管根据什么进行分类，数控车床的组成基本相同，主要由车床本体、输入输出装置、CNC 装置（数控系统）、驱动装置、电气控制系统、辅助装置等组成。不同的数控车床的编程也有所不同，本书以 FANUC 0i mate-TD 系统的卧式数控车床为例进行编写。

卧式数控车床又分为水平导轨卧式数控车床和倾斜导轨卧式数控车床，其倾斜导轨结构可以使车床具有更大的刚性，并易于排出切屑，如图 6-46 所示。

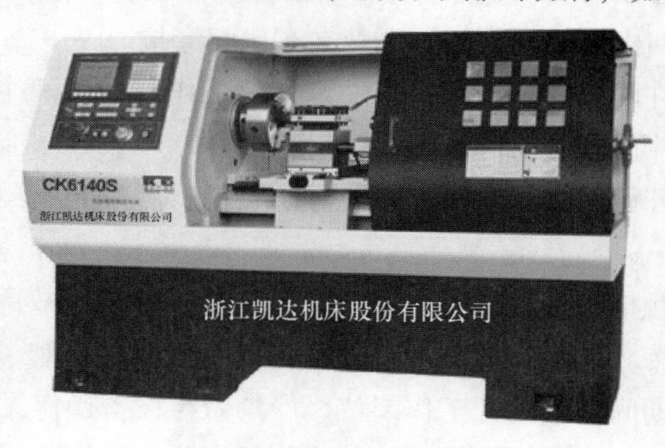

图 6-46 卧式数控车床

卧式数控车床是常见的数控车床之一，对加工对象的适应性强，即能适应模具等产品的单件生产；也能适应中、大批产品的批量生产；适宜加工中、小型轴、端盖类工件。车床的床身、床脚、油盘等采用整体铸造结构，刚性大，抗振性好，符合高速切削机床的特点。车床润滑系统设计合理可靠，设有油泵可对特殊部位进行自动强制润滑。它有良好的稳定性和抗振性能结构，装夹工件方便。

卧式数控车床具有以下特点：车床本身的精度高、刚性大，可选择有利的加工用量，生产率高（一般为普通车床的3~5倍）；车床自动化程度高，可以减轻劳动强度；有利于生产管理的现代化；使用数字信息与标准代码处理、传递信息，使用计算机控制方法，为计算机辅助设计、制造及管理一体化奠定了基础。

2. 数控车床常见刀具

由于数控车床加工对象较多，根据加工对象不同，需要选择不同类型的刀具进行切削，否则将会导致工件加工过程中产生干涉，甚至会导致工件报废。根据实际生产所需，选取合理的刀具是数控车床编程、加工的重要环节。在数控车床上使用的刀具有外圆车刀、钻头、内孔车刀、切断（槽）刀、螺纹车刀、特殊成形刀具等，同类刀具因其主偏角、刀尖角等不同，其加工对象也有所不同。数控车床常见刀具，如图6-47所示。

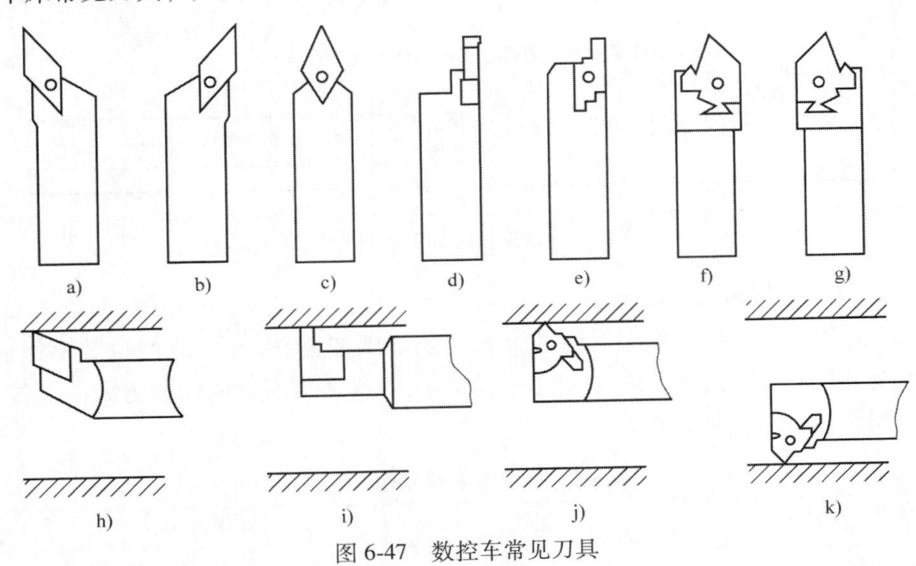

图6-47 数控车常见刀具

a）右端面外圆车刀 b）左端面外圆车刀 c）尖头外圆车刀 d）切断刀 e）切槽刀 f）左螺纹车刀 g）右螺纹车刀 h）内孔车刀 i）内孔切槽刀 j）左内槽纹车刀 k）右内槽纹车刀

根据数控车床刀架型号不同，通常数控车刀刀杆尺寸有20mm×20mm、15mm×15mm、25mm×25mm、30mm×30mm等规格，其中最为常见是20mm×20mm的规格。

6.2.3 训练任务

1. 数控车削加工项目训练图

数控车削加工项目主要考查学生对数控车床的认识及基本操作、简单工件的数控车削加工程序编制、尺寸精度调试等，独立完成数控车床基本操作、对刀练习、程序编制与仿真、数控加工与精度调试等任务。数控车削加工项目训练图，如图 6-48 所示。

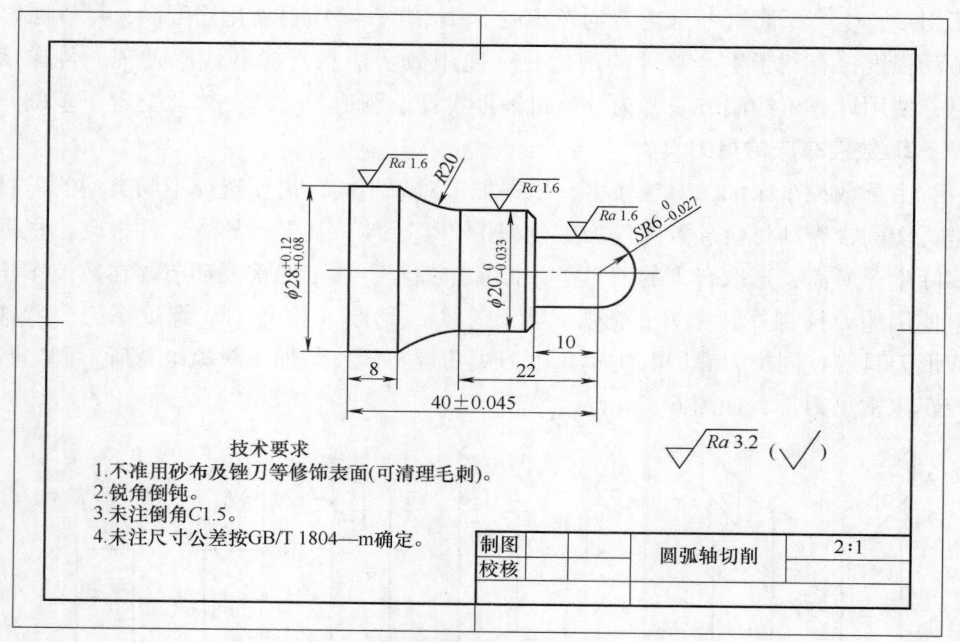

图 6-48 数控车削加工项目训练图

2. 数控车削加工程序编制

G 指令可命令数控车床以何种方式切削加工或移动，以 G+两位数字组成，其范围为 G00~G99。不同的 G 指令代表不同的意义与不同的动作方式。数控车床 G 指令一览表，见表 6-2。

表 6-2 数控车床 G 指令一览表

G 指令	组	功　能
G00	01	定位（快速）
G01		直线插补（切削进给）
G02		顺时针圆弧插补
G03		逆时针圆弧插补

（续）

G指令	组	功　能
G04	00	暂停
G07.1		圆柱插补
G10		可编程数据输入
G11		可编程数据输入方式取消
G12.1	21	极坐标插补
G11.2		极坐标插补方式取消
G13.1（G11.3）		
G18	16	Z_pOX_p 平面选择
G20	06	英寸（in）输入
G21		毫米（mm）输入
G22	09	存储行程检测功能有效
G23		存储行程检测功能无效
G27	00	返回参考点检测
G28		返回参考点
G30		返回第2，3，4参考点
G31		跳转功能
G32	01	螺纹切削
G40	07	刀尖半径补偿取消
G41		刀尖半径左补偿
G42		刀尖半径右补偿
G50	00	坐标系设定或最大主轴转速限制
G50.3		工件坐标系预设
G52		局部坐标系设定
G53		机床坐标系选择
G54	14	选择工件坐标系1
G55		选择工件坐标系2
G56		选择工件坐标系3
G57		选择工件坐标系4
G58		选择工件坐标系5
G59		选择工件坐标系6

（续）

G 指令	组	功　能
G65	12	宏程序调用
G66		宏程序模态调用
G67		宏程序模态调用取消
G70	00	精加工循环
G71		外径粗车循环
G72		平端面粗车循环
G73		仿形切削循环
G74		端面深孔钻削
G75		外径/内径钻孔
G76		螺纹切削复合循环
G80	10	固定钻循环取消
G83		平面钻孔循环
G84		平面攻螺纹循环
G85		正面镗循环
G57		侧钻循环
G88		侧攻螺纹循环
G89		侧镗循环
G90	01	外径/内径切削循环
G92		螺纹切削循环
G94		端面车循环
G96	02	恒表面速度控制
G97		恒表面速度控制取消
G98	05	每分钟进给
G99		每转进给

每一个 G 指令一般都对应车床的一个动作，它需要用一个程序段来实现。为了进一步提高编程的工作效率，FANUC 系统设计有固定循环功能，它规定对于一些具有固定、连续的动作，用一个 G 指令表达，即固定循环指令。

（1）外径粗车循环指令 G71　外径粗车循环 G71 适合加工棒料，去除大量多余材料后，使工件达到图样的尺寸要求。

格式：

G00 X（U）$\underline{\quad\alpha\quad}$ Z(W) $\underline{\quad\beta\quad}$；

G71 U $\underline{\ \Delta d\ }$ R $\underline{\ e\ }$;

G71 P $\underline{\ ns\ }$ Q $\underline{\ nf\ }$ U $\underline{\ \Delta u\ }$ W $\underline{\ \Delta w\ }$ F____;

N ns G00/G01 X(U)____F____;

……

N nf……;

式中，α、β 是粗车切削循环起点坐标、终点坐标；Δd 是粗车时 X 轴方向单次的背吃刀量，半径值，无符号，单位为mm，该值也可以由参数No. 5132设定，参数设定的值由程序指令改变；e 是粗车退刀量，半径值，无符号，单位为mm，一般设定0.5mm左右，以45°退刀，该值可以由参数No. 5133设定，参数设定的值由程序指令改变；ns是粗加工循环起始段；nf是粗加工循环终止段；Δu 是 X 轴方向的精加工余量，直径值，有符号，单位为mm，缺省输入时，系统按 $\Delta u=0$ 处理，一般情况下车削外圆时 $\Delta u\geqslant 0$，车削内孔时 $\Delta u\leqslant 0$；Δw 是 Z 轴方向的精加工余量，有符号，单位为mm，缺省输入时，系统按 $\Delta w=0$ 处理，当精加工轨迹是从尾座向卡盘方向车削时，$\Delta w\geqslant 0$，反之 $\Delta w\leqslant 0$；F是切削进给速度，默认状态下mm/r为单位，也可根据G98（mm/min）或G99（mm/r）进行指定。

使用G71指令时，系统根据G00 X（U）$\underline{\ \alpha\ }$ Z（W）$\underline{\ \beta\ }$；的定位点，粗加工N ns到N nf之间程序段，根据背吃刀量、退刀量等参数自动计算粗加工路线，沿着与 Z 轴平行的方向进行切削，适合加工棒料。G71指令轨迹图，如图6-49所示，刀具逐渐进给，使切削轨迹逐渐向工件最终形状靠近，并最终切削成工件的形状。

应用举例：

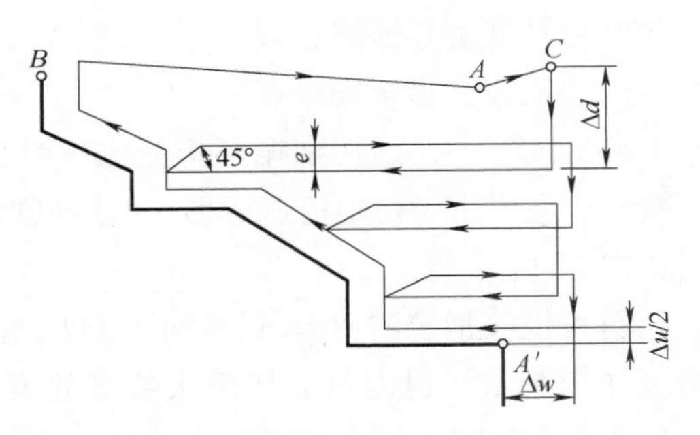

图6-49 G71指令轨迹图

加工如图6-50所示的轴类工件，程序要求，粗加工单次的背吃刀量为1.5mm，进给速度为0.15mm/r，粗加工后精加工 X 轴方向加工余量为0.5mm，粗加工后精加工 Z 轴方向加工余量为0.1mm。

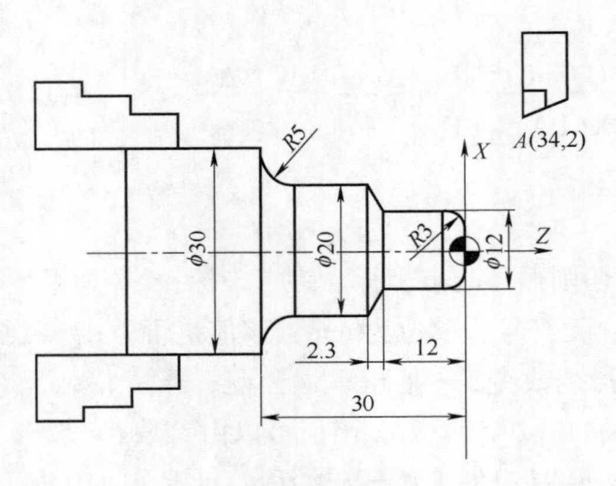

图 6-50　G71 指令举例

G00 X34 Z2；（快速移动至起刀点——切削循环起点）

G71 U3 R0.5；（粗加工单次的背吃刀量为 1.5mm，退刀量为 0.5mm）

G71 P10 Q20 U0.5 W0.1 F0.15；（G71 指令格式，按编程要求留加工余量）

N10 G01 X6 F0.15；（N10 循环切削程序起始段）

Z0；

G03 X12 Z-3 R3；

G01 Z-12；

X20 Z-14.3；

Z-25；

G02 X30 Z-30 R5；

N20 G01 X34；（N20 循环切削程序终止段）

G00 X100 Z100；（快速退刀，移至安全点）

（2）仿形切削循环指令 G73　仿形切削循环指令也称为封闭切削循环指令，可以车削较为复杂的图形，主要用于切削铸造成形、锻造成形或已粗车成形的工件以及带凹圆弧的回转体工件。

利用 G73 指令，刀具可以按指定的 N ns 到 N nf 程序段给出的同一轨迹进行重复切削。系统根据精加工余量、退刀量、切削次数等数据自动计算粗车偏移量、粗车的单次进给量和粗车轨迹，每次切削的轨迹都是精车轨迹的偏移，刀具向前移动一次，切削轨迹逐步靠近精车轨迹，最后一次切削轨迹为按精加工余量偏移的精车轨迹。

格式：

G00 X（U）<u>　α　</u>Z（W）<u>　β　</u>；

G73 U__Δi__ W__Δk__ R__d__;

G73 P__ns__ Q__nf__ U__Δu__ W__Δw__ F__;

N ns G00/G01 X (U)____Z (W)____;

……

N nf……;

式中，α、β 是粗车切削循环起点坐标、终点坐标；Δi 是 X 轴方向粗车退刀的距离及方向，半径值，有符号，单位为mm，通常情况下该值为粗车切削循环起点 X 坐标值-编程车削轮廓 X 坐标最小值的一半；Δk 是 Z 轴方向粗车退刀距离及方向，有符号，单位为mm。d 是仿形切削粗车的次数，数值不可为小数，可根据该数值判断出粗车时的背吃刀量，即背吃刀量 $=\Delta i/d$。ns是粗加工循环起始段；nf是粗加工循环终止段；Δu 是 X 轴方向的精加工余量，直径值，有符号，单位为mm，缺省输入时，系统按 $\Delta u=0$ 处理，一般情况下车削外圆时 $\Delta u \geqslant 0$，车削内孔时 $\Delta u \leqslant 0$；Δw 是 Z 轴方向的精加工余量，有符号，单位为mm，缺省输入时，系统按 $\Delta w=0$ 处理，当精加工轨迹是从尾座向卡盘方向车削时，$\Delta w \geqslant 0$，反之 $\Delta w \leqslant 0$。

G73指令轨迹图，如图6-51所示。

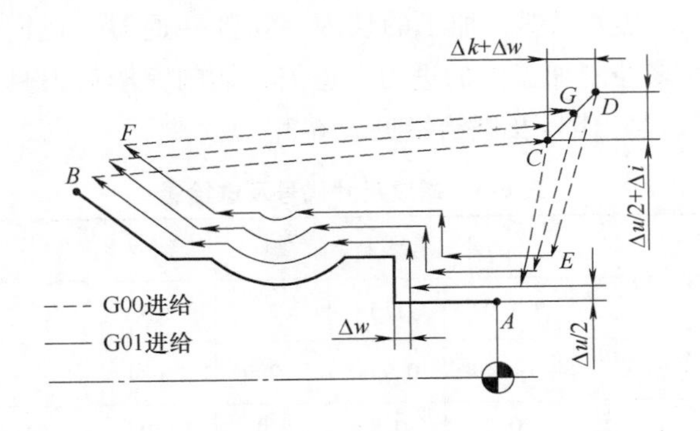

图6-51 G73指令轨迹图

应用举例：

加工如图6-52所示凹圆弧类零件，毛坯直径为34mm，程序要求，粗加工分18次进行切削，进给速度为0.15mm/r，粗加工后精加工 X 轴方向加工余量为0.5mm，粗加工后精加工 Z 轴方向加工余量为0.3mm。

G00 X36 Z2；(快速移动至起刀点——切削循环起点)

G73 U18 W18 R8；(粗加工分18次切削，每次切削2mm)

G73 P10 Q20 U0.5 W0.3 F0.15；(G73指令格式，按编程要求留加工余量)

N10 G01 X0 F0.15；（N10循环切削程序起始段）

Z0；

G03 X24 Z-24　R15；

G02 X26 Z-31 R5；

G01 Z-40；

N20 G01 X36；（N20循环切削程序终止段）

G00 X100 Z100；（快速退刀，移至安全点）

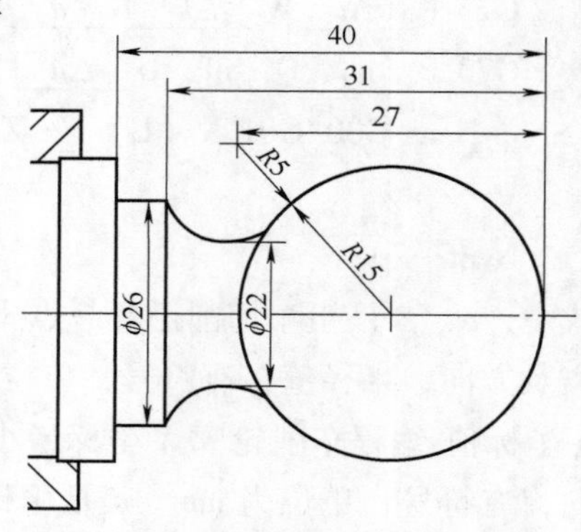

图6-52　G73指令举例

（3）精加工循环指令G70

格式：G70 P ns Q nf ；

该指令用在G71、G73粗加工程序后，实现粗加工后的精加工。

（4）螺纹切削指令G32/G92　螺纹切削指令可分为单段切削螺纹指令（G32）和单一循环切削螺纹指令（G92）。

1）G32指令。加工螺纹为一刀切削，在加工螺纹时进刀、退刀需用G00或G01指令控制，由操作人员编程给定。

2）G92指令。可实现螺纹加工的切入→切削→退刀→返回一系列动作，无须G00、G01指令来控制加工时的进刀、退刀，切削完毕后刀具自动回到螺纹加工的起刀点。螺纹尺寸代号及进给量见表6-3。

表6-3　螺纹尺寸代号及进给量　　（单位：mm）

米制螺纹								
螺距		1.0	1.5	2	2.5	3	3.5	4
牙深（半径量）		0.649	0.974	1.299	1.624	1.949	2.273	2.598
切削次数及进给量（直径量）	1次	0.7	0.8	0.9	1.0	1.2	1.5	1.5
	2次	0.4	0.6	0.6	0.7	0.7	0.7	0.8
	3次	0.2	0.4	0.6	0.6	0.6	0.6	0.6
	4次		0.16	0.4	0.4	0.4	0.6	0.6
	5次			0.1	0.4	0.4	0.4	0.4
	6次				0.15	0.4	0.4	0.4
	7次					0.2	0.2	0.4
	8次						0.15	0.3
	9次							0.2

（续）

寸制螺纹								
牙/in		24	18	16	14	12	10	8
牙深（半径量）		0.678	0.904	1.016	1.162	1.355	1.626	2.033
切削次数及进给量（直径量）	1次	0.8	0.8	0.8	0.8	0.9	1.0	1.2
	2次	0.4	0.6	0.6	0.6	0.6	0.7	0.7
	3次	0.16	0.3	0.5	0.5	0.6	0.6	0.6
	4次		0.11	0.14	0.3	0.4	0.4	0.5
	5次				0.13	0.21	0.4	0.5
	6次						0.16	0.4
	7次							0.17

在实际加工中，可不需要根据这个螺纹切削进给量来确定进给量，只要保证螺纹底径尺寸即可。

螺纹底径=公称直径-（1.1~1.3）螺距

圆柱螺纹格式：

G32 X_Z_F_；

G92 X_Z_F_；（循环指令）

式中，X、Z是终点坐标；F是Z轴方向的螺纹导程。

G92指令轨迹图，如图6-53所示。

应用举例：

加工如图6-54所示M24×1.5圆柱单线螺纹，进给量见表6-3。

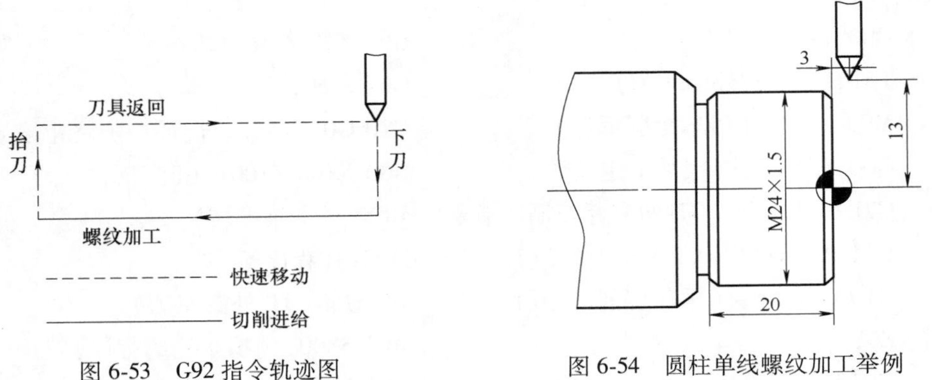

图6-53 G92指令轨迹图

图6-54 圆柱单线螺纹加工举例

G00 X26 Z3；（快速移动至起刀点——切削循环起点）

```
G92 X24 Z-22 F1.5;（螺纹切削功能指令，螺距为1.5mm）
X23.2;（同上，模态指令部分语句可省）
X22.6;（同上，模态指令部分语句可省）
X22.2;（同上，模态指令部分语句可省）
X22.04;（同上，模态指令部分语句可省）
G00 X100 Z100;（快速退刀，移至安全点）
```

3. 数控程序编制模板

数控车床程序编制是有一定规律可循的，只要找到了一个编程方法后，编制的程序不仅错误率降低，而且效率也会得到提高。程序可根据下列模板进行编制。

1）换刀。

2）主轴运转。

3）快速定位。

4）切削液开。

5）车削。

6）返回。

7）切削液关。

8）主轴停转。

数控车床程序按这个模板进行编制即可，不同的加工工序适当更改工件轮廓的程序即可，可实现数控车床程序编制的便捷、高效、可靠的要求。

为满足不同群体需求，本书提供数控车削加工训练图的参考程序，相关程序及注释如下。

```
O0001;（程序名）
T0101;（93°外圆车刀）
M03 S800;（粗车轮廓程序）
G00 X34 Z2;（粗加工定位）
G71 U1 R0.5;（G71外径粗车循环指令）
G71 P10 Q20 U0.5 W0.1 F0.15;
N10 G01 X0;（循环切削起始段）
Z0;
G03 X12 Z-6 R6;
G01 Z-16;
G01 X17;
G02 X28 Z-38 R20;
G01 Z-50;
N20 G01 X34;（循环切削终止段）
G00 X100 Z100;（退刀点）
M05;（主轴停转）
M00;（程序暂停）
T0101;（93°外圆车刀）
M03 S800;（精车轮廓程序）
G00 X32 Z2;（精加工定位）
G70 P10 Q20;（G70精加工循环指令）
G00 X100 Z100;（退刀点）
```

G01 X20 Z-17.5;　　　　　　　　M05;（主轴停转）

G01 Z-28;　　　　　　　　　　　M30;（程序结束并返回程序头）

4. 数控车削加工项目评分表

操作完成后根据评分表进行评分，再递交组长复评，最后递交指导教师终评。数控车削加工项目评分表，见表6-4。

表6-4　数控车削加工项目评分表

零件编号：　　　　姓名：　　　　学号：　　　　总分：

<table>
<tr><th>序号</th><th colspan="4">鉴定项目及标准</th><th>配分</th><th>自己检测</th><th>组长检测</th><th>指导教师检测</th><th>指导教师评分</th></tr>
<tr><td rowspan="5">1</td><td rowspan="5">知识（35分）</td><td colspan="3">工艺编制</td><td>8</td><td></td><td></td><td></td><td></td></tr>
<tr><td colspan="3">程序编制及输入</td><td>15</td><td></td><td></td><td></td><td></td></tr>
<tr><td colspan="3">工件装夹</td><td>3</td><td></td><td></td><td></td><td></td></tr>
<tr><td colspan="3">刀具选择</td><td>5</td><td></td><td></td><td></td><td></td></tr>
<tr><td colspan="3">切削用量选择</td><td>4</td><td></td><td></td><td></td><td></td></tr>
<tr><td rowspan="16">2</td><td rowspan="16">技能（60分）</td><td colspan="3">用试切法对刀</td><td>5</td><td></td><td></td><td></td><td></td></tr>
<tr><td rowspan="15">工件尺寸超差0.01mm扣1分，扣完为止</td><td rowspan="2">SR6mm</td><td>0</td><td rowspan="2">5</td><td rowspan="2"></td><td rowspan="2"></td><td rowspan="2"></td><td rowspan="2"></td></tr>
<tr><td>−0.027mm</td></tr>
<tr><td rowspan="2">ϕ20mm</td><td>0</td><td rowspan="2">10</td><td rowspan="2"></td><td rowspan="2"></td><td rowspan="2"></td><td rowspan="2"></td></tr>
<tr><td>−0.033mm</td></tr>
<tr><td>R20mm</td><td></td><td>5</td><td></td><td></td><td></td><td></td></tr>
<tr><td rowspan="2">ϕ28mm</td><td>+0.12mm</td><td rowspan="2">5</td><td rowspan="2"></td><td rowspan="2"></td><td rowspan="2"></td><td rowspan="2"></td></tr>
<tr><td>+0.08mm</td></tr>
<tr><td rowspan="2">40mm</td><td>+0.045mm</td><td rowspan="2">5</td><td rowspan="2"></td><td rowspan="2"></td><td rowspan="2"></td><td rowspan="2"></td></tr>
<tr><td>−0.045mm</td></tr>
<tr><td>10mm</td><td></td><td>5</td><td></td><td></td><td></td><td></td></tr>
<tr><td>22mm</td><td></td><td>5</td><td></td><td></td><td></td><td></td></tr>
<tr><td>8mm</td><td></td><td>5</td><td></td><td></td><td></td><td></td></tr>
<tr><td colspan="2">表面粗糙度值1.6μm</td><td>5</td><td></td><td></td><td></td><td></td></tr>
<tr><td colspan="2">表面粗糙度值3.2μm</td><td>5</td><td></td><td></td><td></td><td></td></tr>
<tr><td colspan="2"></td><td></td><td></td><td></td><td></td><td></td></tr>
<tr><td>3</td><td>素养（5分）</td><td colspan="3">工、量、器具摆放和操作习惯等</td><td>5</td><td></td><td></td><td></td><td></td></tr>
<tr><td colspan="5">合计</td><td>100</td><td></td><td></td><td></td><td></td></tr>
</table>

操作者签字：　　　　组长签字：　　　　指导教师签字：

6.2.4 技能训练

1. 数控车床对刀步骤

本书主要介绍采用试切法结合游标卡尺等量具进行 *X* 轴对刀、*Z* 轴对刀。

试切法进行 *X* 轴对刀方法如下。

1）利用钢直尺控制工件伸出卡盘的长度，调整好适当长度后用自定心卡盘夹紧工件。将车床切换至手动功能模式，按车床操作面板上的“手动换刀”按钮，选择需要建立对刀数据的刀具（换刀前请确认换刀空间是否足够）。在 MDI 模式下输入“M03 S600;”并执行该程序，使车床以 600r/min 的转速正转。

2）按倍率控制按钮，刀架离工件较远时选择“×100”的倍率，用手摇脉冲轮移动刀架，使刀架快速接近工件，切换“×10”的倍率，调整好 *X* 轴的位置（*X* 轴方向不宜切削太多，光出即可）。手摇脉冲轮匀速控制刀架向 *Z* 轴负方向运动，车削长度一般 10mm 左右即可。此时将刀架沿 *Z* 轴正方向移动（该过程中 *X* 轴方向不可移动，否则无法正确对刀），直到移出工件，刀架与工件保持一定测量距离。

3）按系统面板上的“REST”按钮，使车床主轴停止转动。

4）利用游标卡尺测量出已加工圆柱表面的尺寸，按系统面板上的“OFF/SET”按钮，调出刀具偏置/形状界面，如图 6-55 所示。

5）在缓存区输入测量出的圆柱表面尺寸值“X30.16”，按软菜单上的“测量”按钮。*X* 轴对刀完成，如图 6-56 所示。

在通常情况下，刀具在刀架上没有被拆动过时，该刀具的 *X* 轴方向对刀数据不会变动。

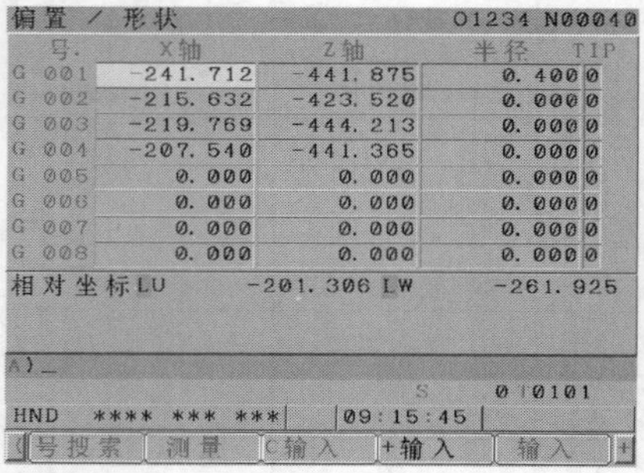

图 6-55 刀具偏置/形状界面

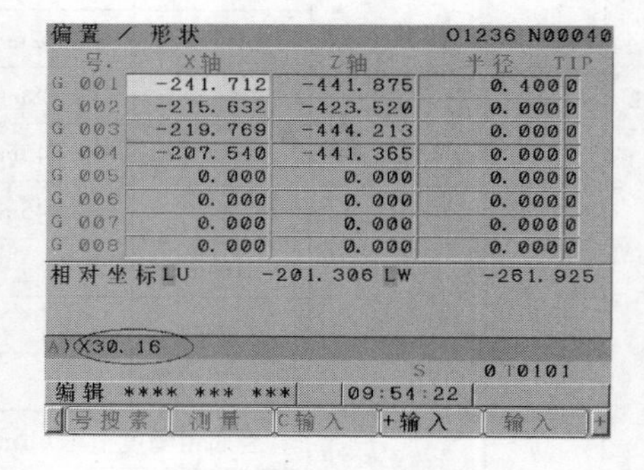

图 6-56 *X* 轴对刀界面

利用试切法进行 *Z* 轴对刀方法如下。

1）将车床切换至手动功能模式，按车床操作面板上的“手动换刀”按钮，选择需要建立对刀数据的刀具（换刀前请确认换刀空间是否足够）。在 MDI 模式下输入“M03 S600;”并执行该程序，使车床以 600r/min 的转速正转。

2）按倍率控制按钮，刀架离工件较远时选择“×100”的倍率，用手摇脉冲轮移动刀架，使刀架快速接近工件，切换“×10”的倍率，调整好 Z 轴的位置，利用手摇脉冲轮移动刀架在 X 轴方向均匀移动，将工件端面切出。反向移动刀架直到移出工件为止。

3）按系统面板上的“REST”按钮，使车床主轴停止转动。

4）按系统面板的“OFF/SET”按钮，调出刀具偏置/形状界面，如图6-57所示。

5）在缓存区输入“Z0”，按软菜单上的“测量”按钮，Z 轴对刀完成，如图6-58所示。

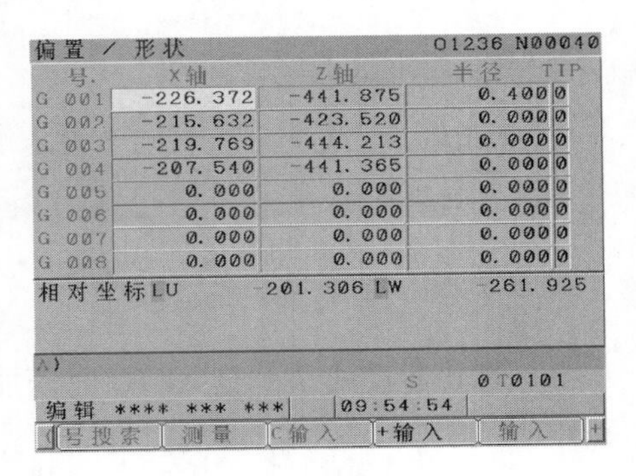

图6-57　刀具偏置/形状界面

在通常情况下，该刀具的 Z 轴对刀数据会与工件装夹时伸出的长短有关。为保证批量生产，会制定 Z 轴定位夹具，使该刀具的 Z 向对刀值有效。

偏置 / 形状　O1236 N00040

号.	X轴	Z轴	半径	TIP
G 001	-226.372	-441.875	0.400	0
G 002	-215.632	-423.520	0.000	0
G 003	-219.769	-444.213	0.000	0
G 004	-207.540	-441.365	0.000	0
G 005	0.000	0.000	0.000	0
G 006	0.000	0.000	0.000	0
G 007	0.000	0.000	0.000	0
G 008	0.000	0.000	0.000	0

相对坐标LU　-201.306 LW　-261.925

A) Z0

S　0 T0101

编辑 **** *** ***　09:55:51

号搜索　测量　C输入　+输入　输入

图6-58　Z 轴对刀界面

2. 自动加工

对于已编辑完成并通过仿真模拟的程序，最终将利用AUTO自动加工模式对程序进行验证，并调试出合格产品，具体步骤如下。

1）按车床操作面板上的“EDIT”程序编辑功能按钮，将当前程序段移至首段，如图6-59所示。

2）为避免执行G00（快速进给）指令时车床移动速度过快，可将快速移动倍率切换至25%，如图6-60所示。

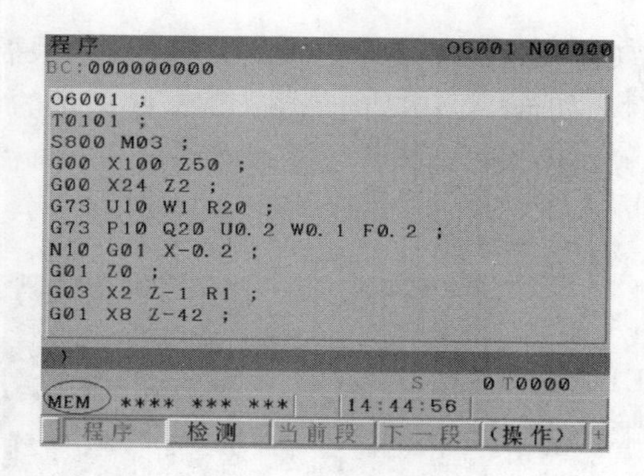

图 6-59 待加工状态

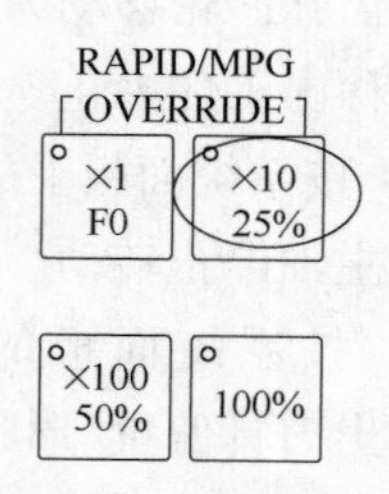

图 6-60 快速移动倍率切换至 25%

3）将功能模式切换至 AUTO 自动加工模式，如图 6-61 所示。

图 6-61 AUTO 自动加工模式

4）按单段程序控制按钮，如图 6-62 所示。

5）进给修调倍率切换至 0，如图 6-63 所示。

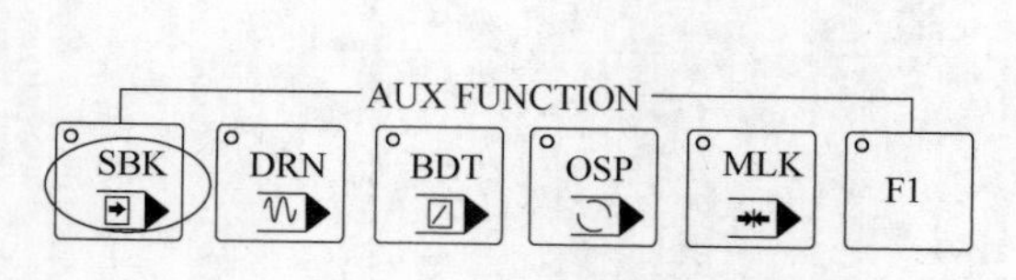

图 6-62 单段程序控制

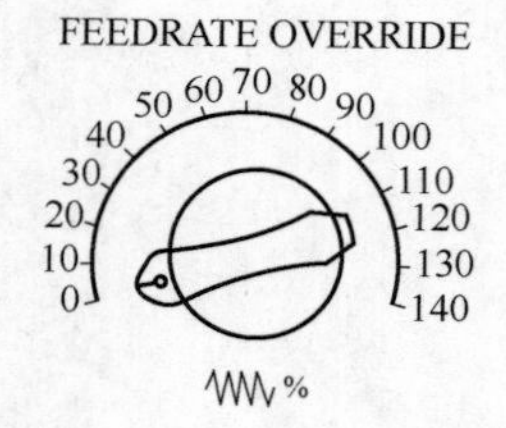

图 6-63 进给修调倍率切换至 0

6）左手按循环启动按钮，右手调整进给修调倍率旋钮，如图 6-64 所示。

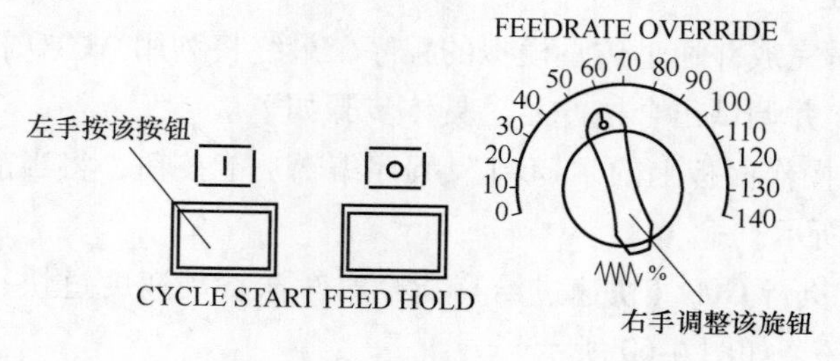

图 6-64 开始切削时左右手分工

7）开始切削时，眼睛一边看车床的运动情况，一边观察数控系统 CRT 显示屏上的剩余坐标数值，如移动情况正常则继续执行，如判断有异常应及时按“REST”按钮或急停按钮，使车床停止运动。

8）当车床安全移动到定位点后，判断当前位置正确，表示该刀具对刀的数据基本正确，可取消单段程序控制。左手控制进给修调倍率旋钮，右手放在“REST”按钮边上，观察车床运动情况，如有异常情况及时按此按钮，如图 6-65 所示。

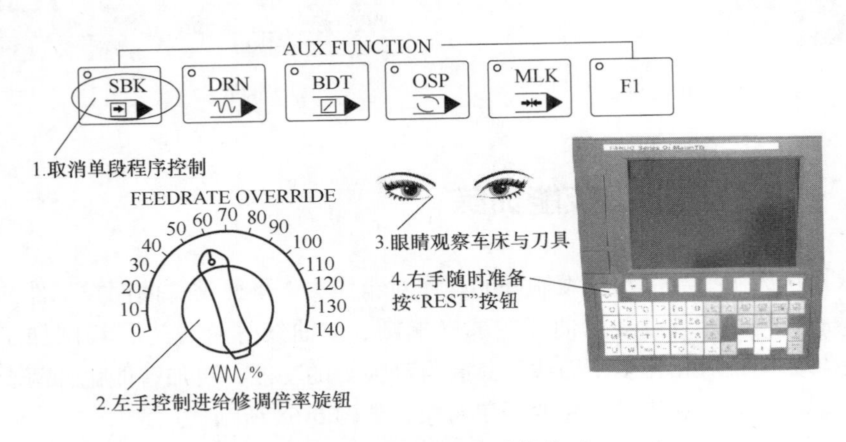

图 6-65 切削过程中手眼分工

9）粗加工结束后，用量具测量工件尺寸，进行刀具偏置补偿。

10）进行精加工，步骤按 4）~8）执行。

3. 工件精度测量与调试

数控车床的车削工艺与普通车床的车削工艺有所不同，数控车床主要利用数控程序控制工件轮廓，一般而言通常分为粗车和精车，粗车时留 0.3~0.5mm 加工余量。根据不同部位，需要不同的尺寸测量仪器进行测量。

对于外圆尺寸的测量与调试来说，以工件的右端尺寸 ϕ20mm 为例，粗车结束后用千分尺进行测量，测得数据如图 6-66 所示。根据千分尺读数，识读出该尺寸为 20.53mm（编程时设定 0.5mm 加工余量），此时读取的数值应与理论粗加工后数值进行比较（理论粗加工数值应为 20.50mm），实际尺寸比理论尺寸大 0.03mm。为了使工件尺寸在图样尺寸公差范围内，应给系统补偿“-0.04mm”为佳。在该刀具的磨损补偿中输入“-0.04”，如图 6-67 所示。

经过精加工后再去测量该尺寸数值，如尺寸落在公差范围内表明合格，如还有加工余量则利用同样方法继续补偿并进行精加工。

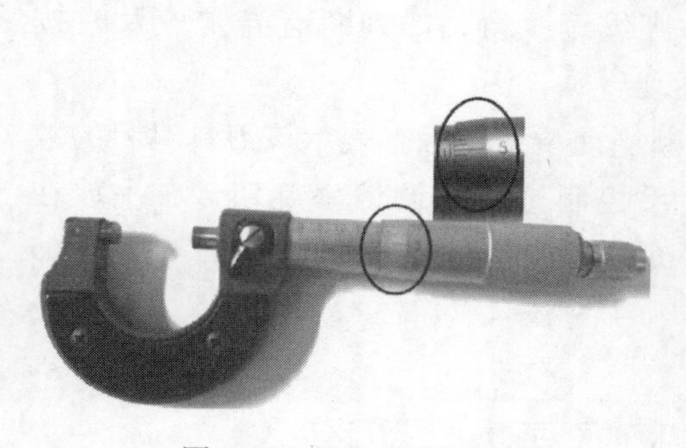

图 6-66 粗加工后尺寸

偏置 / 磨损　　O0009 N00020

号.	X轴	Z轴	半径	TIP
W 001	-0.040	0.000	0.000	0
W 002	0.000	0.000	0.000	0
W 003	0.000	0.000	0.000	0
W 004	0.000	0.000	0.000	0
W 005	0.000	0.000	0.000	0
W 006	0.000	0.000	0.000	0
W 007	0.000	0.000	0.000	0
W 008	0.000	0.000	0.000	0

相对坐标LU　155.906 LW　276.445

A)

S　0T0000

HND　****　***　***　16:09:38

号搜索　测量　C输入　+输入　输入

图 6-67 X 轴补偿

6.3 数控铣削加工技能训练

数控铣床主要利用预先编制好的程序对箱体类、平面类、曲面类工件的内外轮廓表面、孔、螺纹、规则曲线轮廓（椭圆、双曲线等）等进行切削加工。加工中心与数控铣床相比多了刀库，具有自动换刀的功能，更加智能化，两者的加工对象基本相同。数控铣床主要加工对象，如图 6-68 所示。

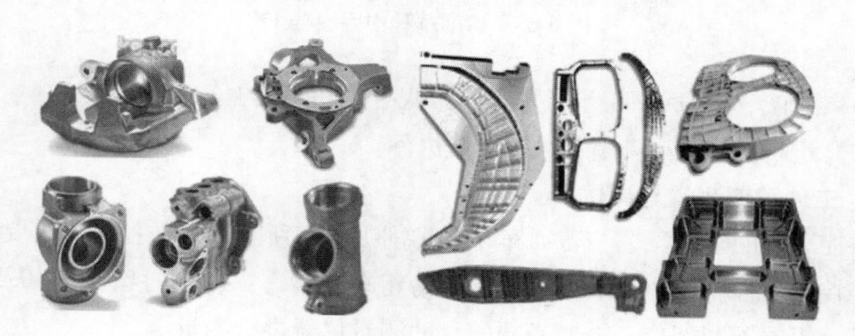

图 6-68 数控铣床主要加工对象

6.3.1 安全操作规程

1. 安全操作注意事项

1）工作时应穿工作服，女同学戴工作帽并将头发全部塞进帽子，不宜戴首饰操作铣床，禁止戴手套操作铣床。

2）不要移动或损坏安装在铣床上的警告标牌。

3）铣床开始工作前要预热，认真检查润滑系统工作是否正常，如铣床长时间未开动，可先采用手动方式向各部分供油润滑。

4）使用的刀具应与铣床允许的规格相符，有严重破损的刀具要及时更换。

5）刀具安装好后应进行一、二次试切削。

6）认真检查工件是否卡紧。

7）禁止用手或其他方式接触正在旋转的主轴、工件或其他运动部位。

8）禁止在加工过程中测量工件，更不能用棉丝擦拭工件，也不能清扫铣床。

9）在加工过程中，不允许打开铣床防护门。

10）实习结束及时清除切屑、擦拭铣床，检查润滑油、切削液的状态，及时添加或更换。

11）实习结束后，依次关掉铣床操作面板上的电源和总电源。

2. 换刀时注意事项

1）数控铣床刀柄更换时，应将刀具移动至安全高度，否则会使工件与刀具发生干涉。

2）更换数控铣刀时应将刀柄卸下，在指定换刀座中进行，利用专用扳手拧开弹簧夹头，将弹簧夹头清理干净后必须用专用扳手拧紧，以防铣刀发生移动。

3. 加工时注意事项

1）铣床开始加工之前必须采用程序校验方式检查所用程序是否与被加工工件相符，待确认无误后，方可关好防护门，开动铣床进行工件加工。

2）操作人员严禁修改铣床参数。必要时必须通知设备管理员，请设备管理员修改。

3）主轴起动开始切削之前一定要关好防护门，程序正常运行中严禁开启防护门。

4）机床在工作中发生故障或不正常现象时应立即按急停按钮，保护现场，同时立即报告指导教师。

6.3.2 数控铣床与数控铣刀

1. 数控铣床

数控铣床可以根据不同指标进行分类，常见的有根据数控铣床的主轴位置、构造等进行分类。但不管根据哪种方法进行分类，数控铣床的组成基本相同，主要由铣床本体、输入输出装置、CNC 装置（数控系统）、驱动装置、电气控制系统、辅助装置等组成。不同类型数控铣床的编程也有所不同，本书以 FANUC 0i mate-MD 系统的立式数控铣床为例进行编写。

立式数控铣床是铣床中最常见的一种，如图 6-69 所示，其主轴轴线与水平面垂直，其结构形式多为固定立柱式，工作台为长方形，主轴上装刀具，主轴带动刀具做旋转主运动，工件装于工作台上，工作台移动带动工件做进给运动。它适合加工盘、套、板类工件。

图 6-69　立式数控铣床

立式数控铣床应用范围也最广，从数控铣床控制的坐标数量来看，目前三轴联动的立式数控铣床占大多数，可进行三坐标联动加工，但也有部分铣床只能进行三个坐标中的任意两个坐标联动加工（常称为 2.5 坐标加工）。它一般具有三个直线运动坐标，并可在工作台上附加安装一个水平轴的数控回转台，用于加工螺旋线工件。

立式数控铣床具有结构简单，占地面积小，价格相对较低，装夹工件方便，便于操作，易于观察加工情况等优势，但其劣势是加工时切屑不易排除，且受立柱高度和换刀装置的限制，加工尺寸受到一定限制。

2. 数控铣床常见刀柄

切削刀具通过刀柄与数控铣床主轴连接，刀柄通过拉钉和主轴内的拉刀装置固定在主轴上，由刀柄夹持传递速度、转矩，刀柄的强度、刚性、耐磨性、制造精度以及夹紧力等对加工有直接的影响，进行高速铣削的刀柄还有动平衡、减振等要求。常用的刀柄规格有 BT30、BT40、BT50 或者 JT30、JT40、JT50，在高速加工中心则使用 HSK 刀柄。在我国应用最为广泛的是 BT40 和 BT50 系列刀柄和拉钉。其中，BT 表示采用日本标准 MAS403 的刀柄，其后数字为相应的 ISO 锥度号：如 50 和 40 分别代表大端直径为 69.85mm 和 44.45mm 的 7∶24 锥度。在满足加工要求的前提下，刀柄的长度尽量选择短一些，以提高刀具加工的刚性。数控铣床常见刀柄分整体式刀柄和模块式刀柄，如图 6-70 所示。

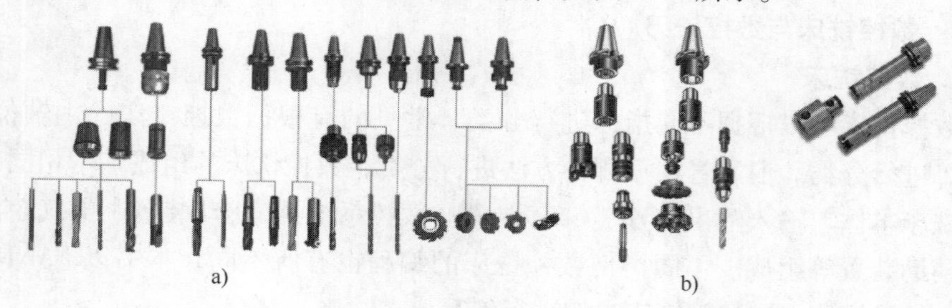

图 6-70　数控铣床常见刀柄

a）整体式刀柄　b）模块式刀柄

3. 数控铣床常见刀具

由于数控铣床加工的对象较多，根据加工对象不同，需要选择不同类型的刀具进行切削，否则将会导致工件加工过程中产生干涉，甚至会导致工件报废。根据实际生产所需选取合适的刀具是数控铣床编程、加工的重要环节。在数控铣床上常用的刀具有面铣刀、立铣刀、球头铣刀、键槽铣刀、倒角刀、螺纹铣刀等。数控铣床常见刀具，如图6-71所示。

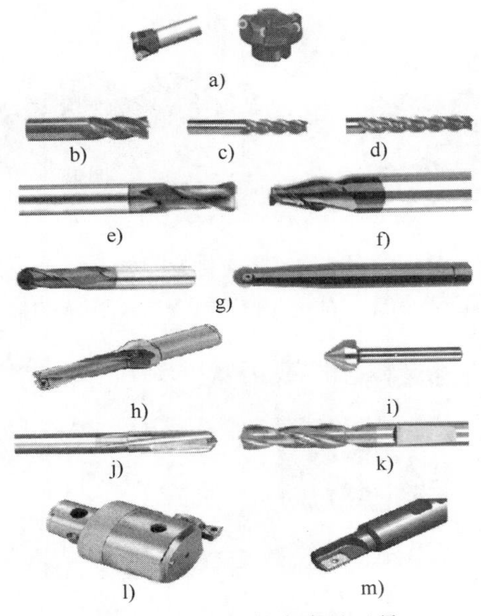

图6-71 数控铣床常见刀具

a）面铣刀 b）标准铣刀 c）加长铣刀 d）特长铣刀 e）圆弧铣刀 f）锥形铣刀 g）球头铣刀 h）扩孔刀 i）倒角刀 j）丝锥 k）钻头 l）镗刀 m）螺纹铣刀

4. 数控铣床刀具常见连接方式

数控铣床刀柄与刀具常见连接方式有弹簧夹头连接、侧固定连接、液压夹紧连接、热装式连接等。

（1）弹簧夹头连接 弹簧夹头连接是数控铣床最常见的连接方式，其具有结构简单、装拆方便的优点，主要用于刀柄与钻头、铣刀等连接。采用ER型卡簧，适用于夹持16mm以下直径的铣刀进行铣削加工，如图6-72a所示；若采用C型卡簧，则称为强力夹头刀柄，可以提供较大夹紧力，适用于夹持16mm以上直径的铣刀进行强力铣削，如图6-72b所示。

（2）侧固定连接 侧固定连接的刀柄采用侧向夹紧刀具，具有较大的切削力，一般情况用于切削力大的场合。这种连接方式的刀柄只能固定一个直径的刀具，通用性较差。不同直径的刀具需要配备不同系列的刀柄。侧固定连接刀柄，如图 6-73 所示。

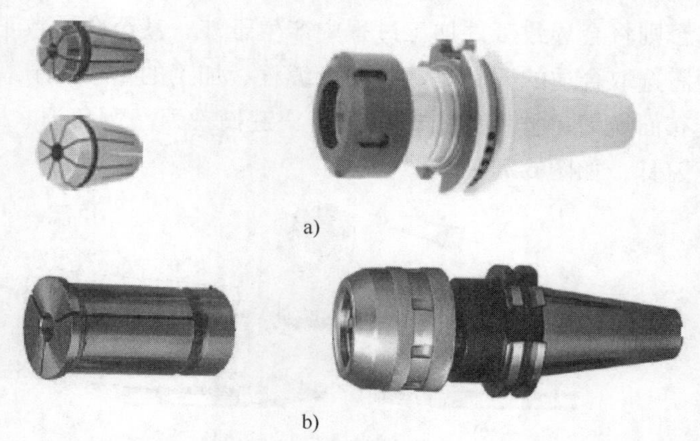

图 6-72　弹簧夹头连接

a）ER 卡簧与刀柄　b）C 型卡簧与强力夹头刀柄

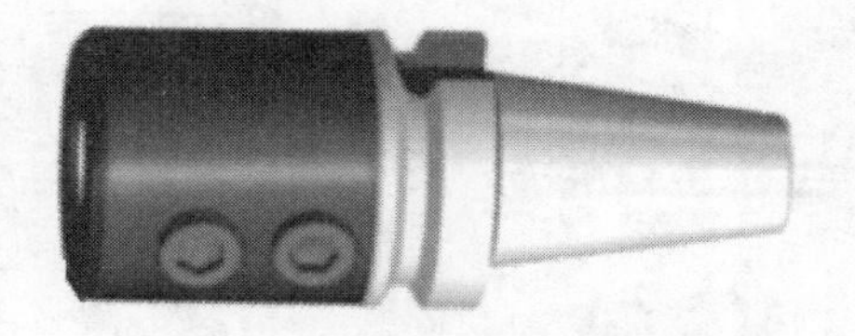

图 6-73　侧固定连接刀柄

（3）液压夹紧连接　采用液压夹紧可提供非常大夹紧力，主要用于粗加工时的强力切削。这种连接方式的刀柄只能固定一个直径的刀具，通用性较差。不同直径的刀具需要配备不同系列的刀柄。液压夹紧连接，如图 6-74 所示。

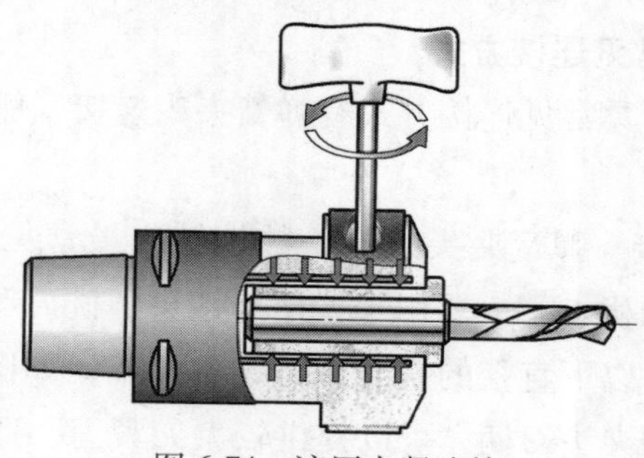

图 6-74　液压夹紧连接

（4）热装式连接　热装式连接利用热胀冷缩的原理进行装刀，刀具装拆需要在特定环境下进行。装刀时需对刀柄的加热孔加热，依靠自然冷却或强制冷却方式夹紧，一般用于不经常换刀的场合。热装式连接，如图6-75所示。

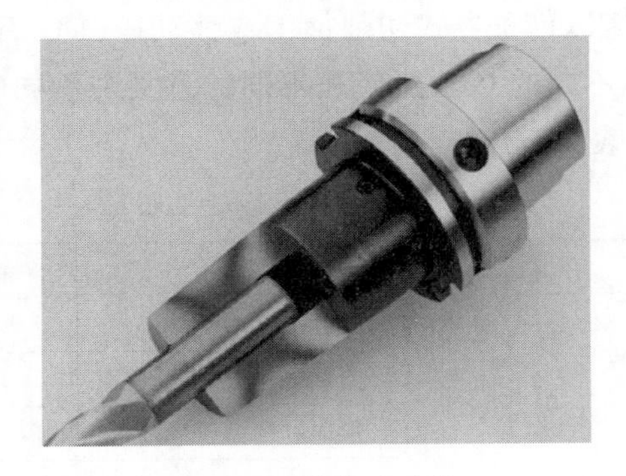

图6-75 热装式连接

6.3.3 训练任务

1. 数控铣削加工项目训练图

数控铣削加工项目主要考查学生对数控铣床（加工中心）的认识及基本操作、简单工件的数控铣削程序编制、尺寸精度调试等，独立完成数控铣床基本操作、对刀练习、程序编制与仿真、数控加工与精度调试等任务。数控铣削加工项目训练图，如图6-76所示。

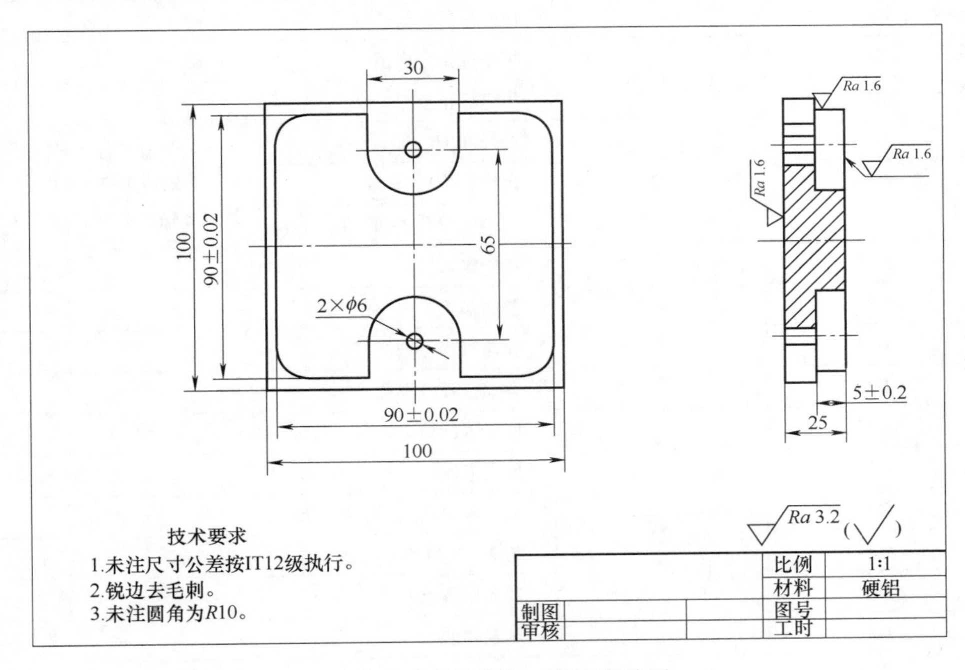

图6-76 数控铣削加工项目训练图

2. 数控铣削加工项目程序编制

G 功能是命令铣床以何种方式切削加工或移动，以 G 后面接两位数字组成，其范围为 G00~G99。不同的 G 功能代表不同的意义与不同的动作方式。数控铣床 G 指令一览表，见表 6-5。

表 6-5 数控铣床 G 指令一览表

G 指令	组	功 能	
G00	01	定位	
G01		直线插补	
G02		顺时针圆弧插补/螺旋线插补	
G03		逆时针圆弧插补/螺旋线插补	
G04	00	暂停	
G05		高速循环加工	
G07. 1（G107）		圆柱插补	
G09		确实停止	
G10		数据设定	
G11		数据设定取消	
G12. 1（G112）	25	极坐标插补模式	
G13. 1（G113）		极坐标插补模式取消	
G15	17	极坐标指令取消	
G16		极坐标指令	
G17	02	选择 X_pOY_p 平面	X_p：X 轴或平行 X 轴 Y_p：Y 轴或平行 Y 轴 Z_p：Z 轴或平行 Z 轴
G18		选择 Z_pOX_p 平面	
G19		选择 Y_pOZ_p 平面	
G20	06	英制输入	
G21		公制输入	
G22	04	存储行程检查开	
G23		存储行程检查关	
G27	00	原点返回检查	
G28		原点返回	
G29		从参考位置返回	
G30		第 2、3、4 原点返回	
G30. 1		浮动原点返回	
G31		跳跃功能	
G33	01	螺纹切削	

（续）

G指令	组	功　能
G37	00	自动刀具长度测量
G39		圆弧插补转角偏移量
G40	07	刀尖半径补偿取消
G41		刀尖半径左补偿
G42		刀尖半径右补偿
G40.1（G150）	19	通常方向控制取消模式
G41.1（G151）		通常方向控制左边开
G42.1（G152）		通常方向控制右边开
G43	08	刀具长度正向补偿
G44		刀具长度负向补偿
G45	00	刀具偏移量增加
G46		刀具偏移量缩小
G47		刀具偏移量双倍增加
G48		刀具偏移量双倍缩小
G49	08	刀具长度补偿取消
G50	11	比例取消
G51		比例
G50.1	18	可编程镜像取消
G51.1		可编程镜像
G52	00	局部坐标系设定
G53		机床坐标系选择
G54	14	选择工件坐标系1
G54.1		选择附加工件坐标系
G55		选择工件坐标系2
G56		选择工件坐标系3
G57		选择工件坐标系4
G58		选择工件坐标系5
G59		选择工件坐标系6
G60	00	单向定位

（续）

G 指令	组	功　能
G61	15	停止检查模式
G62		自动转角进给速率调整
G63		攻螺纹模式
G64		切削模式
G65	00	G 指令呼叫
G66	12	模态 G 指令呼叫
G67		模态 G 指令呼叫取消
G68	16	坐标系旋转
G69		坐标系旋转取消
G73	09	啄式钻孔循环
G74		左螺纹加工循环
G76		精镗孔循环
G80		固定循环取消/外部操作功能取消
G81		钻孔循环
G82		钻孔或反镗孔循环
G83		啄式钻孔循环
G84		右螺纹加工循环
G85		镗孔循环
G86		镗孔循环
G87		反镗孔循环
G88		镗孔循环
G89		镗孔循环
G90	03	绝对坐标指令
G91		相对坐标指令
G92	00	设定工件坐标系/或限制主轴最高转速
G94	05	每分钟进给
G95		每转进给
G96	13	恒表面速度控制
G97		恒表面速度控制取消
G98	10	固定循环起始平面返回
G99		固定循环 R 平面返回

每一个 G 指令一般都对应铣床的一个动作，它需要用一个程序段来实现。

为了进一步提高编程的工作效率，FANUC 系统设计有固定循环功能，它规定对于一些典型孔加工中的固定、连续动作，用一个 G 指令表达，即固定循环指令。

常用的固定循环指令能完成的工作有钻孔、攻螺纹和镗孔等。这些循环通常包括下列几个基本动作，如图 6-77 所示。

1）在 *XOY* 平面定位。

2）快速移动到 R 平面。

3）孔的切削加工。

4）孔底动作。

5）返回到 R 平面或起始平面。

固定循环图示中带箭头的实线表示切削进给运动，带箭头的虚线表示快速运动（以下图形所有表示相同）。起始平面是为了安全下刀而规定的一个平面；R 平面表示刀具下刀时自快速进给转为切削进给的高度平面。

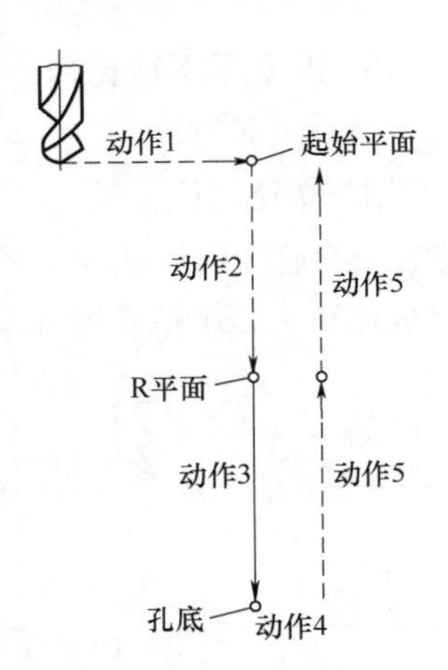

图 6-77　固定循环基本动作

固定循环功能，见表 6-6

表 6-6　固定循环功能

G 指令	功　　能	加工运动（*Z* 轴负向）	孔底动作	返回运动（*Z* 轴正向）
G73	啄式钻孔循环	分次，切削进给	无动作	快速定位进给
G74	左螺纹加工循环	一次切削进给	暂停，主轴正转	一次切削进给
G76	精镗孔循环	一次切削进给	主轴定向，让刀	快速定位进给
G80	固定循环取消	无动作	无动作	无动作

（续）

G指令	功　能	加工运动（Z轴负向）	孔底动作	返回运动（Z轴正向）
G81	钻孔循环	一次切削进给	无动作	快速定位进给
G82	钻孔或反镗孔循环	一次切削进给	暂停	快速定位进给
G83	啄式钻孔循环	分次，切削进给	无动作	快速定位进给
G84	右螺纹加工循环	一次切削进给	暂停，主轴反转	一次切削进给
G85	镗孔循环	一次切削进给	无动作	一次切削进给
G86	镗孔循环	一次切削进给	主轴停止	快速定位进给
G87	反镗孔循环	一次切削进给	主轴正转	快速定位进给
G88	镗孔循环	一次切削进给	暂停，主轴停止	手动
G89	镗孔循环	一次切削进给	暂停	一次切削进给

（1）钻孔循环指令G81　G81指令用于钻孔循环，该指令格式如下。

G81X__　Y__　Z__　R__　F__　K__；

执行该指令时，钻头或中心钻先快速定位至*X*、*Y*所指定的坐标位置，再快速定位至R平面，接着以F所指定的进给速度向下钻削至*Z*所指定的孔底位置，然后快速退刀至R平面或起始平面完成循环。G81钻孔循环动作示意图，如图6-78所示。

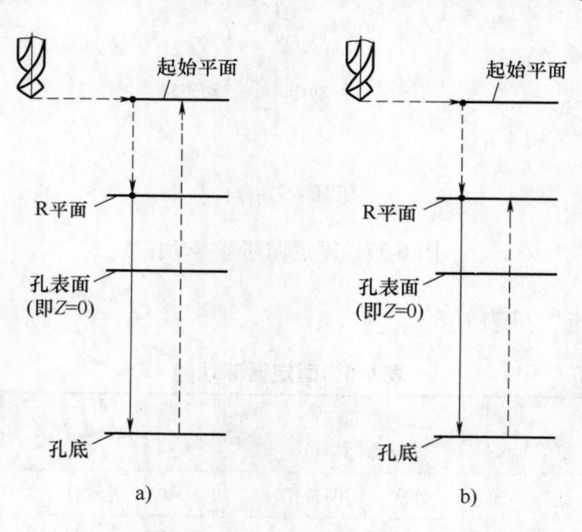

图6-78　G81钻孔循环动作示意图

a）G98模式　b）G99模式

（2）啄式钻孔循环指令G83　G83啄式钻孔循环指令用于高速深孔加工，其指令格式如下。

G83X__　Y__　Z__　R__　Q__　F__　K__;

G83和G73一样，钻孔时Z轴方向为分次、间歇进给。和G73不同的是，G83每次进给钻头都会沿着Z轴退到切削加工R平面位置，这样使深孔加工排屑性能更好。执行该指令时，钻头先快速定位至X、Y所指定的坐标位置，再快速定位至R平面，接着以F所指定的进给速度向下钻削Q所指定的深度，快速退刀回R平面，当钻头在第二次以及以后切入时，会先快速进给到前一切削深度上方距离d处，然后再次变为切削进给。G83钻孔循环动作示意图，如图6-79所示。

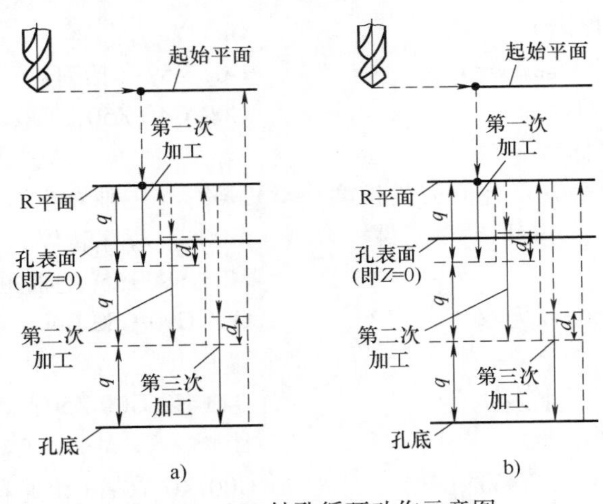

图6-79　G83钻孔循环动作示意图

a）G98模式　b）G99模式

（3）固定循环取消指令G80　取消所有的固定循环（即G73、G74、G76以及G81~G89），执行正常操作，其指令格式如下。

G80;（可单独一行）

3. 数控程序编制模板

数控铣床程序编制是有一定规律可循的，只要找到了一个编程方法后，编制的程序不仅错误率降低，而且效率也会得到提高。程序可根据下列模板进行编制。

1）主轴正转。

2）设定默认模态。

3）建立刀具长度补偿。

4）刀具移动至合理下刀位置。

5）刀具运动至切削深度。

6）建立刀尖半径补偿。

7）切削。

8）抬刀。

9）取消刀具长度补偿。

10）主轴停止。

11）程序结束。

数控铣床程序按这个模板进行编制即可，不同的加工工序适当更改工件轮廓的程序即可，可实现数控铣床程序编制的便捷、高效、可靠要求。

为满足不同群体需求，本书提供数控铣削加工训练图的参考程序，相关程序及注释如下。

```
O0001；（程序名）
M03 S800；（主轴正转）
G54 G90 G80 G40；
（指定工件坐标系等）
G43 H1 G00 Z50；（建立刀具长度补偿）
G00 X0 Y0；（快速移动至工件零点）
Z10；
G00 X-60 Y-60；（定义下刀点）
G01 Z-5 F60；（下刀）
G41 D1 G01 X-45 Y-60；
（建立刀尖半径补偿）
G01 Y35；
G02 X-35 Y45 R10；
G01 X-15；
G01 Y32. 5；
G03 X15 Y32. 5 R15；
G01 Y45；
G01 X35；
G02 X45 Y35 R10；
G01 Y-35；
G02 X35 Y-45 R10；
G01 X15；
G01 Y-32. 5；
G03 X-15 Y-32. 5 R15；
G01 Y50；
G01 Z5；（抬刀）
G00 G40 Z50；（取消刀具长度补偿）
M05；（主轴停止）
M00；（程序暂停）
M03 S800；（主轴正转）
G54 G90 G80 G40；（指定工件坐标系等）
G43 H2 G00 Z50；（建立刀具长度补偿）
G00 X0 Y0；（快速移动至工件零点）
Z10；
G81 X0 Y32. 5 Z-30 F45；（钻孔循环指令）
X0 Y-32. 5；
G00 Z50；（抬刀）
M05；（主轴停止）
M30；（程序结束并返回程序头）
```

G01 Y-45；

G1 X-35；

G02 X-45 Y-35 R10；

4. 数控铣削加工项目评分表

操作完成后根据评分表进行评分，再递交组长复评，最后递交指导教师终评。数控铣削加工项目评分表，见表6-7。

表6-7 数控铣削加工项目评分表

零件编号： 姓名： 学号： 总分：

<table>
<tr><th>序号</th><th colspan="4">鉴定项目及标准</th><th>配分</th><th>自己检测</th><th>组长检测</th><th>指导教师检测</th><th>指导教师评分</th></tr>
<tr><td rowspan="5">1</td><td rowspan="5">知识（35分）</td><td colspan="3">工艺编制</td><td>8</td><td></td><td></td><td></td><td></td></tr>
<tr><td colspan="3">程序编制及输入</td><td>15</td><td></td><td></td><td></td><td></td></tr>
<tr><td colspan="3">工件装夹</td><td>3</td><td></td><td></td><td></td><td></td></tr>
<tr><td colspan="3">刀具选择</td><td>5</td><td></td><td></td><td></td><td></td></tr>
<tr><td colspan="3">切削用量选择</td><td>4</td><td></td><td></td><td></td><td></td></tr>
<tr><td rowspan="14">2</td><td rowspan="14">技能（60分）</td><td colspan="3">用试切法对刀</td><td>5</td><td></td><td></td><td></td><td></td></tr>
<tr><td rowspan="13">工件尺寸超差0.01mm扣1分，扣完为止</td><td rowspan="2">90mm</td><td>+0.02mm</td><td rowspan="2">10</td><td rowspan="2"></td><td rowspan="2"></td><td rowspan="2"></td><td rowspan="2"></td></tr>
<tr><td>−0.02mm</td></tr>
<tr><td rowspan="2">90mm</td><td>+0.02mm</td><td rowspan="2">10</td><td rowspan="2"></td><td rowspan="2"></td><td rowspan="2"></td><td rowspan="2"></td></tr>
<tr><td>−0.02mm</td></tr>
<tr><td>65mm</td><td></td><td>5</td><td></td><td></td><td></td><td></td></tr>
<tr><td>30mm</td><td></td><td>5</td><td></td><td></td><td></td><td></td></tr>
<tr><td>2×ϕ6mm</td><td></td><td>5</td><td></td><td></td><td></td><td></td></tr>
<tr><td rowspan="2">5mm</td><td>+0.2mm</td><td rowspan="2">5</td><td rowspan="2"></td><td rowspan="2"></td><td rowspan="2"></td><td rowspan="2"></td></tr>
<tr><td>−0.2mm</td></tr>
<tr><td>R10mm倒圆</td><td></td><td>5</td><td></td><td></td><td></td><td></td></tr>
<tr><td colspan="2">表面粗糙度值1.6mm（三处）</td><td>5</td><td></td><td></td><td></td><td></td></tr>
<tr><td colspan="2">表面粗糙度值3.2mm（其余）</td><td>5</td><td></td><td></td><td></td><td></td></tr>
<tr><td>3</td><td>素养（5分）</td><td colspan="3">工、量、器具摆放和操作习惯等</td><td>5</td><td></td><td></td><td></td><td></td></tr>
<tr><td colspan="5">合计</td><td>100</td><td></td><td></td><td></td><td></td></tr>
</table>

操作者签字： 组长签字： 指导教师签字：

6.3.4 技能训练

1. 数控铣床对刀操作与练习

对刀就是使数控铣床的机械坐标与工件编程坐标建立一个固定的关系。数控铣床对刀操作分为 X、Y 向对刀和 Z 向对刀，其中为 X、Y 向的对刀方法主要有试切法对刀、机械偏心式对刀、光电寻边器对刀等；Z 向的对刀方法主要有塞尺对刀、标准芯棒对刀、量块对刀、Z 向对刀仪对刀等。对刀数据的准确程度将直接影响加工精度，因此对刀方法需根据工件加工精度要求决定。高端的数控铣床还自带对刀仪及自动对刀功能。本书主要对 X、Y 向机械偏心式对刀、Z 向对刀仪对刀进行讲解。

（1）X 向机械偏心式对刀（先左侧再右侧）　使用偏心寻边器因为完全依赖操作人员的观察来判断，操作过程需耐心、仔细，偏心寻边器的对刀操作步骤如下。

1）在 MDI 或手动模式下起动铣床主轴（主轴转速约 500r/min 为宜），使偏心寻边器产生偏心旋转。

2）将铣床切换到手摇脉冲模式，用手摇脉冲轮（倍率采用“×100”）移动工作台和 Z 轴，使偏心寻边器快速移动、靠近工件左侧位置，如图 6-80 所示。调整手摇脉冲倍率（倍率采用“×10”）继续使偏心寻边器缓慢靠近工件，通过目测最终使偏心消失，如图 6-81 所示。此时工件的左侧边界被“找到”。

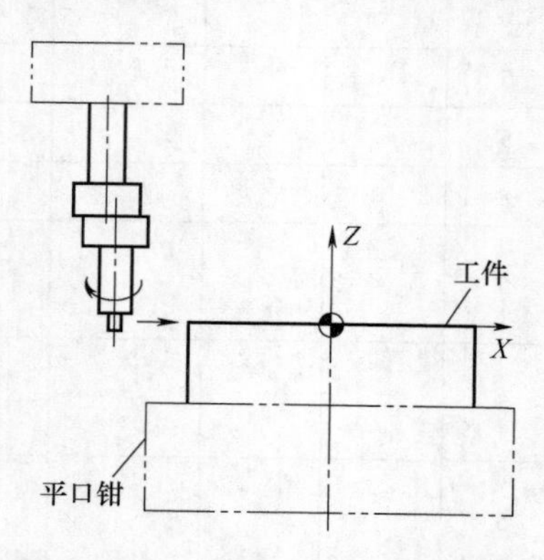

图 6-80　偏心寻边器靠近工件左侧

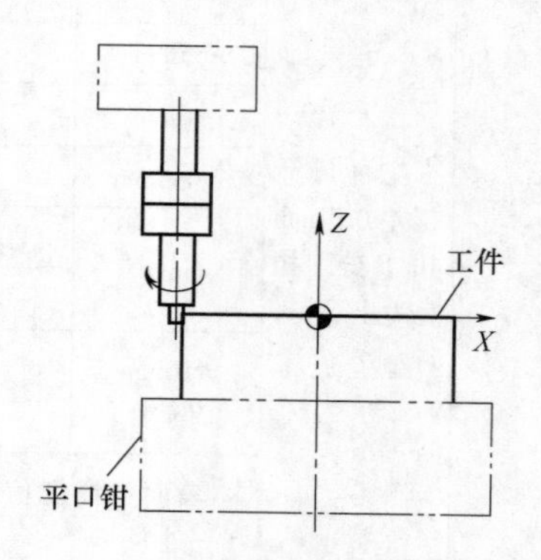

图 6-81　偏心寻边器寻到工件左侧

3）通过系统面板上的“POS”按钮进入位置界面，选择“相对坐标”，通过系统面板输入 X 点，按软菜单上的“归零”按钮，此时铣床 X 轴的相对坐标值为 0，如图 6-82 所示。

4）利用手摇脉冲轮将铣床沿 Z 轴缓慢（倍率采用“×10”）抬高，至偏心

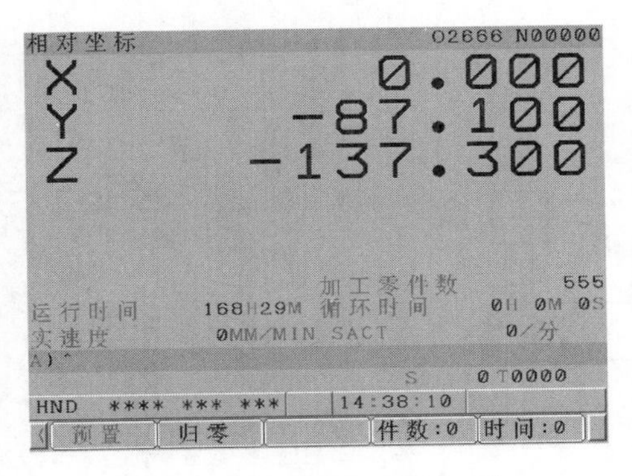

图 6-82　*X* 轴相对坐标归零

寻边器离开工件表面。

5）利用手摇脉冲轮将铣床沿 *X* 轴快速（倍率采用“×100”）向右移动，偏心寻边器至工件的右侧。

6）利用手摇脉冲轮将铣床沿 *Z* 轴缓慢（倍率采用“×10”）下降，至偏心寻边器下降到工件表面下方 2~3mm，如图 6-83 所示。

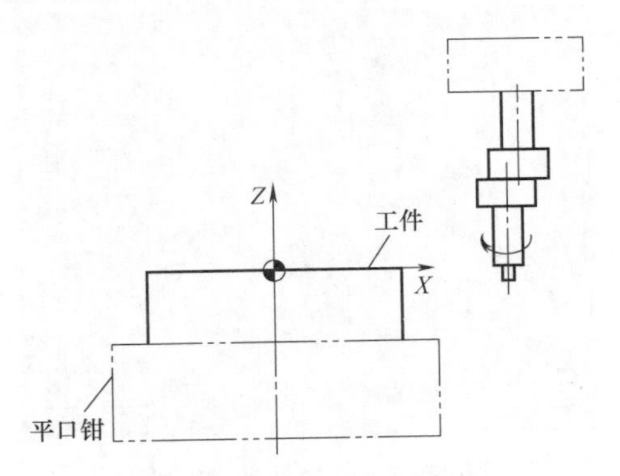

图 6-83　偏心寻边器处于工件表面下方

7）利用手摇脉冲轮将铣床沿 *X* 轴缓慢（倍率采用“×10”）向左侧移动，使偏心寻边器缓慢靠近工件，通过目测最终使偏心消失，如图 6-84 所示，此时工件的右侧边界被“找到”。

8）利用手摇脉冲轮将铣床沿 *Z* 轴缓慢（倍率采用“×10”）抬高，至偏心寻边器离开工件表面。

9）此时观察 *X* 轴的相对位置值为“111.6”，如图 6-85 所示，通过利用手摇脉冲轮将铣床移动至 *X* 轴相对位置为“55.8”（111.6/2=55.8）处，此时工件 *X* 轴的中心即为当前位置。

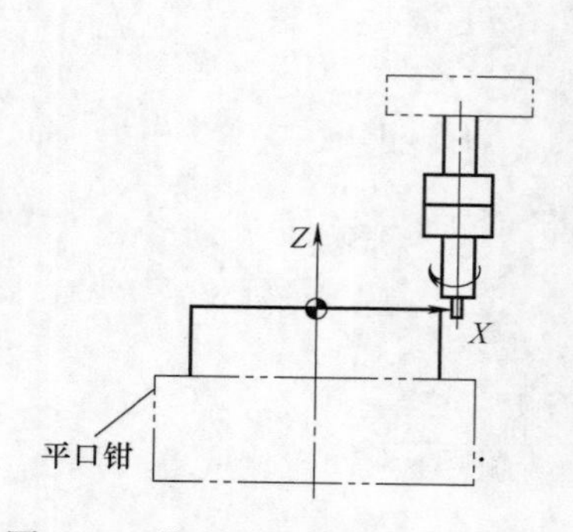

图 6-84　偏心寻边器寻到工件右侧

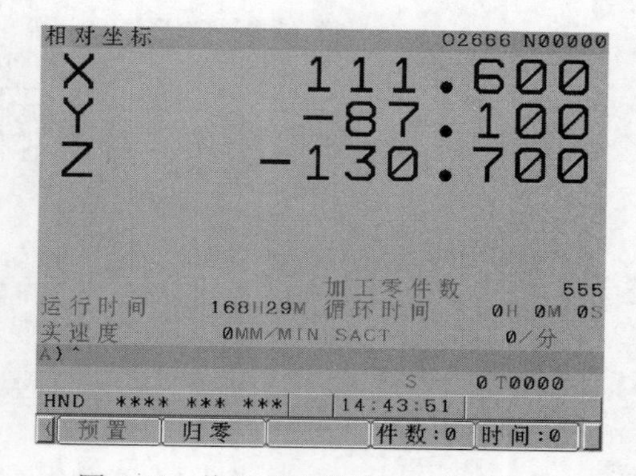

图 6-85　偏心寻边器处于工件右侧时 X 轴相对坐标值

10）按系统面板上的“REST”按钮，使铣床主轴停止旋转。

11）按系统面板上的“OFFSET”按钮，通过软菜单上“坐标系”按钮，进入工件坐标系设定画面，如图 6-86 所示。

工件坐标系设定　O2666 N00000
(G54)

号.		数据	号.		数据
00	X	0.000	02	X	443.425
EXT	Y	0.000	G55	Y	-138.189
	Z	0.000		Z	0.000
01	X	-14.679	03	X	407.752
G54	Y	-31.908	G56	Y	-167.281
	Z	0.000		Z	0.000

A)^
S 0 T0000
HND **** *** *** 14:49:48
刀偏　设定　坐标系　（操作）

图 6-86　工件坐标系设定画面

12）通过面板上的光标键，将当前光标移动至“G54”工件坐标系中，并通过面板上的按钮输入“X0”，按软菜单上的“测量”按钮，此时 X 轴的对刀零点设置完毕，如图 6-87 所示。

（2）Y 向机械偏心式对刀（先后侧再前侧）　数控铣床 Y 向机械偏心式对刀注意要点及操作流程与 X 向基本一致，具体请参见 X 向对刀。

（3）Z 向对刀仪对刀

1）将偏心寻边器从机床主轴上卸下，换上工件加工用刀具。

2）将刀具快速移至 Z 向对刀仪上方，如图 6-88 所示。

工件坐标系设定　　　　O2666 N00000
(G54)

号		数据	号		数据
00	X	0.000	02	X	443.425
EXT	Y	0.000	G55	Y	-138.189
	Z	0.000		Z	0.000
01	X	76.566	03	X	407.752
G54	Y	-31.908	G56	Y	-167.281
	Z	0.000		Z	0.000

A)^
S　0 T0000
HND　**** *** ***　|14:52:29
(号搜索)(测量)( )(+输入)(输入)

图 6-87　X 轴对刀完成

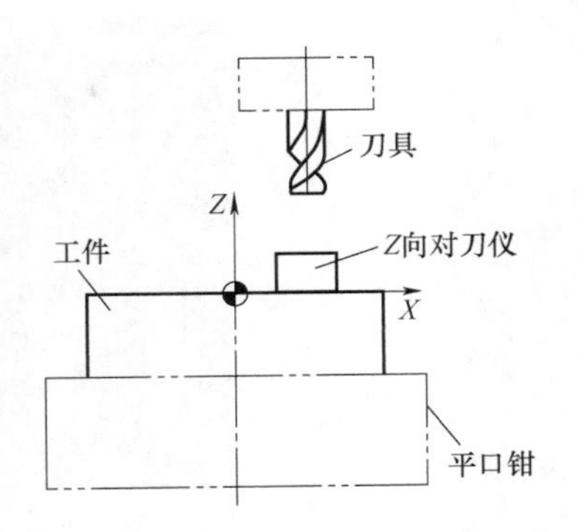

图 6-88　刀具处于 Z 向对刀仪上方

3）利用手摇脉冲轮移动 Z 轴，将刀具移动（倍率采用“×100”）到接近工件上表面位置。

4）调整手摇脉冲倍率（倍率采用“×10”），继续利用手摇脉冲轮使刀具接触 Z 向对刀仪，并使指示针归零即可，如图 6-89 所示。

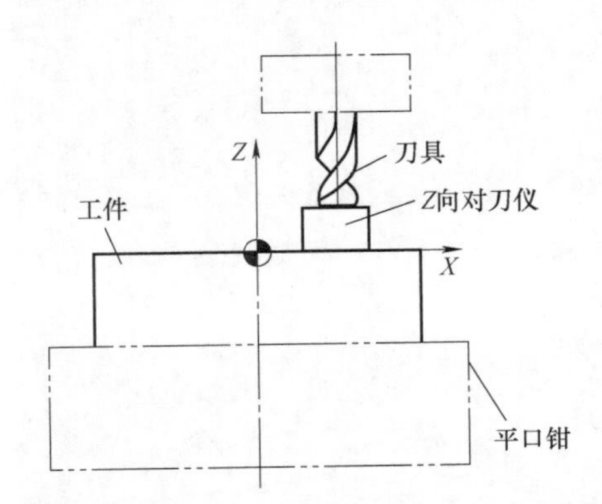

图 6-89　刀具与 Z 向对刀仪接触（指示针归零）

5）将显示器画面切换到坐标画面，按软菜单上的“综合”按钮，此时“机械坐标”中显示的 Z 轴数值就是该刀具在工件 Z 轴方向上的坐标值，如图 6-90 所示，将该坐标值记录下来。

6）按系统面板上的“OFFSET”按钮进入刀偏设置画面，如图 6-91 所示，通过系统面板上的光标键，将光标移动至当前刀具的“形状（H）”中，在缓存区输入 Z 轴对刀坐标值（上一步骤记录的数值“-190. 122”），再按系统面板上的“INPUT”按钮或软菜单上的“输入”按钮将数值输入“形状（H）”中，此时 Z 轴对刀完成，如图 6-92 所示。

综合显示 O2666 N00000
绝对坐标
X -34.000
Y -38.506
Z -190.122
机械坐标
42.566
-70.414
-190.122
剩余移动量
加工零件数 555
运行时间 168H29M 循环时间 0H 0M 0S
实速度 0MM/MIN SACT 0/分
A)^
S 0 T0000
HND **** *** *** 14:57:14
绝对
相对
综合
手轮
(操作)

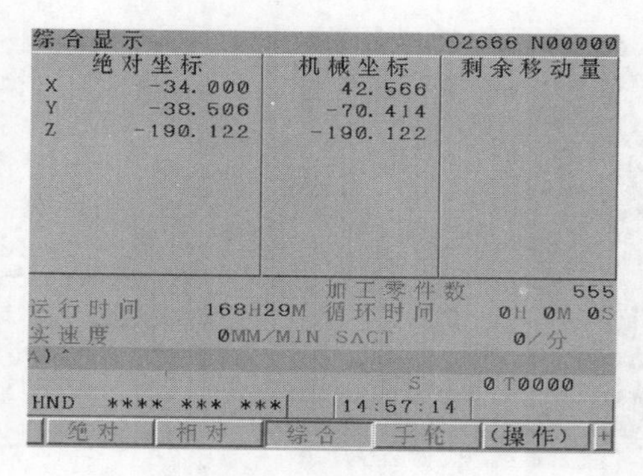

图 6-90　显示综合坐标系

刀偏 O2666 N00000
号. 形状(H) 磨损(H) 形状(D) 磨损(D)
001 0.000 0.000 0.000 0.000
002 0.000 0.000 0.000 0.000
003 0.000 0.000 0.000 0.000
004 0.000 0.000 0.000 0.000
005 0.000 0.000 0.000 0.000
006 0.000 0.000 0.000 0.000
007 0.000 0.000 0.000 0.000
008 0.000 0.000 0.000 0.000
相对坐标 X 18.800 Y -57.100
Z -174.900
A)^
S 0 T0000
HND **** *** *** 14:54:41
刀偏
设定
坐标系
(操作)

图 6-91　刀偏设置画面

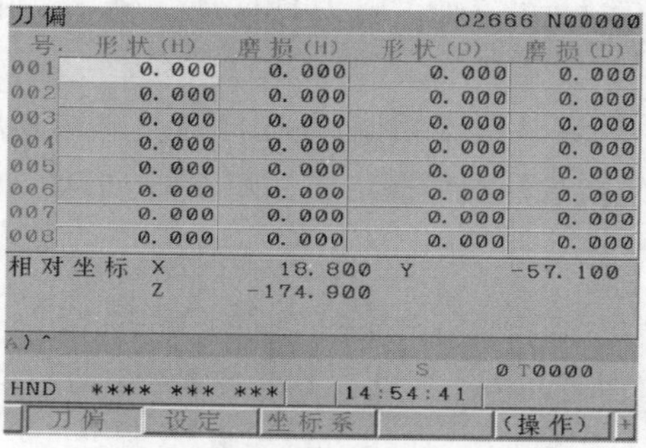

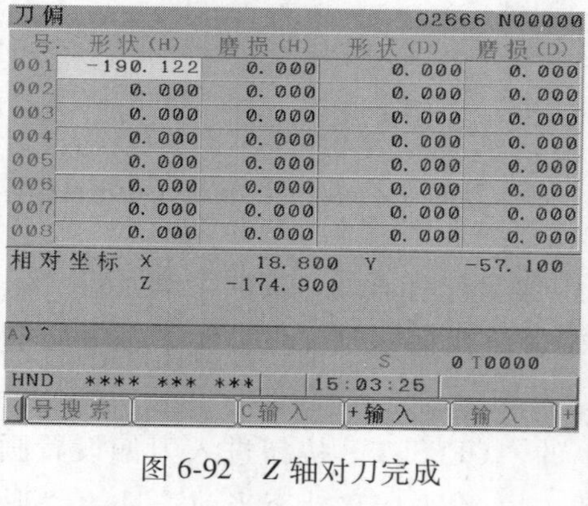

刀偏 O2666 N00000
号. 形状(H) 磨损(H) 形状(D) 磨损(D)
001 -190.122 0.000 0.000 0.000
002 0.000 0.000 0.000 0.000
003 0.000 0.000 0.000 0.000
004 0.000 0.000 0.000 0.000
005 0.000 0.000 0.000 0.000
006 0.000 0.000 0.000 0.000
007 0.000 0.000 0.000 0.000
008 0.000 0.000 0.000 0.000
相对坐标 X 18.800 Y -57.100
Z -174.900
A)^
S 0 T0000
HND **** *** *** 15:03:25
号搜索
C输入
+输入
输入

图 6-92　*Z* 轴对刀完成

2. 自动加工

经过 G 代码编程生成了刀具轨迹，利用 FANUC 数控铣床自带的仿真软件模拟刀具轨迹，无干涉、无撞刀的现象，通过 FANUC 后置处理得到数控铣床所需的程序。为了实现数控铣床的自动加工，已将刀具的对刀步骤完成，下面介绍数控铣床自动加工步骤。

1）将 CF 卡导入数控铣床中的程序进行调用，选择加工程序，并将光标移至程序头，如图 6-93 所示。

2）为避免铣床执行 G00 指令时移动速度过快，可将快速移动倍率切换至 25%，如图 6-94 所示。

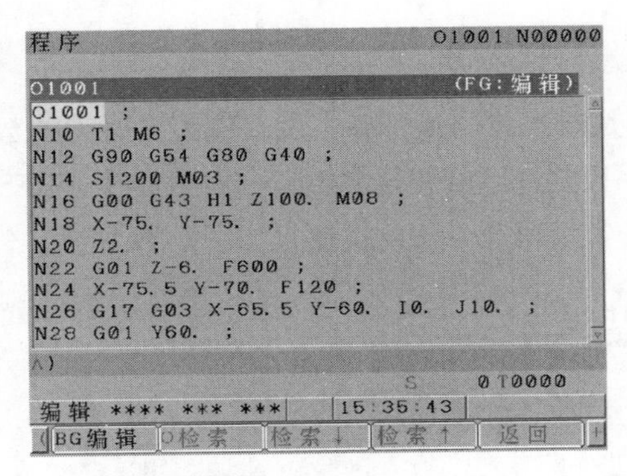

图 6-93　待加工状态

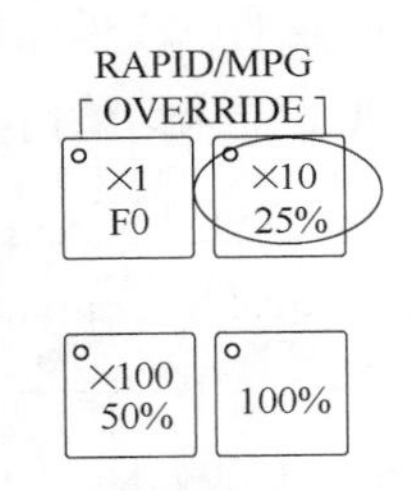

图 6-94　快速移动倍率切换至 25%

3）将功能模式切换至 AUTO 自动加工模式，如图 6-95 所示。

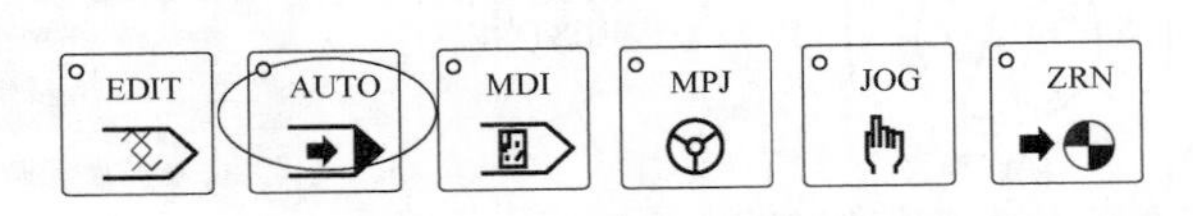

图 6-95　AUTO 自动加工模式

4）按单段程序控制按钮，如图 6-96 所示。

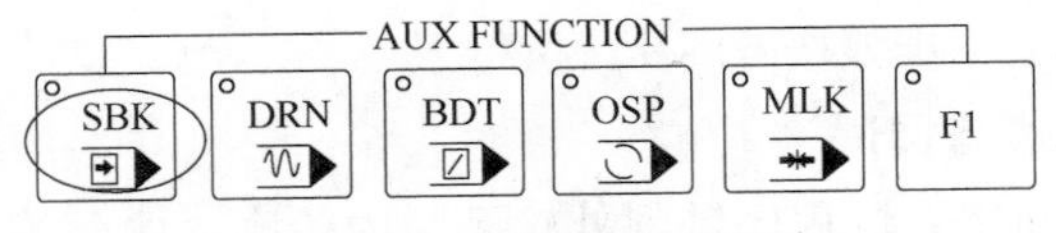

图 6-96　单段程序控制

5）进给修调倍率切换至 0，如图 6-97 所示。

6）左手按循环启动按钮，右手调整进给修调倍率旋钮，如图 6-98 所示。

7）开始切削时，眼睛一边看铣床的运动情况，一边观察数控系统 CRT 显示屏上的剩余坐标数值，如移动情况正常则继续执行，如判断有异常时应及时按“REST”按钮或急停按钮，使铣床停止运动。

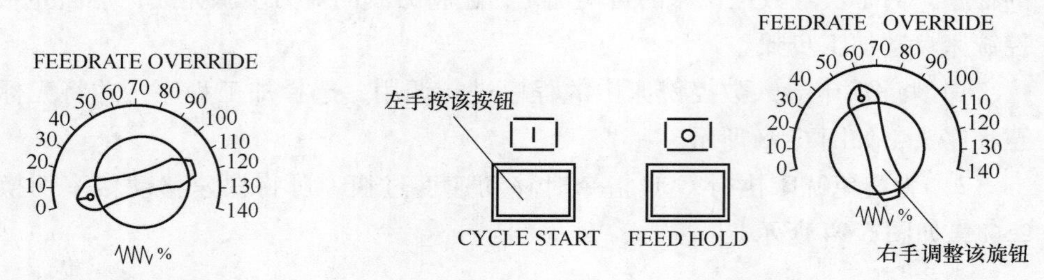

图 6-97　进给修调倍率切换至 0　　　图 6-98　开始切削时左右手分工

8）当铣床安全移动到定位点后，判断当前位置正确，表示该刀具对刀的数据基本正确，可取消单段程序控制。左手控制进给修调倍率旋钮，右手放在“REST”按钮边上，观察铣床运动情况，如有异常情况及时按此按钮，如图 6-99 所示。

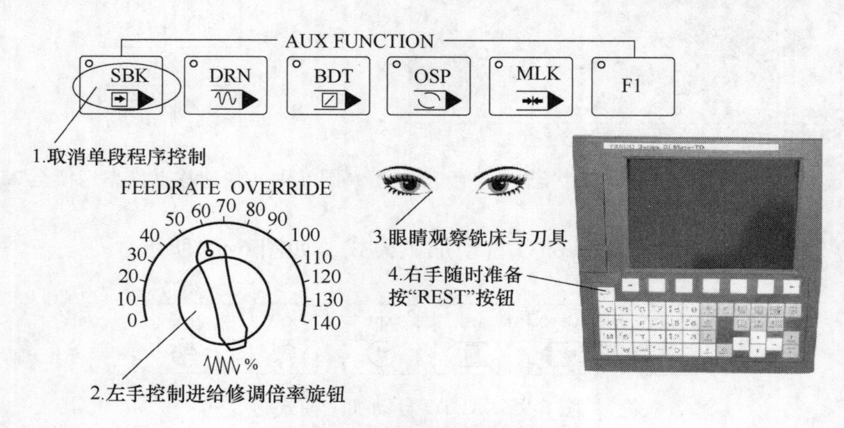

图 6-99　切削过程中手眼分工

9）粗加工结束后，用量具测量工件尺寸，进行刀具偏置补偿。

10）进行精加工，步骤按 6）~9）执行。

3. 工件精度测量与调试

数控铣床主要利用数控程序铣削外轮廓、内轮廓、曲面等，一般而言通常分为粗铣和精铣，粗加工后一般留 0.2~0.5mm 加工余量。根据不同部位的精度及轮廓样式等需要不同的量具进行尺寸测量。

（1）外轮廓尺寸的测量与调试　以 90mm×90mm 外轮廓尺寸为例，为了保证±0.02mm 的精度，在粗铣后需进行尺寸测量，由于该尺寸精度要求相对高，因此选用外径千分尺，规格为 75~100mm，进行测量即可。外径千分尺测量的尺寸如图 6-100 所示，识读出该尺寸为 90.54mm（编程时，粗加工双边余量为

0.5mm)，此时读取的数值应与粗加工后理论数值进行比较（理论粗加工数值为90.5mm)，实际测量尺寸比理论尺寸大0.04mm。为了使工件尺寸处于公差范围内，应给数控系统补偿“-0.02mm”为佳，在该刀具的磨损补偿中输入“-0.02”，如图6-101所示。

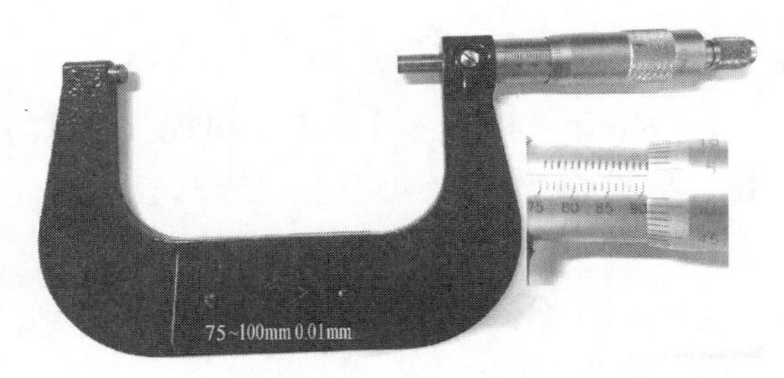

图6-100　外径千分尺测量的尺寸

经过精加工后再去测量该尺寸数值，如尺寸落在公差范围内表明合格，如还有加工余量则利用同样方法继续补偿并再次进行精加工。

（2）深度尺寸的测量与调试　以5mm尺寸为例，为了保证±0.2mm的尺寸精度，加工工艺为粗铣、精铣等，在粗铣后需对深度进行测量，由于该尺寸精度要求不高，因此选用深度游标卡尺，规格为0~150mm，进行测量即可。测量的尺寸为4.82mm，虽然已经在公差范围内，但为了使工件实际尺寸接近公差带中间，因此需要进行调试。编程时粗加工余量为0.1mm。此时读取的数值应与粗加工后理论数值进行比较（理论粗加工数值为4.9mm)，实际测量尺寸比理论尺寸浅0.08mm，为了使工件尺寸处于公差带中间，应给数控系统补偿“-0.08mm”为佳，在该刀具的磨损补偿中输入“-0.08”，如图6-102所示。

刀偏　O1200 N00086

号.	形状(H)	磨损(H)	形状(D)	磨损(D)
001	-190.112	0.000	5.000	-0.020
002	-123.025	0.000	0.000	0.000
003	-136.040	0.000	0.000	0.000
004	-235.050	0.000	0.000	0.000
005	0.000	0.000	0.000	0.000
006	0.000	0.000	0.000	0.000
007	0.000	0.000	0.000	0.000
008	0.000	0.000	0.000	0.000

相对坐标　X　-37.103　Y　-21.490
Z　150.014
A)
S　0 T0000
MEM　****　***　***　14:17:27
号搜索　C输入　+输入　输入

图6-101　磨损补偿“-0.02”

刀偏　O1200 N00086

号.	形状(H)	磨损(H)	形状(D)	磨损(D)
001	-190.112	-0.080	5.000	-0.020
002	-123.025	0.000	0.000	0.000
003	-136.040	0.000	0.000	0.000
004	-235.050	0.000	0.000	0.000
005	0.000	0.000	0.000	0.000
006	0.000	0.000	0.000	0.000
007	0.000	0.000	0.000	0.000
008	0.000	0.000	0.000	0.000

相对坐标　X　-37.103　Y　-21.490
Z　150.014
A)
S　0 T0000
MEM　****　***　***　14:17:27
号搜索　C输入　+输入　输入

图6-102　磨损补偿“-0.08”

经过精加工后再去测量该尺寸数值，如尺寸在公差带中表明合格，如还有加工余量则利用同样方法继续补偿并再次进行精加工。

6.4 知识拓展

1. 西门子数控系统发展简介

西门子数控系统于 1960 年—1964 年在市面上出现。此时的西门子数控系统以继电器控制为基础。在 1964 年，西门子公司为其数控系统注册品牌 SINUMERIK。

1965 年—1972 年，西门子公司以上一代数控系统为基础，推出用于车床、铣床和磨床的基于晶体管技术的硬件。

1973 年—1981 年，西门子公司推出了 SINUMERIK 550 系统，如图 6-103 所示。

这一代系统开始应用微型计算机和微处理器。在此系统中 PLC（可编程控制器）集成到控制器上。

1982 年—1983 年，西门子公司推出 SINUMERIK 3 系统，如图 6-104 所示。

图 6-103 SINUMERIK 550 系统

图 6-104 SINUMERIK 3 系统

1984 年—1994 年，西门子公司推出了 SINUMERIK 840C 系统，如图 6-105 所示。西门子公司从此时起开始开放 NC 数控自定义功能，公布 PC 和 HMI 开放式软件包。此时的西门子公司敏锐地掌握了数控机床业界的显著趋势：开放性。基于系统的开放性，西门子公司显著地扩大了其 OEM 机床制造商定制他们设备的可能性。

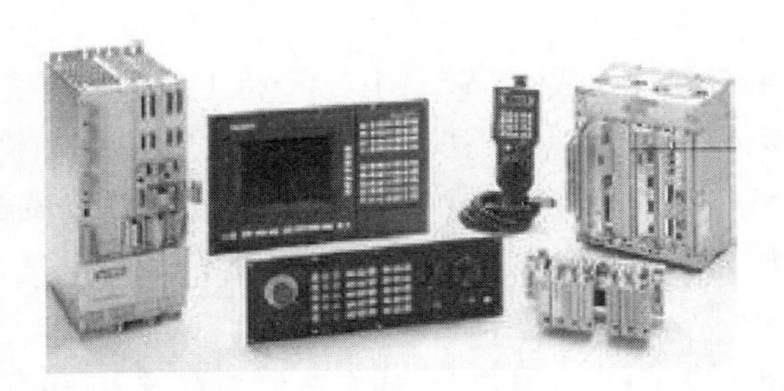

图6-105 SINUMERIK 840C系统

1996年—2000年，西门子公司推出SINUMERIK 840D系统（图6-106）、SINUMERIK 810D系统（图6-107）、SINUMERIK 802D系统（图6-108）。人与机器相关的安全集成功能已经集成到软件之中。面向图形界面编程的ShopMill和ShopTurn能够帮助操作人员以最少的培训快速上手，易于操作和编程。

图6-106 SINUMERIK 840D系统

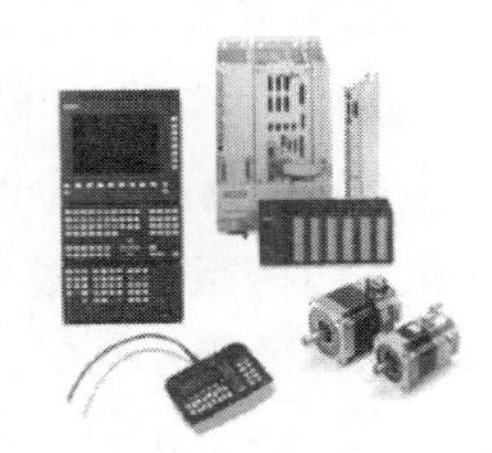

图6-107 SINUMERIK 810D系统

2. FANUC数控系统发展简介

FANUC公司是生产数控系统和工业机器人的著名厂家，该公司自20世纪60年代生产数控系统以来，已经开发出40多种的系列产品。

FANUC公司生产的数控装置有F0、F10/F11/F12、F15、F16、F18系列。F00/F100/F110/F120/F150系列是在F0/F10/F12/F15的基础上加了MMC功能，即CNC、PMC、MMC三位一体的CNC。

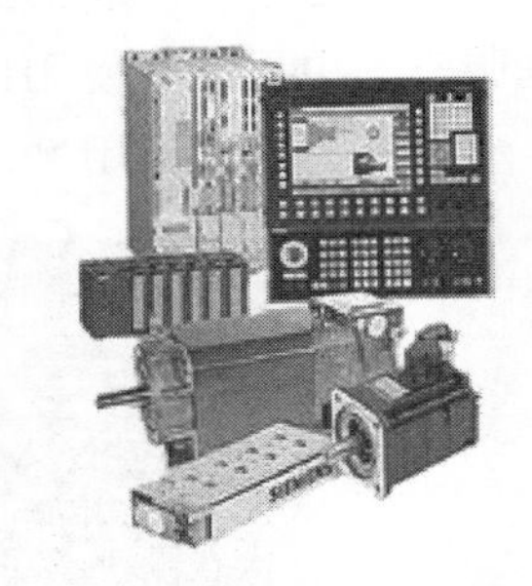

图6-108 SINUMERIK 802D系统

1956年，FANUC品牌创立——FANUCNC开发成功，FANUC品牌由此开启。

1971年，FANUC成为世界上最大的专业数控系统生产厂家，占据了全球70%的市场份额。

1974年，FANUC工业机器人问世——基于伺服、数控基础，1976年投放市场。

1984 年，FANUC 新址建成，CNC 工厂、产机工厂、基础技术研究所建成。

1992 年，FANUC 机器人学校开办，为客户和员工提供实体样机技术培训。

1999 年，FANUC 智能机器人生产，并很快成为 FANUC 最重要的产品。

1997 年，上海 FANUC 成立，成为最早进入中国推广机器人技术的跨国公司。

2002 年，公司建设了自己的厂房，浦东金桥拥有近 3000m^2 系统工厂。

2003 年开始，公司在广州、深圳、天津、武汉、大连、太原等地设分公司。

2008 年，公司在宝山购置新厂区，基地面积达 3.8 万 m^2，当年 FANUC 机器人销售量世界第一。

2008 年 6 月，FANUC 全球机器人销量达 20 万台，至今无法突破，是世界第一个突破 20 万台机器人的厂家，真正成为工业机器人的领头羊。

2010 年，FANUC 机器人入驻世博会，FANUC 喜迁宝山新工厂。

2011 年、2012 年，FANUC 分别被福布斯、路透社评为全球 100 强最具创新力公司之一，并位列英国《金融时报》全球 500 强。

3. 国内常见数控系统发展简介

华中数控系统（图 6-109）是基于通用 PC 机的数控装置，是武汉华中数控股份有限公司在国家“八五”和“九五”科技攻关的重大科技成果。华中数控系统发展为三大系列，即世纪星系列、小博士系列和华中Ⅰ型系列。世纪星系列采用通用原装进口嵌入式工业 PC 机和彩色 LCD 液晶显示器，内置式 PLC 可与多轴伺服驱动单元配套使用；小博士系列为外配通用 PC 机的经济型数控装置。华中Ⅰ型系列为基于通用 PC 系统的数控装置。

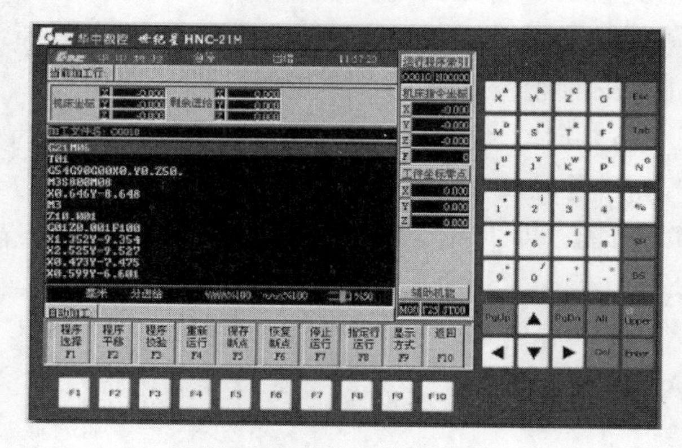

图 6-109　华中数控系统

广州数控系统（图6-110）是近几年发展比较迅速的数控系统，在我国特别是广大南方地区有着大量用户。广州数控主要产品有：GSK系列车床、铣床、加工中心数控系统；DA98系列全数字式交流伺服驱动装置；DY3系列混合式步进电动机驱动装置；DF3系列反应式步进电动机驱动装置；GSK SJT系列交流伺服电动机。加工中心数控系统GSK 218M为广州数控自主研发的普及型数控系统，采用32位高性能的CPU和超大规模可编程器件FPGA，实时控制和硬件插补技术保证了系统μm级精度下的高效率，可在线编程的PLC使逻辑控制功能更加灵活强大。

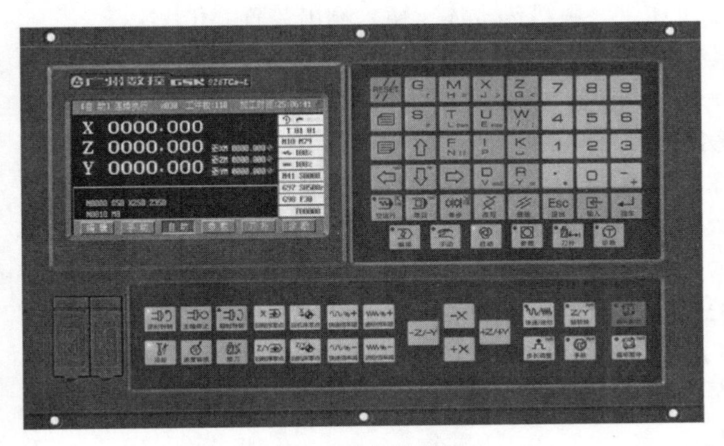

图6-110　广州数控系统

航天数控充分发挥航天工业的高技术优势，相继开发了高、中、低档次的多个系列产品，功能覆盖了车床、铣床、加工中心、磨床、火焰切割机等控制系统，广泛应用于船舶、汽车、航空、航天等领域，如图6-111所示。

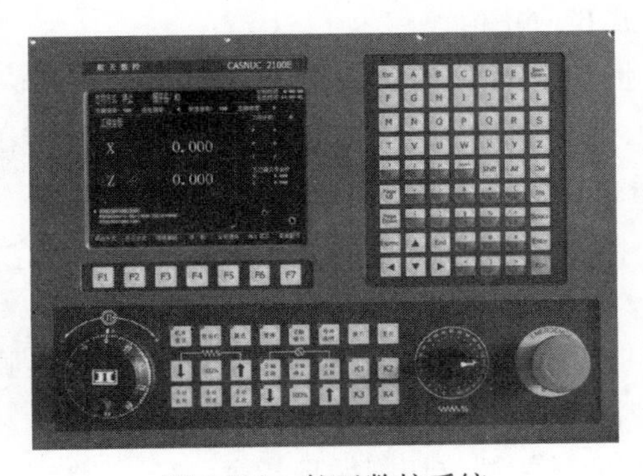

图6-111　航天数控系统

6.5 数控加工理论测试卷

一、填空题

1. 工件坐标系是编程时使用的坐标系，又称为（　　　　）。

2.（　　　）又称为数控机床的准备功能。

3. G 指令的含义，G01（　　　　）、G03（　　　　）、G70（　　　　）、G80（　　　　）、G42（　　　　）。

4. 数控机床主要由机床本体、输入输出装置、（　　　　　）、驱动装置、电气控制系统、辅助装置等组成。

5. 切削用量三要素包括（　　　　）、（　　　　）和背吃刀量。

二、选择题

1. 在车床数控系统中，（　　）指令是恒表面速度控制指令。

A. G97　S__；　　B. G96　S__；　　C. G01　F__；　　D. G98　S__

2. 一般情况下，（　　）的螺纹孔可在加工中心上完成攻螺纹。

A. M35 以上　　B. M3 以上、M6 以下

C. M6 以上、M20 以下　　D. M25 以上

3. 用于动作方式的准备功能的指令是（　　）。

A. F 指令　　B. G 指令　　C. T 指令　　D. S 指令

4. 数控加工中心用 G02/G03 指令，对工件进行圆弧编程时，下面关于使用半径 R 方式编程的说明不正确的是（　　）。

A. 整圆加工不能采用该方式编程

B. 该方式与使用 I、J、K 效果相同

C. 大于 180°的弧 R 取正值

D. R 可取正值也可取负值，但加工轨迹不同

5. 卧式加工中心的主轴是（　　）的，一般具有回转工作台，可进行四面或五面加工，特别适合于箱体工件的加工。

A. 垂直　　B. 水平　　C. 平行　　D. 立交

三、判断题

1. 数控刀具应具有较高的寿命和刚度、良好的材料热脆性、良好的断屑性能、可调、易更换等特点。（　　）

2. 数控车削中 G92 是指螺纹切削循环指令。（　　）

3. 数控加工中心常用的夹具是自定心卡盘。（　　）

4. 数控机床在切削过程中主轴转速不可以随意发生变化。(　　)

5. 数控机床在试切削前，为保证程序正确，可锁定机床轴进行仿真模拟操作。(　　)

四、简答题

1. 简述数控车床程序编程的步骤。

2. 简述数控加工中心用试切法对刀的步骤。

3. 简述数控车削中G71循环指令中各代码的含义。

第7章

特种加工

7.1 数控电火花线切割加工

7.1.1 数控电火花线切割加工概述

数控电火花线切割是利用线状电极（钼丝、钨丝等）靠电火花对导电金属材料进行切割的一种方法。一般线切割支持3B编程、软件编程和自带控制器编程三种编程方法。它主要用于加工各种形状复杂和精密细小的工件，如成形刀具、样板、冲裁模等；也可以对毛坯进行下料、对工件进行窄小缝隙加工。数控电火花线切割加工具有加工余量小、加工精度高、生产周期短、制造成本低等优势。

1. 数控电火花线切割的分类

数控电火花线切割按走丝速度可以分为高速电火花线切割（走丝速度为8~10mm/s）、中速电火花线切割（走丝速度处于高速与低速之间）、低速电火花线切割（走丝速度小于0.2mm/s）三大类。

数控电火花线切割按脉冲电源形式可以分为RC电源、晶体管电源、分组脉冲电源和自适应控制电源四大类。

数控电火花线切割按控制方式可以分为靠模仿形控制、光电跟踪控制、数控程序控制和微机控制四大类。

2. 数控电火花线切割工作原理

数控电火花线切割工作原理，如图7-1所示。数控电火花线切割电极由工件电极（具有导电性的金属材料，即工件）、工具电极（钼丝、钨丝等）两部分组成。工具电极与脉冲电源负极相连，工件电极与脉冲电源的正极相连。当脉冲电源发送出一个脉冲时，工件电极、工具电极之间产生一次放电现象，产生的温度可高达5000℃以上，当脉冲电源源源不断发送脉冲时就产生了无数次的放电现象，高温将被切割的工件熔化，同时产生的高温会使工件电极与工具电极间部分工作液汽化，汽化后的工作液与金属蒸气瞬间迅速膨胀，并带有爆炸特性。这种爆炸特性会使熔化或汽化的金属材料与工件脱离，实现对工件材料的电腐蚀切割加工。

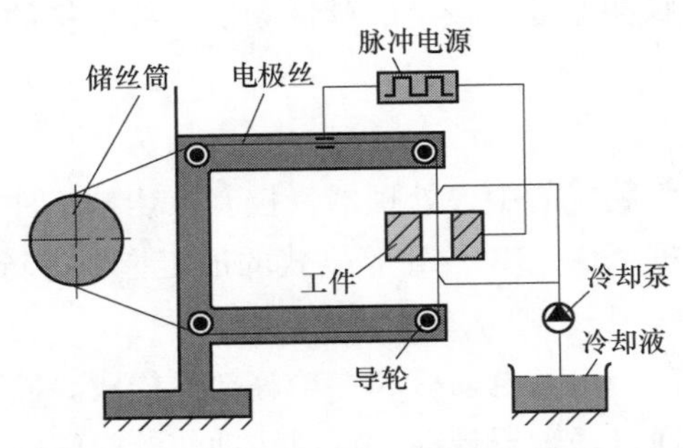

图7-1　数控电火花线切割工作原理

7.1.2　数控电火花线切割装备

数控电火花线切割机如图7-2所示，主要由机床本体、工作台、脉冲电源、数控装置、走丝机构和工作液循环系统组成。

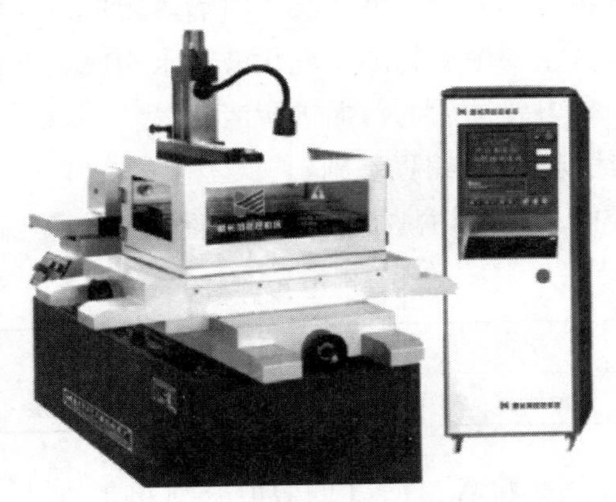

图7-2　数控电火花线切割机

1. 机床本体

机床本体是支撑线切割机床组件的本体。

2. 工作台

工作台又称为切割台，由工作台面、中托板和下托板构成。工作台面用来安装夹具和被切割的工件，中托板和下托板由步进电动机控制拖动，通过齿轮变速机滚珠丝杠传动，完成工作台面的纵向和横向活动。工作台面的纵向和横向活动既能够实现手动操作，又能够根据程序自动运转。

3. 脉冲电源

脉冲电源是产生脉冲电流的能源。线切割脉冲电源是影响线切割加工最关键的装置之一。为了能够切割不同材质和不同厚度金属材料，脉冲电源应具有较大的峰值电流、较窄的脉冲宽度、较高的脉冲频次、线电极的损耗较小、参数设定便利等特点。

4. 数控装置

数控装置为线切割装置的中央处理器，控制被切割工件相对电极丝按特定轨迹进行运动，可以根据 ISO、3B、4B 等格式的加工指令进行控制切割。

5. 走丝机构

走丝机构由储丝筒、走丝电动机和导轮等部件构成。储丝筒安装在储丝筒托板上，由走丝电动机通过联轴器带动，正反转动。储丝筒的正反转动通过齿轮同时传给储丝筒托板的丝杠，使托板做来回运动。电极丝安装在导轮和储丝筒上，开动走丝电动机，电极丝以一定的速度在被切割工件部分上下高速往复运动，即走丝运动。

6. 工作液循环系统

工作液循环系统由工作液箱、液压泵、喷嘴等组成，为机床的切割加工供给充足的工作液。工作液主要由矿物油、乳化液和水构成。工作液可以对电极、工件和切屑进行冷却，对电腐蚀后的污垢进行清洁等。

7.1.3 数控电火花线切割 3B 编程基础

我国生产的数控电火花线切割机采用 3B 编程为主，其编程格式见表 7-1。

表 7-1 3B 编程格式

B	X	B	Y	B	J	G	Z
分隔符	*X* 坐标值	分隔符	*Y* 坐标值	分隔符	计数长度	计数方向	加工指令

1）B 分隔符的作用是将 X、Y、J 的数值分割开来。

2）X 为 *X* 轴的绝对坐标值，以 μm 为单位。

3）Y 为 *Y* 轴的绝对坐标值，以 μm 为单位。

4）J 为加工线段的计数长度，以 μm 为单位。

5）G 为加工线段的计数方向，计数方向为 *X* 方向是 GX，计数方向为 *Y* 方向是 GY。

6）Z 为加工指令。

一般情况下，3B 编程可分为直线 3B 编程、圆弧 3B 编程。

1. 直线 3B 编程含义

（1）X、Y 值的确定　以工件原点建立直角坐标系后，3B 编程指令中的 X、Y 值即为该线段在该直角坐标系中的终点坐标值。

（2）G 计数方向的确定　以加工线段的起点为原点，构建一个假想的直角坐标系，如图 7-3 所示。当 *X* 的绝对坐标值小于 *Y* 的绝对坐标值时，则判断计数方向为 GY，反之则判断计数方向为 GX。

（3）J 计数长度的确定　当加工线段 G 计数方向判定为 GX 时，J 计数长度即为该线段在 *X* 轴上的投影长度值；当加工线段 G 计数方向判定为 GY 时，J 计数长度即为该线段在 *Y* 轴上的投影长度值。

（4）Z 加工指令的确定　Z 加工指令是以加工线段的起点为原点，构建一个假想的直角坐标系，根据线段终点坐标处于第几象限进行判断的一个值，如第一象限即为 L1，第二象限即为 L2，第三象限即为 L3，第四象限即为 L4。

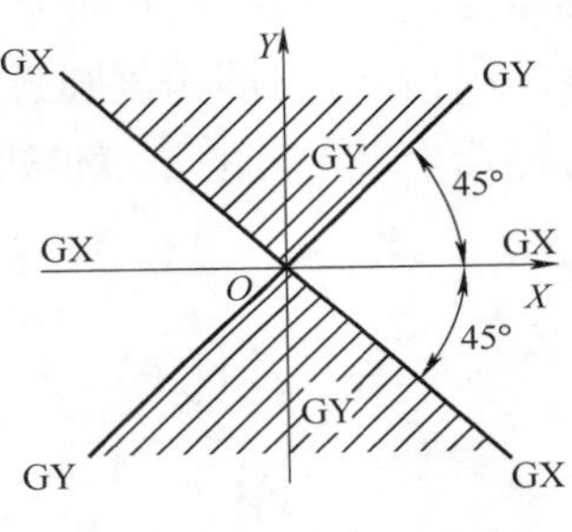

图 7-3　G 计数方向判断图

2. 直线 3B 编程举例

以图 7-4 为例，结合直线 3B 编程格式进行程序编写。

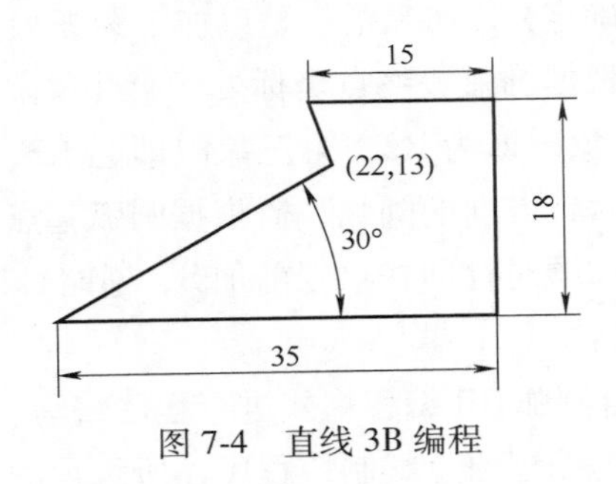

图 7-4　直线 3B 编程

以左下角的线段端点为编程原点，按顺时针方向编制该程序，所编写的程序如下。

B 22 B 13 B 22 GX L1

B 20 B 18 B 5 GY L2

B 35 B 18 B 15 GX L1

B 35 B 0 B18 GY L4

B0 B 0 B35 GX L3

3. 圆弧 3B 编程含义

(1) X、Y 值的确定　以工件原点建立直角坐标系后，3B 编程指令中的 X、Y 值即为该圆弧段在该直角坐标系中的终点坐标值。

(2) G 计数方向的确定　以加工圆弧段的起点为原点，构建一个假想的直角坐标系，如图 7-5 所示。当 X 的绝对坐标值小于 Y 的绝对坐标值时，则判断计数方向为 GY，反之则判断计数方向为 GX。

(3) J 计数长度的确定　当加工圆弧段 G 计数方向判定为 GX 时，J 计数长度即为该圆弧段在 X 轴上的投影长度值；当加工圆弧段 G 计数方向判定为 GY 时，J 计数长度即为该圆弧段在 Y 轴上的投影长度值。当圆弧段跨几个象限时，需将几个象限上的长度值进行累加，如图 7-6 所示。

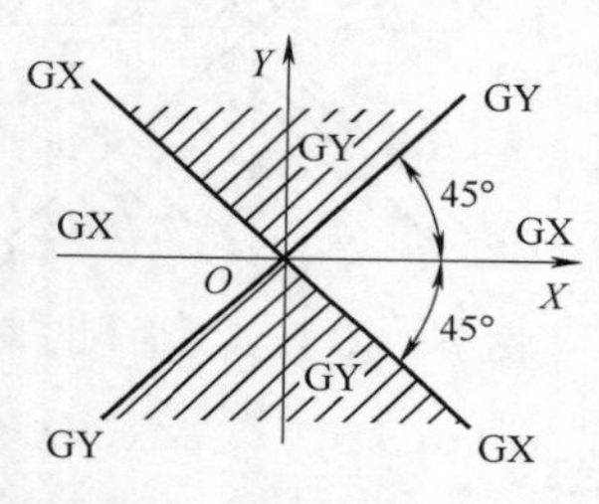

图 7-5　G 计数方向判断图

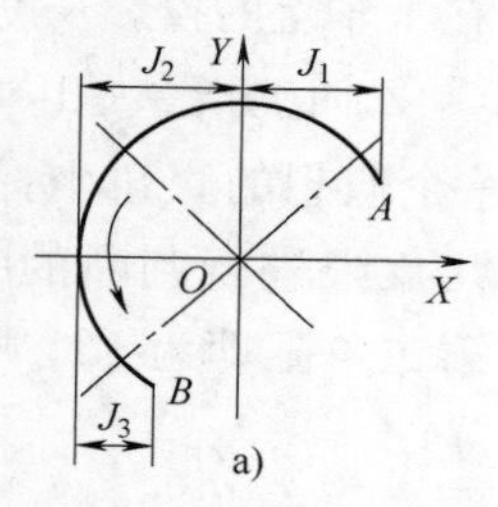

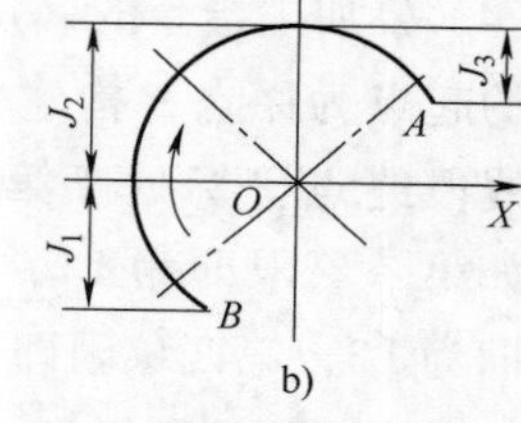

图 7-6　J 计数长度的确定

(4) Z 加工指令的确定　Z 加工指令是以加工圆弧段的起点为原点，构建一个假想的直角坐标系，根据圆弧段终点坐标处于第几象限进行判断的一个值，如第一象限即为 R1，第二象限即为 R2，第三象限即为 R3，第四象限即为 R4。由于圆弧存在顺时针和逆时针方向的圆弧，需根据圆弧起点到终点的方向判定其为顺时针或逆时针圆弧，如顺时针即在象限前加 S，逆时针即在象限前加 N。

4. 圆弧 3B 编程举例

以图 7-7 为例，结合圆弧 3B 编程格式进行程序编写。

以左侧圆弧的端点为编程原点编制该程序，所编写的程序如下。

B 20 B 0 B 20 GX SR1

B 35 B 15 B 45 GY NR2

7.1.4 Towedm 线切割编程系统介绍

随着计算机技术的发展，数控电火花线切割除了利用传统的 3B 编程外，数控电火花线切割机床配置了相应的编程系统，以简化编程、提高加工效率。Towedm 线切割编程系统

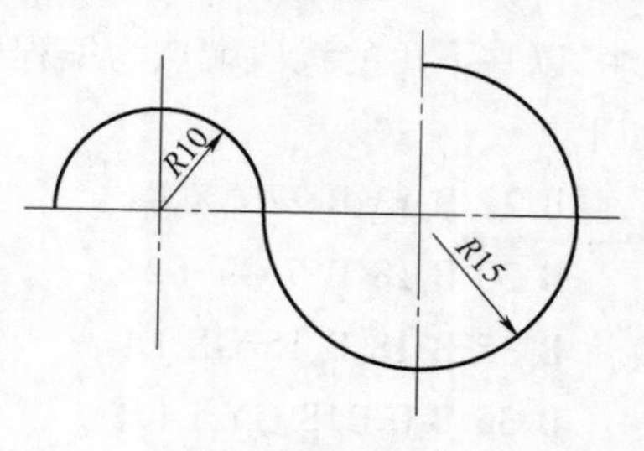

图 7-7　圆弧 3B 编程

是目前国内最广受欢迎的线切割机床控制系统之一。它的强大功能、高可靠性和高稳定性已得到了行业内的广泛认同。

Towedm 线切割编程系统是一个中文交互式图形线切割自动编程软件，用户利用键盘、鼠标等输入设备，按照屏幕菜单的显示及提示，只需将加工零件图形进行绘制（曲线、圆弧、抛物线、渐开线、阿基米德螺旋线、摆线等组成的任何复杂图形）。为了更加便捷绘制图形，Towedm 系统利用鼠标可进行窗口建块、局部或全部放大、缩小、增删、旋转、对称、平移、复制等操作，满足任意图形及细节所需。图形绘制完成后通过相关操作，Towedm 系统便可生成所需数控程序，同时显示加工路线，进行动态仿真。数控程序可直接传送到线切割单板机进行切割加工。Towedm 线切割编程系统主界面，如图 7-8 所示。

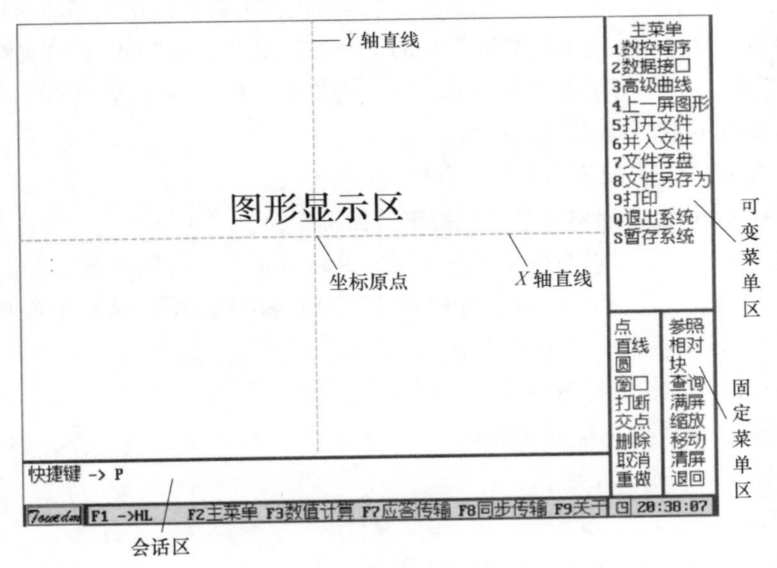

图 7-8　Towedm 线切割编程系统主界面

1. Towedm 线切割编程系统主菜单功能简介

1）数控程序。进入数控程序菜单，进行数控加工路线处理。

2）数据接口。根据会话区提示，进行选择。

① DXF 文件并入。将 AutoCAD 的 DXF 格式图形文件并入当前正在编辑的线切割图形文件，支持点、线、多段线、多边形、圆、圆弧、椭圆的转换，支持 R2000 版本及以下版本。

② 输出 DXF 文件。将当前正在编辑的线切割图形文件输出为 AutoCAD 的 DXF 格式图形文件，数据点也被保存。

③ 3B 并入。将已有的 3B 文件当成图形文件并入。

3）高级曲线。进入高级曲线菜单。

4）上一屏图形。恢复上一屏图形。当图形被放大或缩小之后，用此菜单轻松恢复上一屏图形状态。

5）打开文件。进入文件管理器，读取磁盘内的图形数据文件（DAT 文件）进行再编辑。可以通过打开一个不存在的图形文件来新建文件。

6）并入文件。进入文件管理器，并入一个图形数据文件，相当于旧 AUTOP 的“调磁盘文件”。

7）文件存盘。将当前正在编辑的图形文件存盘。存盘后的图形文件名为当前文件名，以 DAT 为后缀。如未有文件名，进入文件管理器，可直接输入文件名。

8）文件另存为。进入文件管理器，将当前正在编辑的线切割图形文件换一个文件名存盘。存盘后当前文件名即为新的文件名。相当于 AUTOP 的“文件改名”。

9）打印。打印功能是将当前屏显输出到位图文件“$ $ $. BMP”。

10）退出系统。退出图形状态。

11）暂存系统。用于切换操作程序。

2. Towedm 线切割编程系统快捷键及鼠标键简介

（1）Towedm 线切割编程系统快捷键　Towedm 还可使用快捷键，直接按会话区中“快捷键→”所提示的字母或数字，可快速选择相应的菜单操作。为方便操作，Towedm 提供了以下快捷键。

1）Home：加快光标移动速度。

2）End：减慢光标移动速度。

3）PageUp：放大图形。

4）PageDown：缩小图形。

5）↑：向上移动光标。

6）↓：向下移动光标。

7）←：向左移动光标。

8）→：向右移动光标。

9）Ctrl+↑：向上移动图形。

10）Ctrl+↓：向下移动图形。

11）Ctrl+←：向左移动图形。

12）Ctrl+→：向右移动图形。

13）选定原点的快捷键是字母 O。

14）选定坐标轴 X 的快捷键是 X。

15）选定坐标轴 Y 的快捷键是 Y。

（2）Towedm 线切割编程系统鼠标键　Towedm 默认将鼠标左键定义为“确认键”，右键定义为“取消键”。在回答“Y/N?”时，按下“确认键”表示“Y”，按下“取消键”表示“N”，按下中键表示“Esc”取消。

7.2　数控电火花线切割加工技能训练

7.2.1　安全操作规程

1）检查机床各部分是否完好，检查润滑油、工作液是否充足，检查各管道接头是否牢靠。

2）检查工作台纵横向行程、储丝筒托板往复移动是否灵活，并将储丝筒托板移至行程开关挡板的中间位置。

3）调整行程开关挡块至合理位置，以免开机时储丝筒托板冲出造成脱丝。必须在储丝筒移动到中间位置时，才能关闭电动机电源，切勿将要换向时关闭，以免惯性作用使储丝筒托板移动而冲断电极丝，甚至丝杠螺母脱丝。

4）安装工件时，将需切割的工件置于工作台用压板螺钉固定。在切割时，工件和工作台不能碰着线架，如切割凹模，则应安装电极丝穿过工件上的预留孔，经找正后才能切割。

5）切割工件时，先起动储丝筒，待导轮转动后再起动工作液电动机，打开工作液阀。如在切割途中停车或加工完毕停机时，必须按下变频按钮，切断高频电源，再关工作液电动机，待导轮上工作液甩掉后，最后关断储丝筒电动机。

6）工作液应保持清洁，管道畅通，并定期洗清工作液箱、过滤器，更换工作液。

7）如储丝筒在换向时有抖丝或振动情况，应立即停止使用，检查有关零件是否松动，并及时调整。

8）不得乱动电气元件及控制台装置，发现问题应立即停机，通知指导教师进行检修。

9）工作结束或下课时要切断电源，擦拭机床及控制的全部装置，保持整洁，清扫工作场地并填写设备运行记录本。

7.2.2　训练任务

1. 数控电火花线切割加工项目训练图

数控电火花线切割加工项目主要考查学生对数控电火花线切割加工的认识及

基本操作、更换电极丝操作、简单零件程序编制（3B 或 Towedm 线切割编程）与仿真、精度调试等。数控电火花线切割加工项目训练图，如图 7-9 所示。

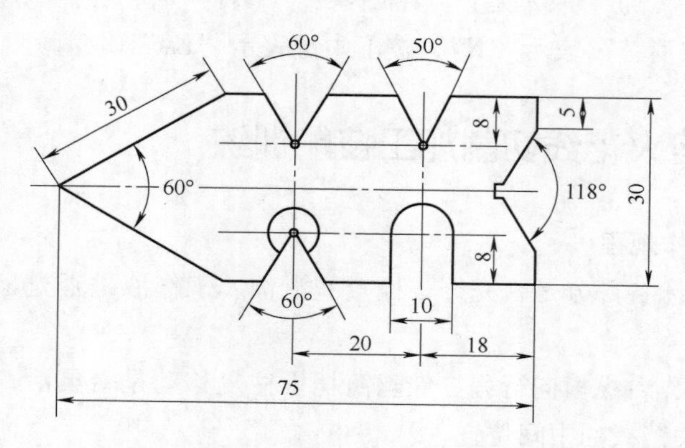

图 7-9 数控电火花线切割加工项目训练图（工艺孔直径自定义）

2. 数控电火花线切割加工项目评分表

操作完成后根据评分表进行评分，再递交组长复评，最后递交指导教师终评。数控电火花线切割加工项目评分表，见表 7-2。

表 7-2 数控电火花线切割加工项目评分表

零件编号： 姓名： 学号： 总分：

序号	鉴定项目及标准		配分	自己检测	组长检测	指导教师检测	指导教师评分
1	知识（35 分）	工艺编制	8				
		图样绘制及代码生成	15				
		工件装夹	5				
		夹具选择	7				
2	技能（60 分）	试切、基准边选择	5				
		储丝筒上丝	10				
		电极丝垂直找正	10				
		加工参数调试	15				
		工件加工质量	20				
3	素养（5 分）	工、量、器具摆放和操作习惯等	5				
合计			100				

操作者签字： 组长签字： 指导教师签字：

7.2.3　技能训练

1. 工件装夹

由于数控电火花线切割工作时，其电极丝与工件属于非接触加工，不存在切削力，因此仅需要考虑工件定位合理。工件一般采用压板、螺钉、V 形块等组合进行装夹，有时也可以考虑采用吸盘吸附、电磁座吸附等装夹。本次实训的工件毛坯为板类，采用压板、螺钉、V 形块等组合装夹即可，无特殊要求，如图 7-10 所示。

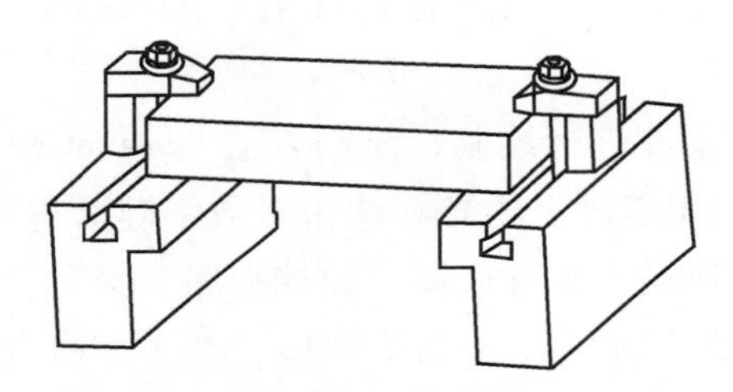

图 7-10　数控电火花线切割的工件装夹

2. 电极丝安装与调整

1）将储丝筒上左右两侧撞块调整至最大处。

2）将电极丝的一端固定在储丝筒的螺钉上。

3）手动转动储丝筒 5~6 圈后开启运丝开关，使储丝筒自动运转，将电极丝均匀缠绕在储丝筒上，待电极丝足够时，关闭运丝开关。

4）储丝筒上丝后，将电极丝的一端按下排丝轮→导电块→下导轮→上导轮→挡丝块→上排丝轮→储丝筒的顺序安装，手动转动储丝筒 5~6 圈，最后将电极丝用储丝筒上的螺钉固定，如图 7-11 所示。

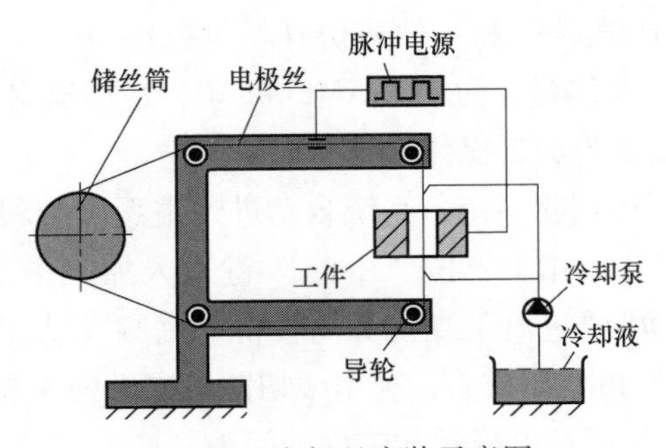

图 7-11　电极丝安装示意图

5）调整储丝筒上左右两侧撞块位置，并开启运丝开关进行验证。检查左右两侧撞块位置是否合理，运丝是否正常，合理、正常后关闭运丝开关。

6）利用紧丝轮对储丝筒上的电极丝进行调整，拉住电极丝，开启运丝开关，适当施加拉紧力且用力均匀，消除上丝时的间隙，在接近储丝筒端头时关闭运丝开关，最后将电极丝一端重新固定在储丝筒上即可。

3. Towedm 绘图与编程

1）开启数控电火花线切割机床总电源、松开紧急停止开关、开启系统电源，进入系统，使数控电火花线切割机床正常待机。

2）利用键盘上的光标键，将光标移动至“pro 绘图”菜单上，按“Enter”键进入绘图编程模式。

3）将所需实训的零件进行绘制，绘制方法与 AutoCad 类似，在本章中不详述。操作过程中可以利用键盘上的光标键和“数字键”进行选择及数值设定。

4）绘制图形后，通过光标键选择“数控程序”菜单，进入编程模式。

① 选取“加工路线”子菜单后系统弹出“加工起点”，根据提示进行选择，系统自动生成切割轨迹方向，并提示是否确定，可通过键盘的“Y”和“N”进行确定。

② 确定切割方向后，系统弹出“尖点半径”圆弧，可默认为“0”，也可以根据实际所需进行数值设定。

③ 结合系统自动生成的补偿方向，设定补偿间隙值，一般而言补偿间隙值为电极丝的直径值“0.08”左右即可。如补偿方向与系统生成的补偿方向相反，可输入负值进行更换。

④ 设定补偿间隙值后系统自动弹出“是否需要重复切割”，可通过键盘的“Y”和“N”进行选择，一般精度不高的零件直接选取“N”即可。

⑤ 将切割参数设置后，系统自动生成线切割代码，此时可对生成的代码进行“代码存盘”“代码查看”和“轨迹仿真”等操作。

⑥ 将代码存盘，默认名称为 NONAME00.3B，最后退出系统。

4. 数控电火花线切割加工操作

1）退出 Towedm 线切割系统，系统自动进入主系统。利用键盘上的光标键，将光标移动至“加工”菜单上，按“Enter”键进入加工子系统，选择待加工的 3B 程序，并将“自动”“进给”功能关闭，将“高频”功能开启。

2）开启运丝开关和冷却开关，利用线切割机床上的 X 轴、Y 轴手动进给轮，选择合理的切割点，并调整电极丝与工件的间隙，产生均匀火花即可。

3）开启“自动”“进给”功能，利用键盘上的光标键，将光标移动至“开始”菜单上，线切割机床即自动开始运行切割加工。切割前可通过“参数”子菜单对加工参数进行修调。参数调试需结合实际加工而定，此处不进行阐述。

7.2.4 知识拓展

根据电极丝的运行速度不同，除中高速走丝外还有一类是慢走丝（也称低速走丝）。慢走丝时电极丝做低速单向运动，一般走丝速度小于0.2mm/s，精度达0.001mm，表面质量也接近磨削水平，电极丝放电后不再使用，工作平稳、均匀、抖动小，加工质量较好，采用先进的电源技术，实现了高速加工，最大生产率可达350mm^2/min。

慢走丝线切割机采取的是线电极连续供丝的方式，即线电极在运动过程中完成加工，因此即使线电极发生损耗，也能连续地予以补充，故能提高工件加工精度。慢走丝线切割机所加工的工件表面粗糙度 Ra 值通常可达到0.12μm及以下，且其圆度误差、直线误差和尺寸误差都较快走丝线切割机好很多，所以在加工高精度工件时，慢走丝线切割机得到了广泛应用。

1. 纳秒级大峰值电流脉冲电源技术

电火花加工时金属的蚀除分熔化和汽化两种。宽脉宽作用时间长，容易造成熔化加工，使工件表面形貌变差，变质层增厚，内应力加大，易产生裂纹；而脉宽窄到一定值时，作用时间极短，形成汽化加工，可以减小变质层厚度，改善表面质量，减小内应力，避免裂纹产生。

先进的慢走丝线切割机采用的脉冲电源其脉宽仅几十纳秒，峰值电流在1000A以上，形成汽化蚀除，不仅加工效率高，而且使表面质量大大提高。

2. 防电解（BS）脉冲电源

慢走丝电火花线切割加工采用水质工作液。水有一定的导电性，即使经过去离子处理，降低电导率，但还有一定的离子数量。当工件接正极，在电场作用下，OH^-离子会在工件上不断聚集，造成铁、铝、铜、锌、钛、钨的氧化和腐蚀，并使硬质合金材料中的黏结剂——钴，成离子状态溶解在水中，形成工件表面的“软化层”。有人曾采用提高电阻率的措施，尽可能降低离子浓度，虽对改善表面质量起到一定作用，但还是不能有效地彻底解决“软化层”的问题。

防电解（BS）脉冲电源是解决工件“软化层”的有效技术手段。防电解（BS）脉冲电源采用交变脉冲，平均电压为零，使工作液中的OH^-离子在电极丝和工件之间处于振荡状态，不趋向附着于电极丝和工件，防止工件材料的氧化。

采用防电解（BS）脉冲电源进行电火花线切割加工，可使表面变质层控制在1μm以下，避免硬质合金材料中钴的析出溶解，保证硬质合金模具的寿命。

测试结果表明，防电解（BS）脉冲电源加工硬质合金模具寿命已接近机械磨削加工，在接近磨损极限处甚至优于机械磨削加工。

7.3 电火花成形加工

电火花成形加工是指在一定的介质中，通过工具电极和工件电极之间的脉冲放电的电蚀作用，对工件进行加工的方法。电火花成形加工能加工高熔点、高硬度、高强度、高纯度、高韧性的各种材料，而其加工机理与切削方法完全不同。电火花成形机主要用于对各类模具、精密零部件等各种导电体的复杂型腔和曲面形体加工，具有加工精度高、表面粗糙度值低、速度快等特点。

1. 电火花加工分类

按照工具电极的形式及其与工件电极之间相对运动的特征，可将电火花加工分为五类：利用成形工具电极，相对工件电极做简单进给运动的电火花成形加工；利用轴向移动的金属丝作为工具电极，工件电极按所需形状和尺寸做轨迹运动，以切割导电材料的电火花线切割加工；利用金属丝或成形导电磨轮作为工具电极，进行小孔磨削或成形磨削的电火花磨削加工；用于加工螺纹环规、螺纹塞规、齿轮等的电火花共轭回转加工；小孔加工、刻印、表面合金化、表面强化等其他种类的加工。

2. 电火花成形加工原理

电火花成形加工时，脉冲电源的一极接工具电极，另一极接工件电极，两极均浸入具有一定绝缘度的液体介质（常用煤油、矿物油或去离子水）中。工具电极由自动进给调节装置控制，以保证工具电极与工件电极在正常加工时维持一个很小的放电间隙（0.01~0.05mm）。当脉冲电压加到两极之间时，便将两极间液体介质击穿，形成放电通道。由于通道的截面积很小，放电时间极短，致使能量高度集中，放电区域产生的瞬时高温足以使材料熔化甚至蒸发，以致形成一个小凹坑。第一次脉冲放电结束之后，经过很短的间隔时间，第二次脉冲又在另一极间最近点击穿放电。如此周而复始高频率地循环下去，工具电极不断地向工件电极进给，它的形状最终就复制在工件电极上，形成所需要的加工表面。与此同时，总能量中的一小部分也释放到工具电极上，从而造成工具电极损耗。

3. 电火花成形机的组成

电火花成形机主要由主轴头、电源控制柜、立柱、工作台及工作液循环系统等组成，如图 7-12 所示。

主轴头是电火花成形机中最关键的部件，其是调节系统中的执行机构。它的结构、运动精度、灵敏度等，都直接影响了工件的精度和表面质量。

电源控制柜内设有脉冲电源、控制系统、机床电器等。

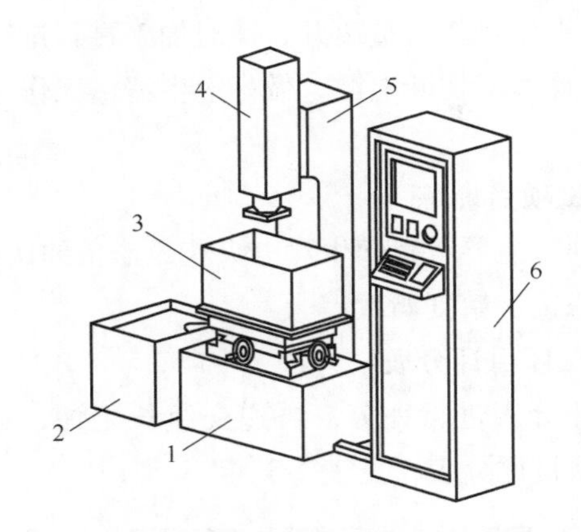

图7-12 电火花成形机的组成

1—工作液循环系统 2—工作液箱 3—工作台 4—主轴头 5—立柱 6—电源控制柜

床身和立柱是电火花成形机的基本构件，用来支撑、固定工具电极与工件电极之间的相对位置。

工作液循环系统由工作液箱、液压泵、喷嘴等组成，为机床的加工供给充足的工作液。工作液主要由绝缘性能较好的油液构成。工作液可以对电极和加工切屑进行冷却，对电腐蚀后的污垢进行清洁等。

7.4 电火花成形加工技能训练

7.4.1 安全操作规程

1）未经指导教师授权或未熟悉机床操作前，切勿随意动机床，以免发生安全事故。

2）开机时需对设备进行回零操作，并观察机床各个方向运动是否存在异常情况。

3）开启液压泵电源，检查工作液循环系统是否正常。

4）在加工过程中严禁操作人员同时触摸工件电极与工具电极，以防触电。

5）加工时应保证工作液充足，加工面与工作液面距离不小于50mm，使工件加工面完全浸没在工作液中。

6）禁止在电火花成形机旁边燃放明火，在电火花成形机旁边应放置灭火器，并需要对操作人员进行灭火器操作的相关培训。

7）工具电极的装夹与校正必须保证工具电极进给加工方向垂直于工作台表面。

8）在加工过程中严禁操作人员离开，需对加工过程进行观察。

9）加工结束或下课后应切断电源，做好卫生清洁工作并填写设备记录本。

7.4.2 训练任务

1. 电火花成形加工项目训练

电火花成形加工项目主要考查学生对电火花成形机的认识及基本操作、简单加工参数调试、工件找正、精度调试等。

2. 电火花成形加工项目评分表

操作完成后根据评分表进行评分，再递交组长复评，最后递交指导教师终评。电火花成形加工项目评分表，见表7-3。

表7-3 电火花成形加工项目评分表

零件编号：　　　　姓名：　　　　学号：　　　　总分：

序号	鉴定项目及标准		配分	自己检测	组长检测	指导教师检测	指导教师评分
1	知识（35分）	工艺编制	8				
		电极夹头选择	10				
		基本参数选择	10				
		安全操作	7				
2	技能（60分）	电极找正	10				
		工件找正	5				
		基本操作	10				
		加工参数调试	15				
		工件加工质量	20				
3	素养（5分）	工、量、器具摆放和操作习惯等	5				
合计			100				

操作者签字：　　　　组长签字：　　　　指导教师签字：

7.4.3 技能训练

1. 工件的准备与制作

1）备料：工件毛坯为50mm×50mm×10mm（长×宽×高），材料为45钢。

2）结合实训室现有的电极，在毛坯件上完成电火花成形项目的加工。由于电火花成形加工与电极有密切联系，该节仅给出部分参考样式，如图7-13所示，具体可以结合学校现有的电极进行调整。

2. 工件的装夹

电火花成形机加工的工件一般采用压板、磁力吸盘等进行装夹，实训中采用磁力吸盘方式进行装夹。首先将磁力吸盘扳手拧至 OFF 档，工作台清洁干净，将磁力吸盘放置在工作台上，然后将工件放置在磁力吸盘上，最后将磁力吸盘扳手拧至 ON 档。

图 7-13　参考样式

3. 工件的校正

利用千分表校正工件与机床的平行度等。将千分表表架安装在电火花成形机的主轴头上，使千分表与工件接触（压表 0.3mm 左右），移动电火花成形机的 X 轴，观察千分表的指针变化，并结合实际情况利用铜棒对工件装夹进行校正，将平行度控制在 0.02mm 以内即可。

4. 电极的装夹与校正

将制作好的电极安装至主轴头上，保证装夹稳定可靠。利用千分表对电极进行校正。

5. 成形加工定位

当工件和电极都正确装夹、校正后，需要将电极对准工件的加工位置，预设加工深度，才能在工件上加工出准确的型腔。数控电火花成形加工可以分为加工位置定位和加工深度定位。

6. 成形加工程序编制

完成工件和电极定位后，还需要在数控电火花成形机上进行程序编制，一般采用自带的软件进行编程，设置相关的加工条件、加工深度等。

7. 成形加工设备的运行

电火花成形机加工准备工作就绪后，就可以起动机床进行加工了。加工前要做好相关的检查工作，正确执行起动加工的操作顺序，在加工中随时监控加工状态，加工结束后做好相关的清理、整理等工作。

7.4.4　知识拓展

石墨电极主要以石油焦、针状焦为原料，以煤沥青作为结合剂，经煅烧、配料、混捏、压型、焙烧、石墨化、机加工而制成，是在电弧炉中以电弧形式释放电能对炉料进行加热熔化的导体，根据其质量指标高低，可分为普通功率石墨电极、高功率石墨电极和超高功率石墨电极。

石墨电极生产的主要原料为石油焦，普通功率石墨电极可加入少量沥青焦，石油焦和沥青焦中硫的质量分数都不能超过0.5%。生产高功率或超高功率石墨电极时还需要加针状焦。炼铝用阳极材料的主要原料为石油焦，并控制硫的质量分数不大于2%，石油焦和沥青焦应符合国家有关质量标准。石墨电极具有以下特点。

1）模具几何形状的日益复杂化以及产品应用的多元化导致对电火花成形机的放电精确度要求越来越高。石墨电极的优点是加工较容易，放电加工去除率高，石墨损耗小，因此，部分电火花成形机客户放弃了铜电极而改用石墨电极。另外，有些特殊形状的电极无法用铜制造，但石墨则较容易成形，而且铜电极较重，不适合加工大电极，这些因素都造成部分电火花成形机客户选用石墨电极。

2）石墨电极较容易加工，且加工速度明显快于铜电极。例如，采用铣削工艺加工石墨，其加工速度较加工金属快2~3倍且不需要额外的人工处理，而加工铜电极则需要手工锉磨。如果采用高速石墨加工中心制造电极，速度会更快，效率也更高，还不会产生粉尘问题。在这些加工过程中，选择硬度合适的工具和石墨可减少工具的磨损和电极的破损。如果具体比较石墨电极与铜电极的铣削时间，加工石墨电极较加工铜电极快67%。在一般情况下的放电加工中，采用石墨电极加工要比采用铜电极快58%。这样一来，加工时间大幅减少，同时也减少了制造成本。

3）石墨电极与传统铜电极的设计不同。许多模具厂通常在铜电极的粗加工和精加工方面采用不同的预留量，而石墨电极则使用几乎相同的预留量，这减少了CAD/CAM和机器加工的次数，可以在很大程度上提高模具型腔的精度。

7.5 激光切割加工

7.5.1 激光切割加工概述

激光切割是将激光束照射到工件表面，利用激光束释放的能量使工件材料熔化并蒸发，以达到切割目的的加工方法。激光切割具有精度高、切割快速、不局限于切割图案限制、自动排版节省材料、切口平滑、加工成本低等特点，将逐渐改进或取代传统的切割工艺。

激光切割系统通过计算机控制激光头的路径、功率，实现不同轨迹（形状）、不同材料（或厚度）工件的切割。它包括控制主板和控制面板及配套的软件。

1. 激光切割加工分类

激光切割加工可分为激光汽化切割、激光熔化切割、激光火焰切割三大类。

（1）激光汽化切割　激光汽化切割是指由高能量密度的激光束对工件进行加热，使工件温度迅速上升，当温度达到工件材料沸点时，材料开始汽化，形成切口，达到切割工件的目的。由于汽化切割需要很大的功率，所以一般激光汽化切割用于非金属材料或较薄的金属材料切割。

（2）激光熔化切割　激光束配上高纯度的惰性气体，在激光熔化切割中工件被局部熔化，借助气流把熔化的材料喷射出来，使工件形成切缝，达到切割目的。激光熔化切割不需要使工件材料完全汽化，所以功率较激光汽化切割小得多，一般用于不易氧化的材料或活性金属材料的切割。

（3）激光火焰切割　激光火焰切割是利用氧气作为切割气体，借助氧气与加热后金属材料之间发生的氧化作用，使工件材料进一步加热、升温，同时把熔融的氧化物与熔化物从反应区吹出，形成切口。激光火焰切割的加工效率比激光汽化切割、激光熔化切割要高得多，一般用于碳钢、钛钢以及热处理钢等易氧化金属材料的切割。

2. 激光切割机组成

激光切割机由激光器、机床床身、工作台、切割头、冷却设备、除尘装置、控制系统等组成，如图 7-14 所示。

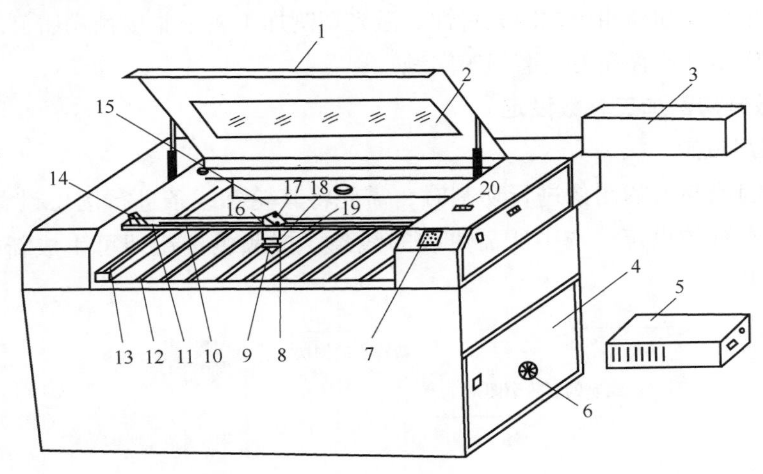

图 7-14　激光切割机

1—上盖　2—观察窗口　3—激光管加长罩　4—控制箱门　5—激光电源　6—散热风机
7—操作面板　8—激光聚焦头调节螺钉　9—切割头　10—X 导轨　11—X 横梁
12—工作台　13—Y 导轨　14—第二反射镜　15—激光器　16—第一反射镜
17—第三反射镜　18—激光聚焦头　19—喷气嘴　20—电流表

（1）机床床身　机床床身是激光切割机的本体部分，是横梁、切割头、切割头支架等的支撑体。

（2）工作台　工作台是放置工件的支撑体。

（3）切割头　切割头是激光切割机的重要组成部分，在切割过程中可实现自动跟踪和修正工件表面与喷嘴的间距。切割头的精度在一定程度上决定了激光切割加工的质量。

（4）控制系统　控制系统是激光切割机的大脑，主要包括数控系统、电控系统等，实现计算机与激光切割机的通信和数据传输功能，并控制激光切割机的 X、Y 轴电动机根据切割路径进行运动。

（5）激光器　激光器是产生激光束的元件，其功率大小决定了所能切割的材料及其厚度。

（6）除尘装置　除尘装置主要是为了改善激光切割机的环境，对工作时产生的废气及细小颗粒进行除尘。

3. 激光切割加工原理

激光切割是由电子放电作为供给能源，通过混合气体作为激发媒介，利用反射镜组聚焦产生激光束，从而对材料进行切割。激光切割加工具有高亮度、高方向性、高单色性和高相干性四大特性。激光切割加工属于非接触式加工，对工件无切削力作用且不存在刀具磨损等问题。

7.5.2 激光切割加工参数设定

1. 图层设定

对绘制或导入的图像进行切割时，需先将其轮廓线条进行图层设置，以便进行相关参数的设定。选中所需更改的线条，按颜色按钮即可生成新的图层，如图 7-15 所示。

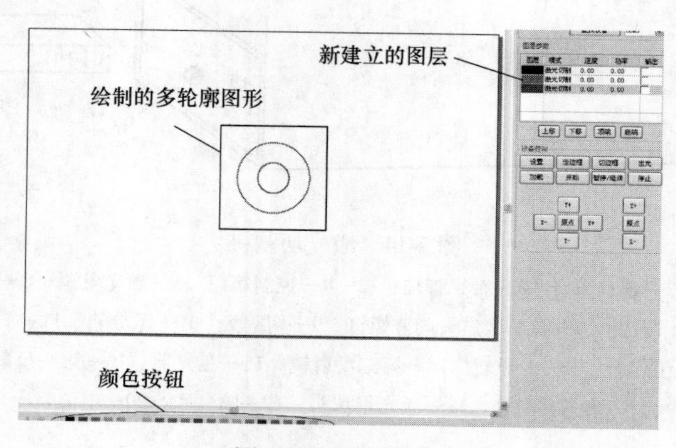

图 7-15　图层设定

2. 激光切割参数设定

设定图层后即可对激光切割参数进行设定。选择所需设定的图层，双击打开“图层参数”对话框，如图7-16所示。首先选取加工方式为“激光切割”，再进行激光切割速度、加工功率等的设定。

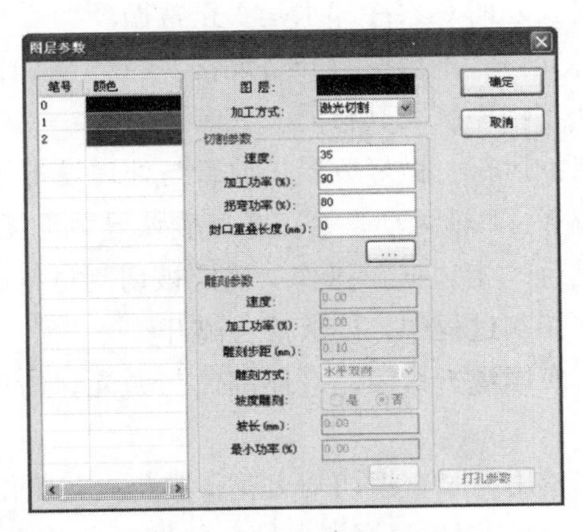

图7-16　激光切割参数设定

3. 激光雕刻参数设定

设定图层后即可对激光雕刻参数进行设定。选择所需设定的图层，双击打开“图层参数”对话框，如图7-17所示。首先选取加工方式为“激光雕刻”，再进行激光雕刻速度、加工功率、雕刻步距等设定。

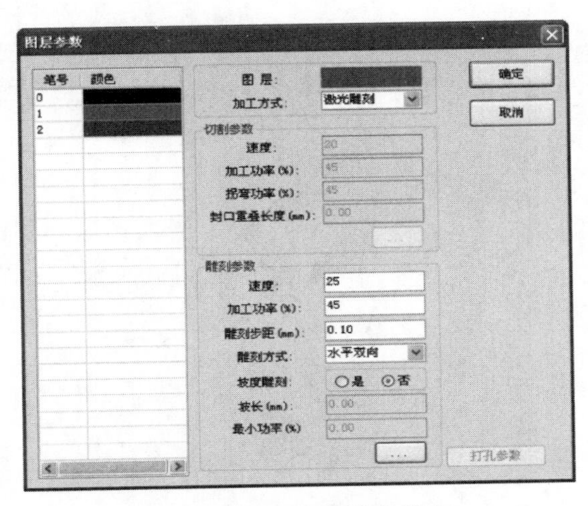

图7-17　激光雕刻参数设定

7.6 激光切割加工技能训练

7.6.1 安全操作规程

1）操作过程中需要随时观察冷却水是否正常循环。

2）未经指导教师允许，不得擅自开启设备。

3）切割前需确认工件厚度及其材质。

4）切割前应开启抽风机，做好废气排放管与处理设备的连接。

5）切割前应检查 X、Y 轴运动是否正常，确认导轨上无杂物。

6）调入程序后进行“走边框”操作，确定被切割材料放置位置合适。

7）激光切割机在切割过程中，严禁擅自离开。

8）激光切割时，应佩戴护目镜，身体部位与激光保持一定距离，严禁触碰切割头部位。

9）切割过程中严禁用肉眼直视切割火花，避免火花刺伤眼睛。

10）实训结束后应清洁卫生、润滑导轨，并做好设备的登记工作。

7.6.2 训练任务

1. 激光切割加工项目训练图

激光切割加工项目主要考查学生对激光切割机的认识及基本操作、调整激光切割头位置、常规图形的编辑与参数设置、精度调试等。激光切割加工训练图结合个性与创新，通过 CAD 绘制即可，如图 7-18 所示。尺寸可根据实际所需进行调整。

图 7-18 激光切割加工项目训练图

2. 激光切割加工项目评分表

操作完成后根据评分表进行评分，再递交组长复评，最后递交指导教师终评。激光切割加工项目评分表，见表 7-4。

表 7-4　激光切割加工项目评分表

零件编号：　　　　姓名：　　　　学号：　　　　总分：

序号	鉴定项目及标准		配分	自己检测	组长检测	指导教师检测	指导教师评分
1	知识（35 分）	工艺编制	10				
		图样绘制及代码生成	15				
		激光切割头位置调整	10				
2	技能（60 分）	工件装夹	5				
		激光切割基本操作	10				
		图形设计与创新	15				
		加工参数调试	10				
		工件加工质量	20				
3	素养（5 分）	工、量、器具摆放和操作习惯等	5				
合计			100				

操作者签字：　　　　组长签字：　　　　指导教师签字：

7.6.3　技能训练

1. 激光切割加工前的准备

1）开启设备电源、冷却水电源、排风系统电源、计算机电源，检查冷却水系统、废气排放系统是否正常。

2）将被切割工件（亚克力板为例）安放在工作台上，由于激光切割加工属于非接触式加工，只需将工件放置在工作台上即可，无须压紧。

2. 激光切割加工图形的绘制

1）打开计算机，利用 AutoCad 软件绘制技能训练任务中的图形，并将其保存为 dxf 格式的文件。

2）将激光切割加工软件打开，启动软件后，操作界面如图 7-19 所示。

3）选择激光切割加工软件的“文件”主菜单并选择“导入”选项，将所需的图形导入激光切割加工软件中（图形文件需提前转换成 AutoCad 的 dxf 格式）。

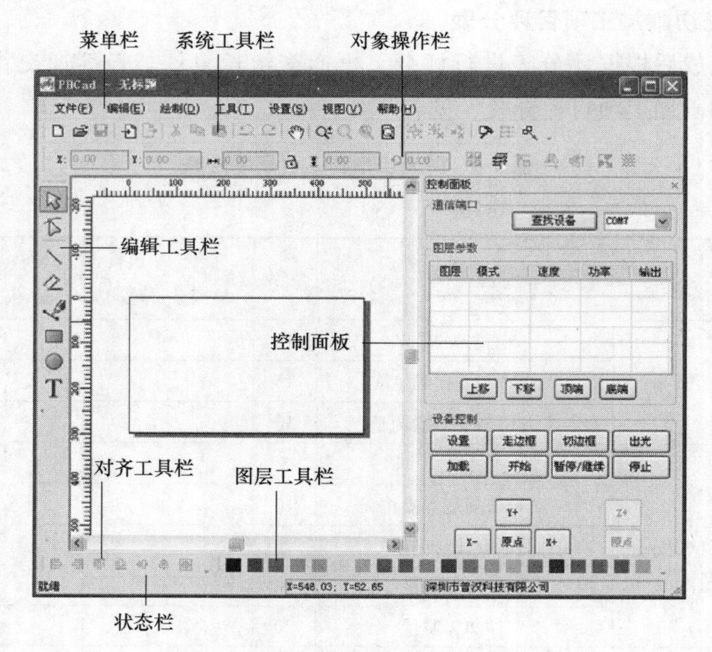

图 7-19　激光切割加工软件操作界面

3. 激光切割加工操作

1）对激光切割加工软件控制面板中的通信端口进行设定。

2）对激光切割加工软件中的激光切割速度和功率进行设定。

3）单击设备控制面板中的“加载”按钮，在弹出的对话框中选择“加载当前文档”即可将激光切割轨迹传输至激光切割机中。

4）单击设备控制面板中的“移动”按钮，调整切割头的切割起点位置。

5）单击设备控制面板中的“走边框”按钮，切割头按最大边框快速运行，便于操作人员判断所需切割毛坯材料是否需要调整位置。

6）单击设备控制面板中的“开始”按钮，可实现自动加工。

7.7 知识拓展

我国激光行业虽然是初步发展，但在国际科技带领下已经完成了飞跃式发展。以激光切割机来讲，市场的需求高达千万台，为广阔的市场添加了新的生机。自从 20 世纪 60 年代第一台激光设备的诞生和应用开始，我国就有多位专家在激光行业付出了努力，并达到了与国际一个微小的差值。在激光行业发展的同时，激光成套工业设备也进入了生产市场，摆脱了长期依靠国外的局面，解决了国内激光行业的尴尬局面。

国内激光市场可以达到每年 20%以上的增长速度。根据专家预测，国内激光市场仍处于高速增长阶段，在未来可以翻倍增长。最大程度扩充激光切割设备的市场，填补国内空白，使国内高端激光设备摆脱受困的状态，成为国际上的顶梁柱。目前国内的激光产业主要在深圳、武汉两地聚集，其中深圳是国内的重要销售市场，并且以多年的发展经验，领先了其他区域。

激光切割机是钣金加工的一次工艺革命，是钣金加工中的“加工中央”；激光切割机柔性化程度高，切割速度快，加工效率高，产品生产周期短，为客户赢得了广泛的市场。该技术的有效生命周期长，国外超过 2mm 厚度的板材大都采用激光切割机，很多国外的专家一致认为今后几十年是激光加工技术发展的黄金时期。

一般来讲，建议厚度 12mm 以内的碳钢板、厚度 10mm 以内的不锈钢板等金属材料切割推荐使用激光切割机。激光切割机无切削力，加工无变形：无刀具磨损，材料适应性好：无论是简单还是复杂零件，都可以用激光一次精密快速成形切割：切缝窄，切割质量好，自动化程度高，操作简便，劳动强度低，没有污染：可实现切割自动排样、套料，提高了材料利用率，生产成本低，经济效益好。

激光切割机选购要考虑的因素很多，除了要考虑目前加工工件的最大尺寸、材质、需要切割的最大厚度以及原材料尺寸的大小外，更多需要考虑未来的发展方向，如所做产品技术改型后要加工的最大工件尺寸、钢材市场所提供材料的尺寸针对自己的产品哪种最省料等。

7.8　特种加工理论测试卷

一、填空题

1. 数控电火花线切割按走丝速度可以分为高速电火花线切割、(　　　　)、低速电火花线切割三大类。

2. 数控电火花线切割机主要由机床本体、工作台、脉冲电源、(　　　　)、(　　　　) 和工作液循环系统组成。

3. 激光切割工作时其激光束与工件属于非接触式加工，不存在(　　　　)。

4. 电火花成形机的工作液循环系统由工作液箱、液压泵、(　　　　) 等组成。

5. 电火花成形加工能加工（　　　　）、（　　　　）、高强度、高纯度、高韧性的各种材料。

二、选择题

1. 电火花线切割加工使用（　　）进行加工。

A. 电能和热能　　B. 电能和光能

C. 声能和热能　　D. 光能和热能

2. 对于电火花成形加工，我国通常将工件接脉冲电源的正极（电极接负极）时，称为（　　）加工。

A. 极性　　B. 正极　　C. 其他　　D. 负极

3. 欲将小型交叉孔口毛刺去除彻底干净，最好采用（　　）加工方法完成。

A. 锉削　　B. 砂带磨削

C. 砂轮磨削　　D. 电火花加工

4. 下列（　　）不是激光切割加工的特点。

A. 加工效率高　　B. 材料需要具有导电性

C. 非接触式加工　　D. 采用光束加工

5. 下列（　　）加工不需要采用工作液进行冷却。

A. 电火花线切割　　B. 电火花成形

C. 激光切割　　D. 数控加工中心

三、判断题

1. 电火花线切割加工适合任何材料的加工。（　　）

2. 电火花成形加工工艺可以安排在淬火后进行。（　　）

3. 电火花线切割属于非接触式加工，加工后工件表面无残余应力。（　　）

4. 激光切割加工时产生的激光对眼睛无任何影响，可以直视。（　　）

5. 电火花成形加工属于不通孔加工，工作液循环困难，电蚀产物排除条件差。（　　）

四、简答题

1. 数控电火花线切割的分类有哪些？

2. 激光切割加工的分类有哪些？分别适用于哪些材料的加工？

3. 电火花成形加工的原理是什么？

第 8 章

3D 打印技术

8.1 3D 打印

8.1.1 3D 打印概述

3D 打印（3D Printing）又称为增材制造或增量制造，是指基于三维数学模型数据，通过连续的物理层叠加，逐层增加材料来生成三维实体的技术，如图 8-1 所示。

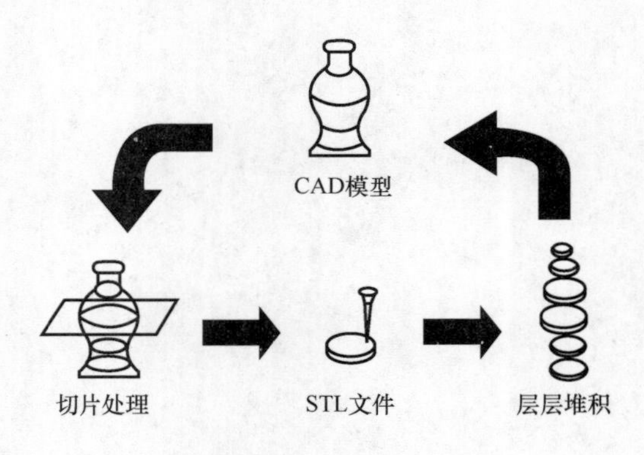

图 8-1　3D 打印

3D 打印技术起步于 20 世纪 90 年代前后，经过短短三十几年的发展，迅速成长为现代制造业的核心技术。简单来说，3D 打印机就是可以“打印”出真实三维物体的设备，通过分层、叠层以及逐层加料的方式制作出立体实物。随着堆叠方式的增多，3D 打印也呈现出各种各样的成型方式，且不同技术所用的打印材料以及成型构件的样式也各不相同，但其成型的基本原理都是离散-堆积原理，属于由零件三维数据驱动直接制造零件的科学技术体系。3D 打印的工作流程如图 8-2 所示。

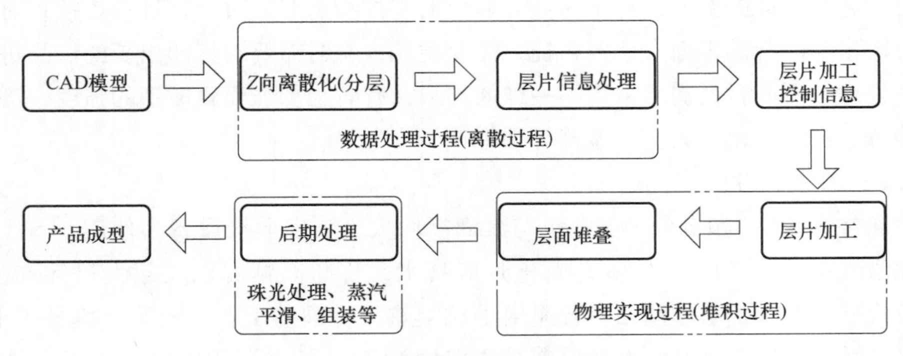

图 8-2 3D 打印的工作流程

简单来讲，3D 打印的基本过程分为四步，如图 8-3 所示。

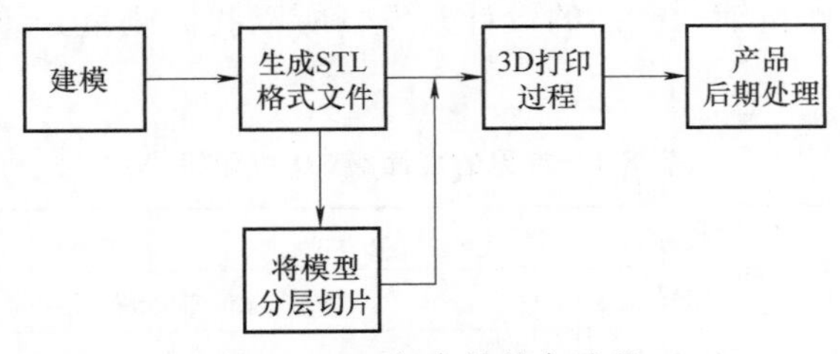

图 8-3 3D 打印的基本过程

1）建模。通俗来讲，3D 建模就是通过三维制作软件在虚拟三维空间构建出具有三维数据的模型。

2）切片处理。切片的目的是将模型用层片的方式来描述。切片就是把 3D 模型切成一片一片的形状，设计好打印的路径，并将切片后的文件储存成 gcode 格式（一种 3D 打印机能直接读取并使用的文件格式）。然后通过 3D 打印机控制软件，把 gcode 文件发送给打印机并控制 3D 打印机的参数、运动使其完成打印。

3）打印过程。起动 3D 打印机，通过数据线、SD 卡等方式把 STL 格式的模型切片得到的 gcode 文件传送给 3D 打印机，同时装入相应的 3D 打印材料，调试打印平台，设定打印参数，然后打印机开始工作，材料会一层一层地打印出来。层与层之间以各种方式黏合起来。就像盖房子一样，砖块是一层一层的，但累积起来后就形成一个立体的房子。最终经过分层打印、层层黏合、逐层堆积，一个完整的产品就会呈现出来。

4）后期处理。3D 打印机完成工作后，取出产品，根据不同的使用场景和要求进行后期处理。例如：在打印一些悬空结构时，需要有个支撑物，然后才可以打印悬空上面的部分，对于这部分多余的支撑物需要通过后期处理去掉；有时候打印出来的产品表面会比较粗糙，需要抛光；有时需要对打印出来的产品进行上色处理，不同材料需要采用不一样的颜料；有时为加强模具成型的强度，需进行静置、强制固化、去粉、包覆等处理。

8.1.2 3D 打印机

通常将 3D 打印机分为工业级与桌面级两大类。工业级设备多使用 SLS（选择性激光烧结）、SLA（立体光固化）等技术，打印高精度以及超大尺寸产品，设备价格以及维护费用高昂，普遍用于航空航天、国防工业、汽车、机械工业、家电产品等领域。桌面级设备目前基本使用 FDM（熔融沉积成型）技术（个别公司推出基于 SLA 技术的设备），打印精度较低而且成型尺寸小，但设备及维护费用较工业级设备要低很多，常用于家庭与学校教育，而且目前越来越多设计师使用桌面级 3D 打印机辅助产品的设计开发。所以我们侧重介绍桌面级 3D 打印机（表 8-1）。

表 8-1 常见的桌面级 3D 打印机

制造商	3D Systems	产品型号	CubePro
打印尺寸	275mm×265mm×240mm		
喷头概况	单/双/三	打印层厚	0.075mm
打印模式	WiFi	打印材质	PLA/ABS
制造商	Stratasys	产品型号	Mojo
打印尺寸	127mm×127mm×127mm		
喷头概况	单头	打印层厚	0.178mm
打印模式	USB	打印材质	ABSplus
制造商	Stratasys	产品型号	uprint Se Pluse
打印尺寸	203mm×203mm×152mm		
喷头概况	单头	打印层厚	0.254mm
打印模式	EtherNet	打印材质	ABSplus
制造商	Stratasys	产品型号	REPLICATOR 2X
打印尺寸	246mm×152mm×155mm		
喷头概况	双头	打印层厚	0.10mm
打印模式	USB/SD 卡	打印材质	PLA

（续）

制造商	Stratasys	产品型号	REPLICATOR Z18
打印尺寸	300mm×305mm×457mm		
喷头概况	单头	打印层厚	0. 10mm
打印模式	USB/ETH/WiFi	打印材质	PLA
制造商	Ultimaker	产品型号	Ultimaker 2+
生产尺寸	223mm×223mm×205mm		
制造商	MakerBot	产品型号	Replicator 2
打印尺寸	285mm×153mm×155mm		
喷头概况	单头	打印层厚	0. 1mm
打印模式	USB/SD 卡	打印材质	PLA

与工业级 3D 打印机相比，桌面级 3D 打印机虽然技术较为单一，打印精度普遍不高，成型尺寸较小，但桌面级 3D 打印机制造商远比工业级 3D 打印机制造商要多，机型更是琳琅满目。出现这种状况是由于当年工业级 3D 打印机的专利陆续到期失效，降低了 3D 打印机的技术门槛，各大 3D 打印机制造商以此为核心技术，在机器结构性能及打印功能上推陈出新，使得桌面级 3D 打印机在入门级应用市场大放异彩。与此同时，RepRap（ReplicatingRapidPrototyper，快速自我复制原型机）的出现，令全世界的创客（Maker）趋之若鹜，纷纷加入 3D 打印机 DIY 的热潮中，并向全世界推广。至此，全球掀起了一股 3D 打印热潮。

2005 年，英国巴斯大学高级讲师 AdrianBowyer 博士创建了 RepRap 项目。RepRap 是一个 3D 打印机的原型，由于它有两个显著的特点：一个是可以打印出自身大部分的塑料部件，具有一定的自我复制能力；一个是其所有的软件及硬件资料都是免费分享并且开源的，所以 RepRap 也被公认为开源 3D 打印机的鼻祖。到目前为止，RepRap 一共发布了 4 个版本的开源 3D 打印机：2007 年 3 月发布的“达尔文”（Darwin）；2009 年 10 月发布的“孟德尔”（Mendel）；2010 年 8 月发布的“赫黎”（Huxley）；2014 年 1 月发布的“奥默罗德”（Ormerod）。每一款机型都有各自的升级版本以及衍生机型，如热门机型“Prusai3”就是 Josef Prusa 从“Mendel”升级设计的。另外，Johann 设计的 Delta robot 3D printer（三角洲并联臂 3D 打印机）“KosseI”也广受关注。

说到桌面级3D打印机，我们经常会听到MakerBot与Ultimaker这两个名字，它们是当时最受欢迎的两个桌面级3D打印机系列。2009年在美国的布鲁克林，BrePettis、AdamMayer与ZachHoeken创立了MakerBot。最初推出的CupcakeCNC与Thing-O-Matic均为开源机型，但随着公司向商业化方向发展，经典的Replicator及其后续的机型不再开源，因此也导致了其中两位创始人相继离开。目前MakerBot已被Stratasys收购。2011年的荷兰，同样是三位创始人，MartijnElserman、ErikdeBruijn与SiertWijnia创立了Ultimaker并推出首款机型UltimakerOnginalI。与Makerbot相比，Ultimaker打印速度更快，可打印体积更大的产品，性价比更高。到目前为止，Ultimaker已相继推出多款机型，而且所有机型完全开源，感兴趣的朋友可直接到其官网下载相关的资料，DIY一台3D打印机。

在这两家公司的带动下，国内的3D打印机制造商也推出了一大批各具特色的桌面级机型，就连工业级巨头3DSystems与Stratasys也专门推出了面向个人与小团体使用的消费级机型。

8.1.3 3D打印技术发展及熔融沉积成型技术

1. 3D打印技术的发展

经过几十年的发展，目前已经开发出多种3D打印技术，从大类上划分为挤出成型、粒状物料成型、光聚合成型等，见表8-2。挤出成型主要为熔融沉积（Fused Deposition Modeling，FDM）成型；粒状物料成型主要包括电子束熔化（Electron Beam Melting，EBM）成型、选择性激光烧结（Selective Laser Sintering，SLS）、三维打印（Three Dimension Printing，3DP）成型、选择性热烧结（Selective Heat Sintering，SHS）等；光聚合成型主要包括立体光固化（Stereo Lithography Appearance，SLA）成型、数字光处理（Digital Light Processing，DLP）；其他技术包括激光近净（Laser Engineering Net Shaping，LENS）成型、微滴喷射技术（Droplet Ejecting Technology，DET）、熔丝制造（Fused Filament Fabrieation，FFF）、熔化压模（Melted and Extrusion Modeling，MEM）、叠层实体制造（Laminated Object Manufacturing，LOM）等。

表8-2 3D打印技术举例

类　型	技　术	基本材料
挤出成型	熔融沉积（FDM）成型	热塑性材料（如聚乳酸、丙烯腈-丁二烯-苯乙烯共聚物ABS），共熔金属、可实用材料

（续）

类　型	技　术	基本材料
粒状物料成型	三维打印（3DP）成型	尼龙粉末、ABS粉末、石膏粉末
	直接金属激光烧结（DMLS）	几乎任何金属合金
	电子束熔化（EBM）成型	钛合金粉末
	选择性热烧结（SHS）	热塑性塑料粉末
	选择性激光烧结（SLS）	热塑性塑料粉末、金属粉末、陶瓷粉末
	基于粉末床、喷头和石膏的喷墨粉末打印	石膏
光聚合成型	立体光固化（SLA）成型	光敏树脂
	数字光处理（DLP）	液体树脂

其中熔融沉积（FDM）成型、立体光固化（SLA）成型、叠层实体制造（LOM）、选择性激光烧结（SLS）、三维打印（3DP）成型、电子束熔化（EBM）成型为主流技术。熔融沉积（FDM）成型工艺一般是热塑性材料，以丝状形态供料，材料在喷头内被加热熔化，喷头沿工件截面轮廓和填充轨迹运动，同时将熔化的材料挤出，被挤出的材料迅速凝固，并与周围的材料凝结；立体光固化（SLA）成型又称为立体光刻、光成型等，是一种采用激光束逐点扫描液态光敏树脂使之固化的快速成型工艺；叠层实体制造（LOM）工艺是快速原型技术中具有代表性的技术之一，是基于激光切割薄片材料，由黏结剂黏结各层成型；选择性激光烧结（SLS）工艺，采用红外激光作为热源来烧结粉末材料，并以逐层堆积方式成型三维工件的一种快速成型技术；三维打印成型工艺与选择性激光烧结工艺类似，采用粉末材料成型，如陶瓷粉末、金属粉末，所不同的是材料粉末不是通过烧结连接起来的，而是通过喷头用黏结剂将工件的截面"印刷"在材料粉末上面，电子束熔化（EBM）成型主要采用钛合金粉末成型；微滴喷射技术（DET）突破了其他快速成型技术在材料上的限制，不仅可以成型低熔点的非金属材料，而且可以成型高熔点的金属材料。下面主要介绍熔融沉积成型技术。

2. 熔融沉积成型技术原理

熔融沉积成型技术使用丝状材料（石蜡、金属、塑料、低熔点合金）为原料，保持半流动成型材料刚好在熔点之上（通常控制在比熔点高1℃左右），在计算机的控制下，喷头做 xOy 平面运动，其受CAD分层数据控制，使半流动状态的熔丝材料（丝材直径通常大于1.5mm）从喷头中挤压出来，将熔融的材料涂覆在工作台上，冷却后形成工件的一层截面，当一层成型后，喷头上移一层高度并进行下一层涂覆，这样逐层堆积形成三维工件，如图8-4所示。

熔融沉积成型技术污染小，材料可以回收，适用于中、小型工件的成型。成型材料主要是固体丝状塑料，工件性能相当于工程塑料或蜡模，主要用于制作塑料件、铸造用蜡模、样件或模型。目前国内常见的桌面级 3D 打印机多用熔融沉积成型技术，但该技术的主要缺点是工件表面粗糙度较差。美国 3D Systems 公司的 BFB 系列和 Rapman 系列产品全部采用熔融沉积成型技术，使用熔融沉积成型技术的特点是直接采用工程材料 ABS、PLA 等进行制作，适合设计的不同阶段。

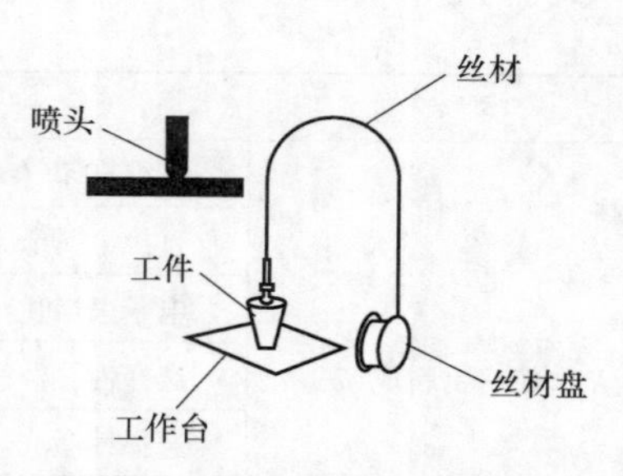

图 8-4 熔融沉积成型示意图

3. 熔融沉积成型技术特点

熔融沉积成型技术是基于层层堆积成型的工艺过程，它具有以下优点。

1）制造系统可用于办公环境，没有毒气或有毒化学物质的危害。

2）可快速构建瓶状或中空零件。

3）与其他使用粉末和液态材料的工艺相比，丝材更加清洁，易于更换和保存，不会在设备中或附近形成粉末或液态污染。

4）概念设计原型的三 D 打印对精度和物理化学特性要求不高，其具有明显的价格优势。

5）可选用多种材料，如可染色的 ABS、医用 ABS、聚酯（PC）、聚砜（PPSF）、聚乳酸（PLA）和聚乙烯醇（PVA）等。

6）后期处理简单，仅需要几分钟到十几分钟的时间，剥离支撑后原型即可使用。

虽然这种技术得到广泛应用，但也存在很多的不足，总结如下。

1）成型精度低、打印速度慢，这是采用熔融沉积成型技术的 3D 打印机主要限制因素。

2）控制系统智能化水平低。采用熔融沉积成型技术的 3D 打印机操作相对简单，但在成型过程中仍会出现问题，这就需要有丰富经验的技术人员操作机器，以便随时观察成型状态。因为当成型过程中出现异常时，现有系统无法进行识别，也不能自动调整，如果不去人工干预，将无法继续打印或将缺陷留在工件里，这一操作上的限制影响了采用熔融沉积成型技术的 3D 打印机的普及。

3）打印材料限制性较大。目前在打印材料方面存在很多缺陷，如熔融沉积成型用打印材料易受潮，成型过程中和成型后存在一定的收缩率等。打印材料受潮将影响熔融挤出的顺畅性，易导致喷头堵塞，不利于工件的成型；塑性材料在熔融后的凝固过程中，均存在收缩现象，这会造成打印过程中工件的翘曲、脱落和打印完成后工件的变形，影响加工精度，造成材料浪费。

4. 熔融沉积成型用材料

熔融沉积成型工艺要求成型材料熔融温度低、黏度低，黏接性好和收缩率小。熔融温度低是为了方便加热。材料的黏度低、流动性好，阻力就小，有助于材料顺利挤出。如果材料的流动性差，需要很大的送丝压力才能挤出，会增加喷头的启停响应时间，从而影响成型精度。材料的收缩率会直接影响到最终成型制品的质量，收缩率越小越好。根据熔融沉积成型的要求，目前可以用来制作丝材的材料主要有石蜡、塑料、尼龙等低熔点材料和金属、陶瓷等。目前市场上普遍可以购买到的丝材包括 ABS、PLA、人造橡胶、铸蜡和聚酯热塑性塑料等，其中 ABS 和 PLA 最为常用。图 8-5 所示为使用 ABS 打印的模型，图 8-6 所示为使用 PLA 打印的模型。

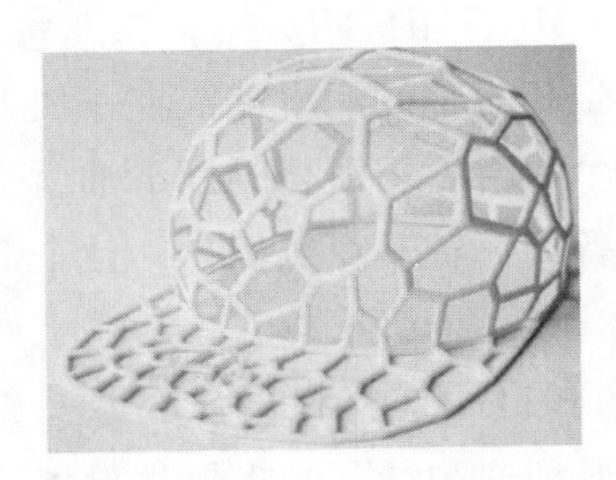

图 8-5　使用 ABS 打印的模型

图 8-6　使用 PLA 打印的模型

8.2　3D 打印技能训练

随着 3D 打印技术的不断发展，3D 打印技术已在各个领域得到了广泛应用。尤其是针对个性化、小批量的制品，特别适合用 3D 打印技术来完成。3D 打印技术在医学、汽车制造、建筑等领域中都发挥了重要的作用，所以学会 3D 打印技术是比较重要的。

8.2.1　安全操作规程、日常保养与维护

1. 3D 打印安全操作规程

1）操作人员在上岗操作前必须经过培训，必须熟悉设备的结构、性能和工作原理，熟悉设备基本操作和基本配置情况，合格后方可上岗。

2）操作人员在上岗操作前必须穿戴好劳动防护用品。

3）开机前要保证打印机放置平稳，电源接通可靠。

4）打印机上不能放置其他物品，以免损伤打印机，发生事故。

5）换丝前要加热充分后轻松拉出，不能在未加热充分的情况下硬拉。

6）打印机是发热设备，打印过程要有人监看，以免乱丝后无人处理损坏打印机，甚至出现故障后无人处理，引起火灾。

7）乱丝后要根据其乱丝程度，暂停修复或停止后清理干净重新打印。

8）加工过程中禁止将头、手或身体其他部位伸入打印平台。

9）加工过程中或刚结束加工时，禁止身体任何部位去触碰喷头。

10）如果打印机发热异常，要及时关闭打印机，关闭电源，关闭总闸。如引起火情，要及时关闭总闸。

11）禁止带电检修设备。

12）打印结束后必须关闭电源，清理打印机，打扫工作场地。

2. 3D 打印的日常保养与维护

（1）3D 打印机清洁　如果平时不注重对 3D 打印机的保护，长期将 3D 打印机暴露在有灰尘的地点放置，则容易导致灰尘和三轴的润滑油混在一块。当有打印任务时未将油和灰尘清理干净，在打印几个小时后，清亮的润滑油就会显得黑黑的。这种情况我们需要用新的无尘布将设备的三轴一点点擦拭，让全部的油垢被擦干净，随后更换新的润滑油。

3D 打印机在使用一段时间后，挤出轮会和打印材料有很强的摩擦，挤出轮每转一圈多多少少都是会有一些料屑形成，遇到这种情况时需要将设备喷嘴加热后加入材料，这时候挤出轮运转，用一个小毛刷不断地将挤出轮部分的料屑清洁掉，直至挤出轮干净即可。如果长期不清洁，挤出轮的齿轮会被料屑压平，导致挤出轮没有摩擦力，最后无法正确挤压耗材或挤压耗材打滑导致模型打印失败。

（2）按时保养 3D 打印机光轴　3D 打印机的 X 轴与 Y 轴（水平方向上的两个轴）部件在打印时做高速运转。为减少摩擦阻力、降低噪声，出厂时 3D 打印机的全部光轴上已涂擦润滑油。提议操作者每隔 2 个月或觉得 3D 打印机噪声增大时，在 3D 打印机的全部光轴上涂擦一层润滑油。如果操作者高强度使用打印机，建议每一个月做一次光轴保养。

（3）按时清洁送料机构　无论是底板空隙过小、喷嘴中有残留杂物、采用料丝与转换参数不符等原因导致的喷嘴堵塞，或是料盘盘绕打结导致喷嘴无法出丝，都会让送料电动机打滑空转。上料齿轮与料丝摩擦形成的碎渣沉积在挤出结构中会干扰送丝力矩，并有可能掉入喷嘴入料口，卡住进入喷嘴的料丝。因而建议操作者正常使用一个月后就做一次送料机构的清洁。如果操作者以每天 20h 的高强度使用 3D 打印机，建议每半个月做一次清洁。

(4) 耗材保护　耗材通常具有相应的吸潮性，是不可以长期外露在空气中的。假如下一次打印的间隔时间较长，建议将耗材封袋存放并放入干燥剂。耗材如果受潮会干扰打印质量，还有可能会在打印途中出现断料问题，直接导致打印失败。

8.2.2　训练任务

1. 3D 打印项目训练图

3D 打印项目主要考查学生对 3D 打印机的认识及基本操作、通过软件进行工件绘制、文件转换、工件打印等。独立完成 3D 打印机基本操作、3D 打印机的调整、材料的更换、简单工件的打印等任务。3D 打印训练图如图 8-7 所示。

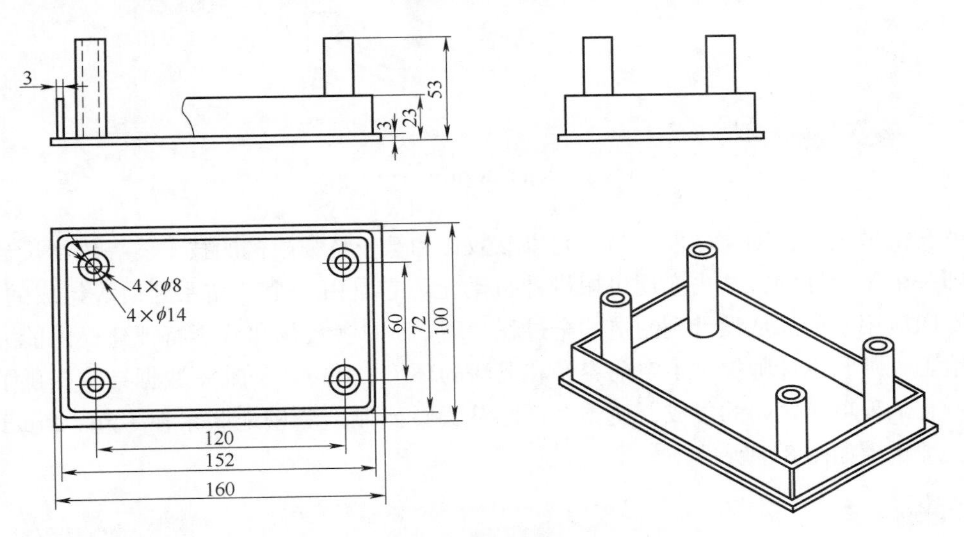

图 8-7　3D 打印训练图

2. 三维建模

根据打印训练图要求，利用三维软件对工件进行三维建模。下面简单介绍几款三维软件。

(1) SOLIDWORKS　SOLIDWORKS 是著名的三维 CAD 软件开发供应商 SOLIDWORKS 公司发布的三维机械设计软件，也是国内使用最多的三维 CAD 软件。SOLIDWORKS 是基于 Windows 平台的全参数化特征造型软件。它能十分方便地实现复杂的三维工件实体造型、复杂装配和生成工程图。该软件可以应用于以规则几何形体为主的机械产品设计及生产准备工作中。该软件功能强大，组件繁多、易学易用。各个高校中也广泛使用该软件进行三维建模，如图 8-8 所示。

(2) Pro/E　Pro/E 是 Pro/Engineer 的缩写，是较早进入国内市场的三维设计软件。它是由美国 PTC（ParametricTechnologyCorporation）公司开发的唯一一

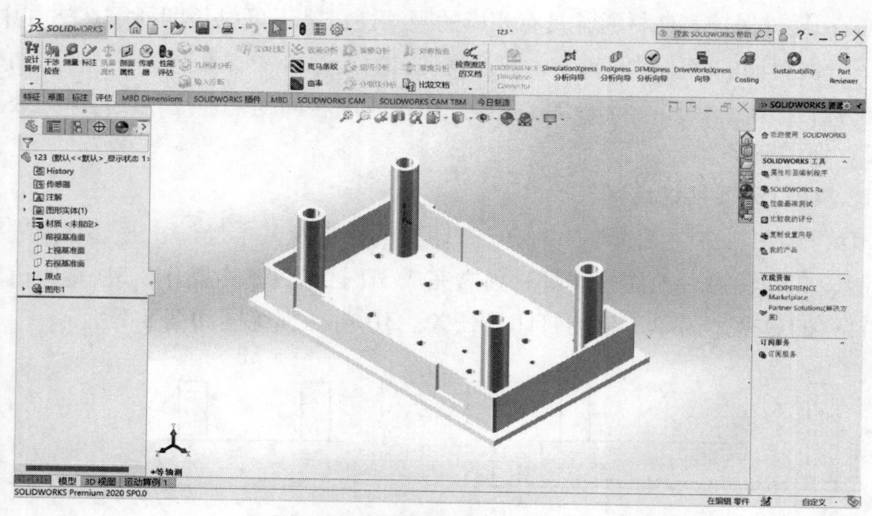

图 8-8　SOLIDWORKS 三维建模

整套机械设计自动化软件产品。它以参数化和基于特征建模的技术，提供给设计师一个革命性的方法去实现机械设计自动化。它是由一个产品系列模块组成的，专门应用于产品从设计到制造的全过程。Pro/E 的参数化和基于特征建模的能力给工程师和设计师提供了空前容易和灵活的环境。Pro/E 的唯一数据结构提供了所有工程项目之间的集成，使整个产品从设计到制造紧密地联系在一起。Pro/E 三维建模如图 8-9 所示。

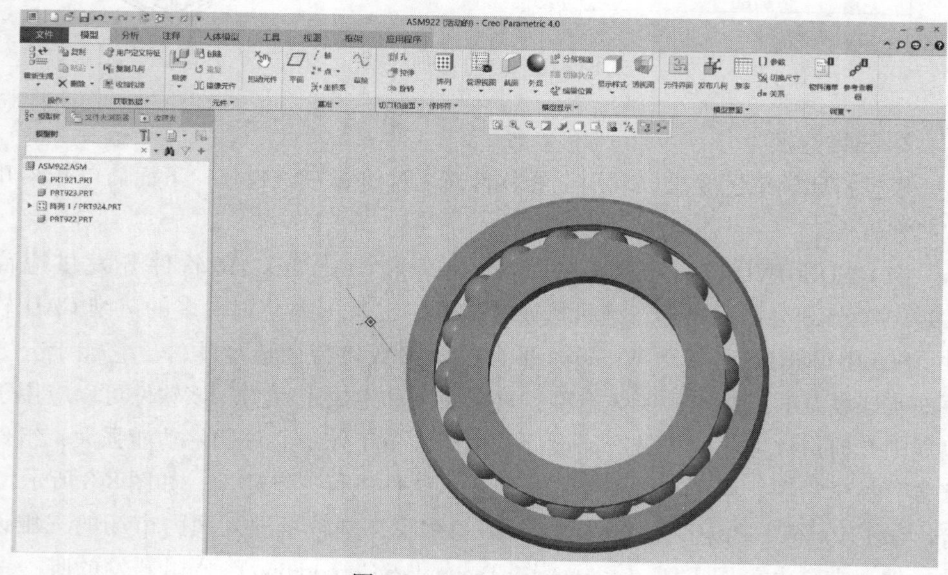

图 8-9　Pro/E 三维建模

（3）UG/NX　UG/NX 目前是属于 Siemens 公司的高端三维建模软件，可以完成三维模型设计、工程分析（如流体、有限元分析等）等功能，广泛应用于机械、模具、汽车以及航空航天等领域。UG/NX 能够使用户在一个集成的数字化环境中去模拟、验证产品和生产过程，从初始的概念设计到产品设计、仿真和制造，其都可以胜任，如图 8-10 所示。

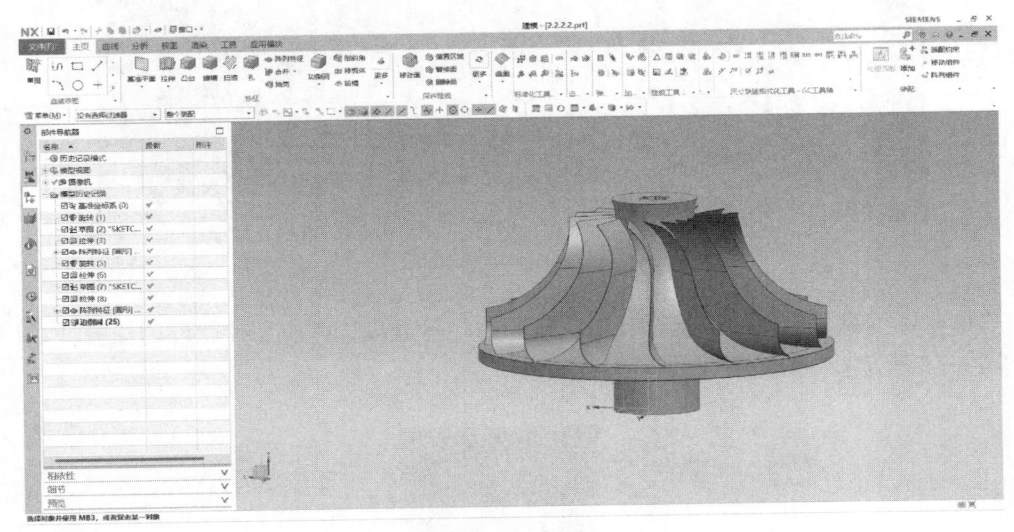

图 8-10　UG/NX 三维建模

（4）CATIA　CATIA（Computer Aided Three-dimensional Interactive Application）是法国达索公司开发的旗舰产品，可以提供产品的外形设计、机械设计、设备与系统工程、管理数字样机等功能。CATIA 可提供有特色的核心技术，如在 CATIA 中设计对象混合建模，无论是实体还是曲面，都可以做到真正的交互操作，如图 8-11 所示。

以上几种三维软件，一般在高等学校中都会学到，而且使用比较频繁，也比较容易掌握。因为学生专门有一门课程学习这种软件，在这里就不再讲述工件三维建模的具体步骤。最后把所画的三维图形转换成 STL 文件（三维设计软件和 3D 打印机之间协作的标准文件格式是 STL 文件格式），接着就可以进行下一步的操作。

3. 三维模型的切片处理

3D 打印机使用之前，需要生成控制打印机运动的文件，那么就需要事先对三维模型进行处理。根据 3D 打印机的工作原理，通过进行三维模型分层切片、

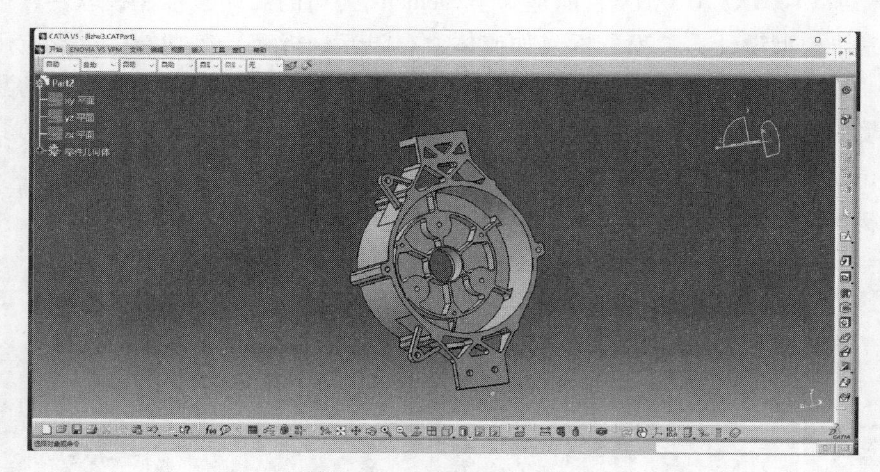

图 8-11　CATIA 三维建模

提取轮廓信息、生成内部支撑、生成打印路径等处理，完成切片软件的任务，如图 8-12 所示。

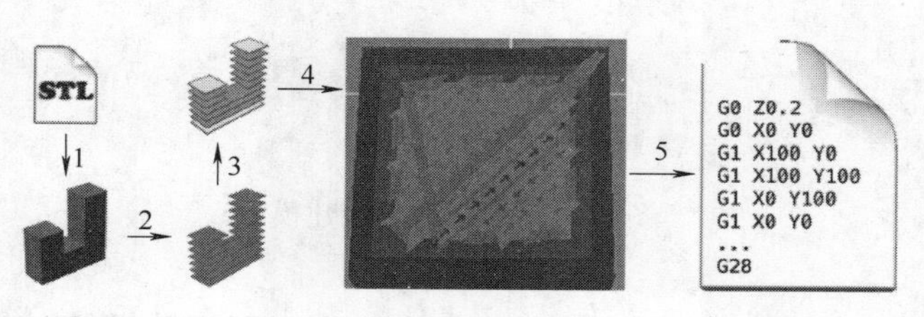

图 8-12　切片过程

1）读入三维模型到切片软件，常用格式为 STL。可以在切片软件中进行模型的观察、旋转、缩放等基本操作，确定所打印工件的形状与状态。

2）按照工件要求，设定该打印工件的层厚，把三维模型沿与打印平台平行的方向进行切片处理。每隔一定高度就用一个 *XOY* 平面去和模型相交做层切片，全部切完后就可以得到模型在每一个高度上的轮廓线。相当于把三维模型转化为一系列二维平面数据的过程。

3）切片分析。根据切片后得到的工件每层轮廓线，生成工件内表面，形成有一定厚度的工件表面，产生打印工件所需的内部填充和工件外部悬空部分的支撑。

4）产生并优化打印路径。根据得到的一系列二维多边形，利用路径产生、优化算法把二维多边形转化为打印路径并进行优化。每个独立的路径生成好了，还要确定打印的先后顺序。顺序选好了可以少走弯路，打印速度和质量都会有提升。打印的顺序以先近后远为基本原则：每打印完一条路径，当前位置是这一条路径的终点；在当前层里剩下还没打印的路径中挑选一条起点离当前位置最近的路径开始打印。路径的起点可以是路径中的任意一个点，程序会自行判断。路径的终点则有两种可能：对于直线，图形只有两个点，终点就是除起点之外的那个点；对于轮廓，终点就是起点，因为轮廓是一个封闭图形，从它的起点开始沿任意方向走一圈，最后还会回到起点。

5）生成代码。先让 3D 打印机做一些准备工作：归零、加热喷头和平台、抬高喷头、挤一小段丝、风扇设置。从下到上一层一层打印，每层打印之前先用 G0 抬高 Z 坐标到相应位置。按照路径，每个点生成一条指令。其中空走用 G0；边挤边走用 G1；G0 和 G1 的速度也都在设置中可以调整。若需回抽，用 G1 生成一条倒退的代码。在下一条 G1 执行之前，再用 G1 生成一条相应前进的代码。所有层都打完后让 3D 打印机做一些收尾工作：关闭加热、归零、电动机释放。实现打印机的精准控制，完成相应的任务。

4. 3D 打印及后期处理

1）把切片好的文件导入 3D 打印机的 SD 卡中，把 SD 卡插在打印机中，接通电源，打开开关。

2）调整平台高度。当打印机喷头位置低于平台承接板位置时，过低的喷头对平台底板会造成很大的损坏或导致物料挤不出而堵塞，最后就不能正常打印；当打印机喷头位置高于平台承接板位置时，挤出物料不能正常黏在底板上，也很容易影响翘边，从而影响打印制品的质量或导致不能打印。所以需要根据要求调整平台高度。

3）选择最佳温度。根据材料进行打印机的材料温度选择，不同材料打印温度不同。

4）材料安装。当温度达到材料温度时，把材料安装到挤出装置中，等到喷头能够正常挤出材料就停止。

5）打印工件。操作按键，从 SD 卡中导入打印工件，打印机自动打印，直到打印完成才停止。

6）处理工件。从平台上拿下打印工件，清理毛刺、支撑等，使工件外表光滑，尽量符合所需要求。

5. 3D 打印项目评分表

操作完成后根据评分表进行评分，再递交组长复评，最后递交指导教师终评。3D 打印项目评分表，见表 8-3。

表 8-3　3D 打印项目评分表

零件编号：　　　　姓名：　　　　学号：　　　　总分：

序号	鉴定项目及标准			配分	自己检测	组长检测	指导教师检测	指导教师评分
1	知识（35 分）	工件绘制		15				
		格式转换		2				
		材料识别		3				
		切片软件设置		15				
2	技能（60 分）	切片软件处理		15				
		打印平台调整	要求 0.1mm	10				
		打印机材料的安装与更换		10				
		打印机按键操作		10				
		打印机打印		15				
3	素养（5 分）	摆放、操作习惯等		5				
合计				100				

操作者签字：　　　　组长签字：　　　　指导教师签字：

8.2.3　技能训练

3D 打印技能训练主要以 MakerBot Replicator 2 这款打印机为例进行说明。MakerBot Replicator 2 3D 打印机使用 PLA 材料，可以将三维模型保存扩展名为 stl、obj、ting 格式文件，然后通过使用 MakerBot DeskTop 软件，将模型转换为打印机可以使用的代码，通过 USB 接口或 SD 卡传递给打印机，打印机通过加热 PLA 细丝，并从喷头中挤出，一层一层堆积成型。MakerBot Replicator 2 打印机组成如图 8-13 所示，图 8-14 所示为实物图。

1. 切片软件认知

1）在计算机上双击切片软件图标，可以得到切片软件界面，如图 8-15 所示。

2）切片软件各个菜单在软件的左上角，如图 8-16 所示。各个菜单的介绍如图 8-17 所示。

3）切片软件左边侧面各个按键的名称及功能介绍，如图 8-18 所示。

4）能够准备设置切片软件的各个参数以及明白参数的含义，如图 8-19 和图 8-20 所示。

2. 软件切片处理

注意：要把三维软件转换成扩展名为 stl 格式的文件，文件命名不能出现中

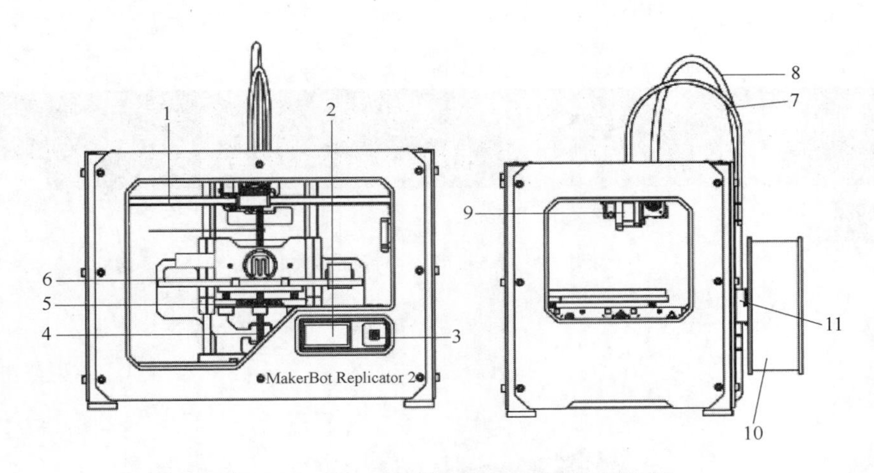

图8-13　MakerBot Replicator 2打印机组成

1—传动定位系统　2—LCD显示屏　3—键盘　4—Z轴螺杆　5—构建平台　6—构建平板　7—进料导管
8—挤出机电缆　9—挤出机　10—PLA料　11—卷轴支架

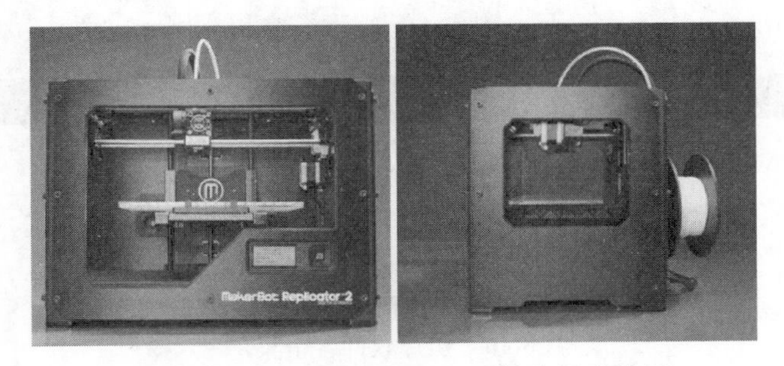

图8-14　MakerBot Replicator 2打印机实物图

文，并且文件名字符最好不超过30个字符。软件切片处理步骤如下。

1）打开软件，出现切片软件界面。

2）在菜单栏中选择“Services”中的“Restart Background Service”选项进行初始化，如图8-21所示。

3）在菜单栏中选择“Devices”中的“Select Type of Device”并选择“Replicator 2”机型，如图8-22所示。

4）在工具栏中选择“ADDFILE”导入模型，如图8-23所示。通过侧边栏对模型进行调整，达到所要打印的状态，如图8-24所示。

5）在工具栏中选择“SETTINGS”进入设置界面，主要设置打印精度、打印材料、打印温度、填充形状、填充百分比、是否要支撑等。设置完成后可进入

图 8-15　切片软件界面

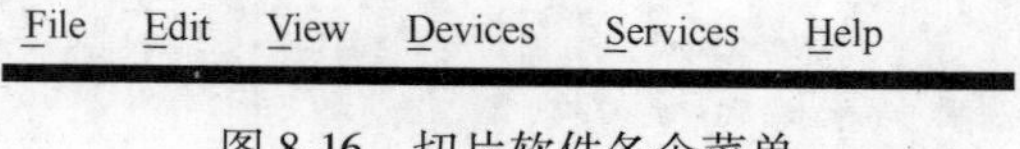

图 8-16　切片软件各个菜单

下一步。

6）在工具栏中选择“Preview”可看到输出模拟打印百分比，如图 8-25 所示。最后就可以得到该工件打印所需的耗材质量、打印时间等参数，如图 8-26 所示。

7）在输出模拟打印模型的对话框中单击“Export”按钮，就可以生成扩展名是 x3g 的文件，此文件是打印机能够识别的文件，把这个文件复制到打印机的 SD 卡中，就可以进行打印了。

3. 3D 打印机打印

1）先连接好电源，打开开关，打印机会发出响声，显示屏上也会显示英文字母，这说明打印机已经正常开机了，如果 8-27 所示。

2）键盘和显示屏操作说明：键盘：一般用上下键进行选择，M 键进行确

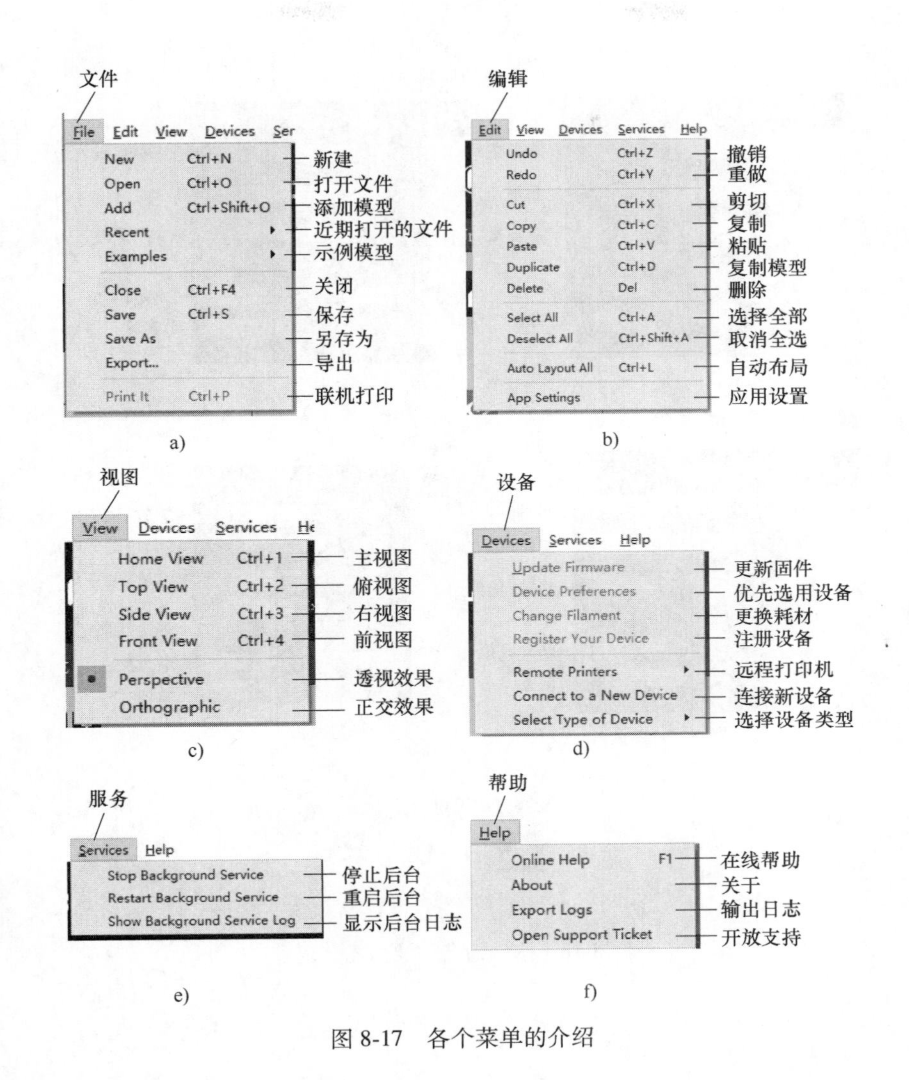

图 8-17　各个菜单的介绍

认，左键返回上一级菜单或退出，右键选择下一页，如图 8-28 所示；显示屏：如图 8-27 所示，从上往下分别是从 SD 卡中进行打印、预热将喷头温度加热到直接可以使用的温度、应用程序、信息和设置；应用程序里面从上往下分别是监控模式、更换材料、调整打印平台、轴的初始位置，如图 8-29 所示。

3）在打印平台上贴上蓝色纸胶带，这样的好处是能够容易地把打印工件从平台上取下，如图 8-30 所示。

4）打印平台调平。要求打印平台和喷头之间的间隙为 0. 1mm，或能够放进一张 A4 纸说明调整正确。首先选择“Utilities”进入，然后选择“Level Build

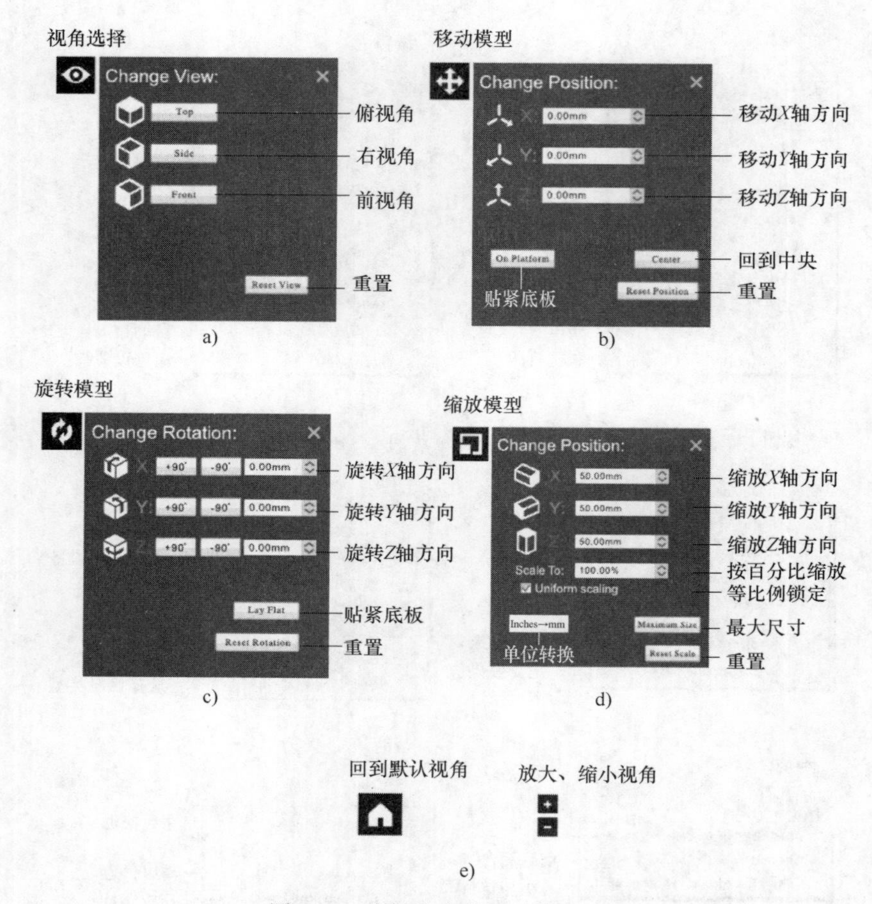

图 8-18　按键的名称及功能介绍

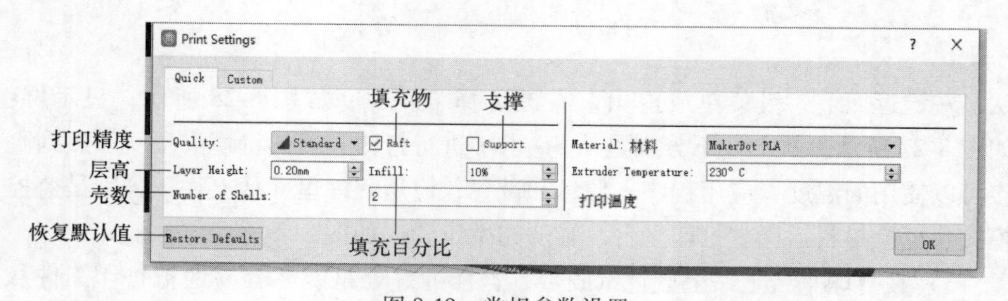

图 8-19　常规参数设置

Plate”并按 M 键，开始进行调平，喷头会移动进行 8 个位置的检测，如图 8-31 所示。如果间隙不对就需要进行调整，调整图 8-32 所示的调整螺母。

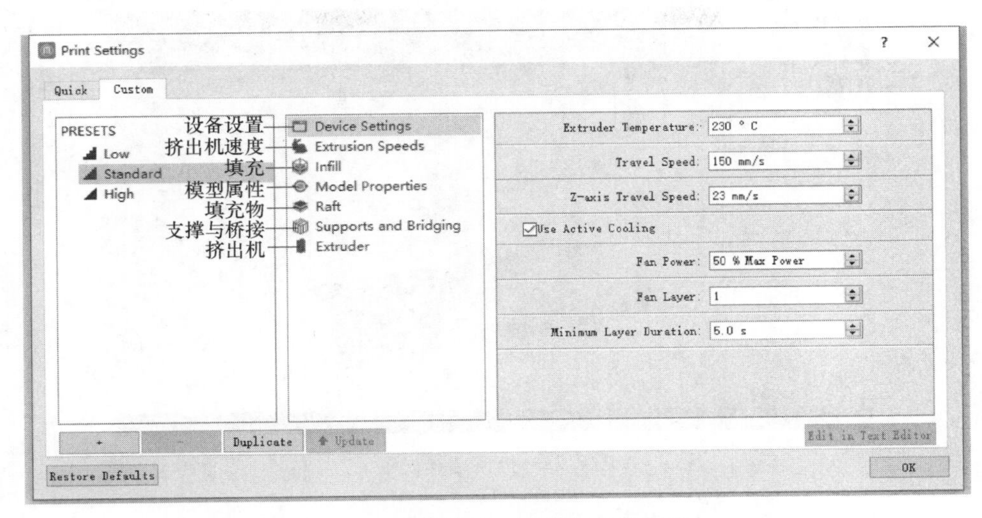

图 8-20　不同精度下的详细参数设置

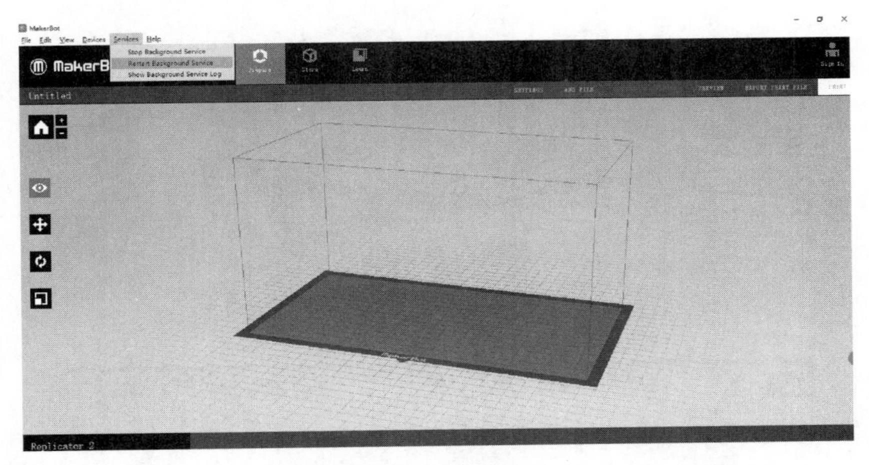

图 8-21　初始化设置

5）材料安装。首先选择“Utilities”进入，然后选择“Change Filament”并按 M 键，里面就有“Load”和“Unload”，选择“Load”就开始加热喷头，如图 8-33 所示，等到温度正常就可以安装材料。需要用手将材料细丝往下压，等看到有丝线出来说明安装材料正常，如图 8-34 所示。如果是更换材料，要求是等到出现的丝线颜色不在变化，说明更换完成。最后把多余部分清除，材料安装完成。

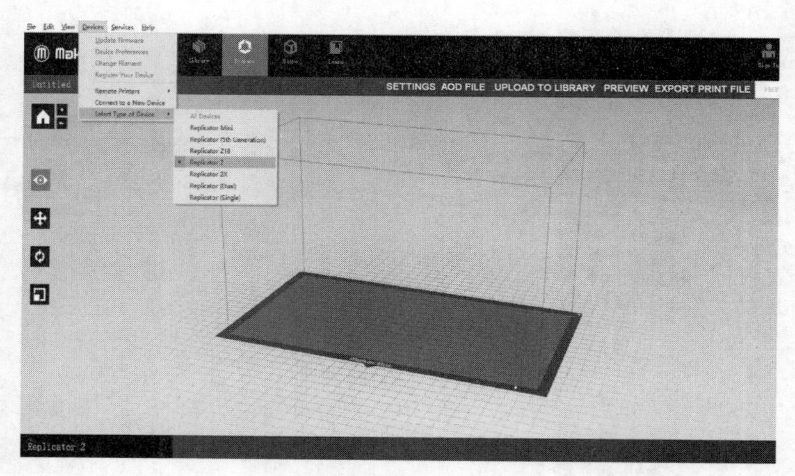

图 8-22　机型选择设置

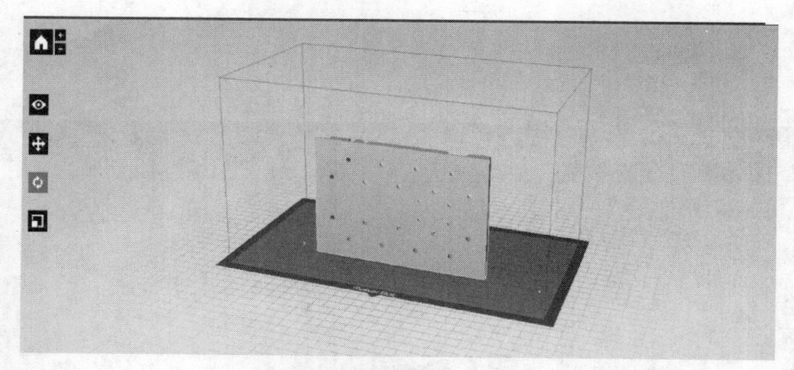

图 8-23　模型导入时状态

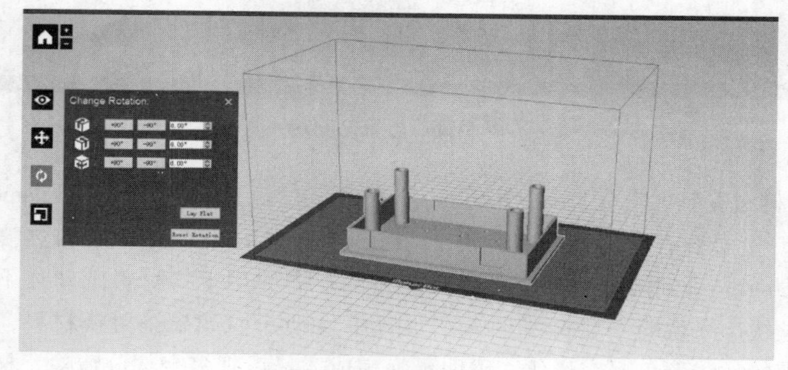

图 8-24　调整后状态

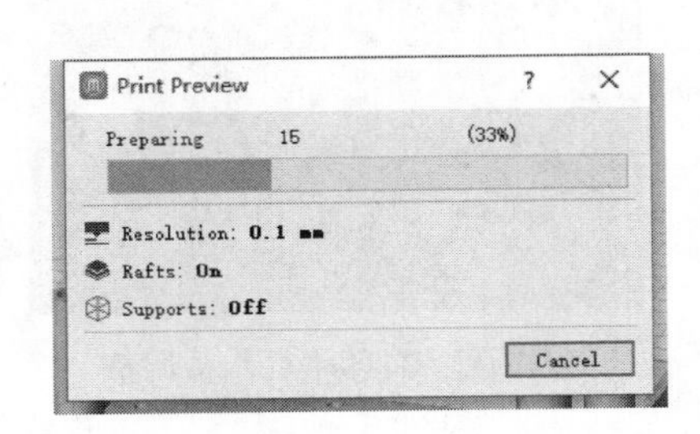

图 8-25　输出模拟打印百分比

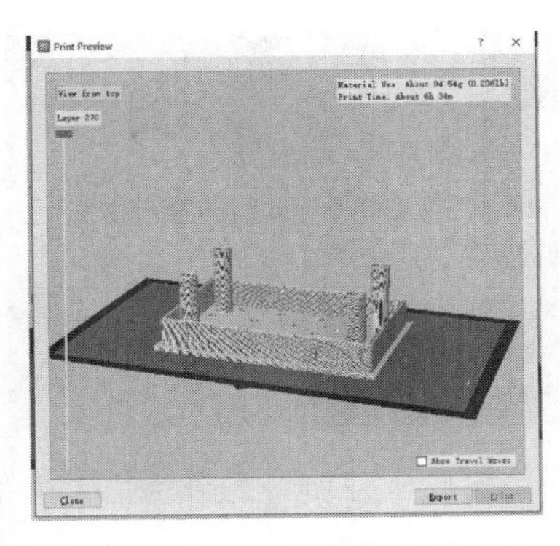

图 8-26　输出模拟打印模型

图 8-27　显示屏

图 8-28　键盘

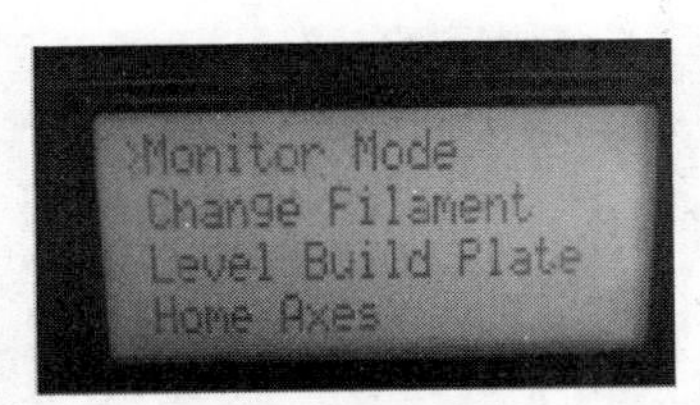

图 8-29　应用程序里面的分类

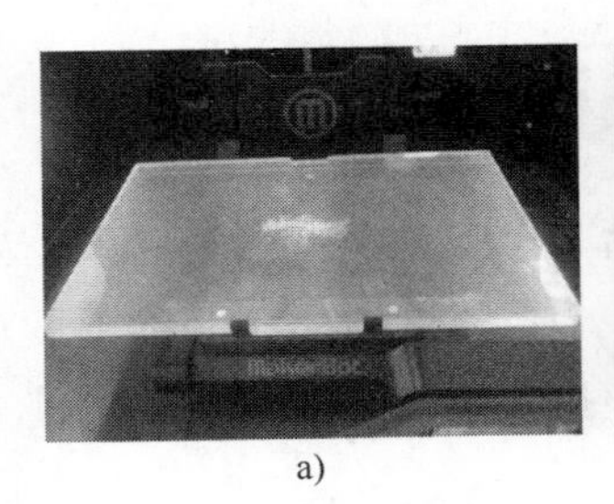

a)

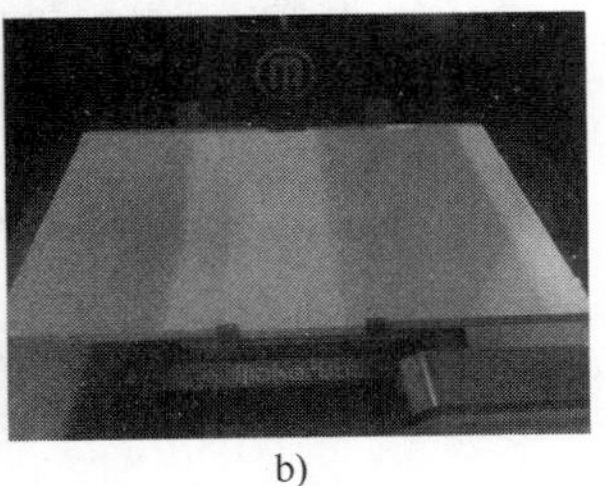

b)

图 8-30　3D 打印机打印平台

a）未贴蓝色纸胶带　b）已贴蓝色纸胶带

图 8-31　打印平台水平检测

图 8-32　打印平台水平调整

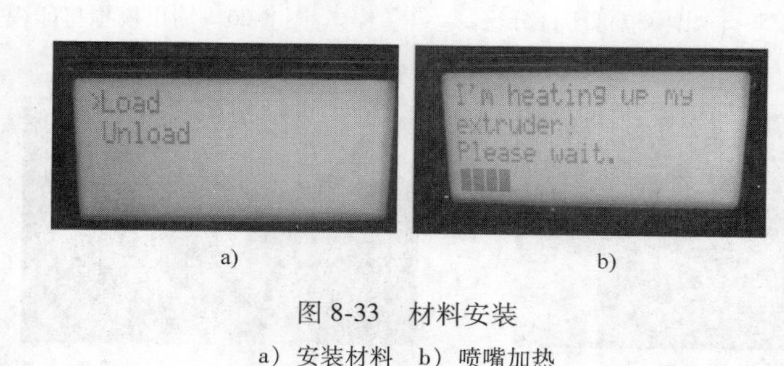

a)　　　　　　b)

图 8-33　材料安装

a）安装材料　b）喷嘴加热

图 8-34　材料正常挤出

6）打印工件。首先从 SD 卡中选择文件，如图 8-35 所示，然后按 M 键确认，打印机就会自动加热到标准温度，如图 8-36 所示，等到温度正常之后打印机就会自动工作了，显示屏上有显示打印完成百分比和所用时间，如图 8-37 和图 8-38 所示。

7）完成打印和后期处理。按照设定的程序，设备自动运行直至打印完成，然后用铲子或其他类似物体将模型与底板剥离，就得到所需工件，如图 8-39 所示。有些工件在打印过程中需要支撑，把多余的支撑部分用工具去除即可。

图 8-35　选择文件

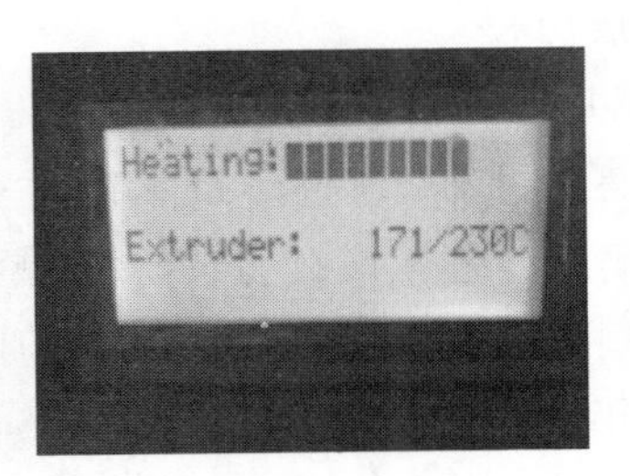

图 8-36　温度加热

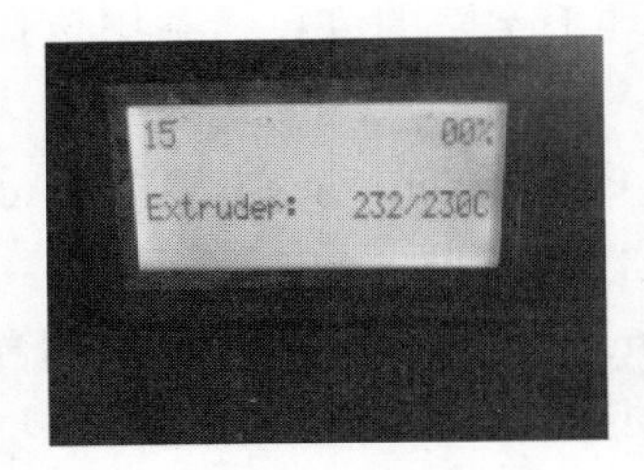

图 8-37　打印完成百分比

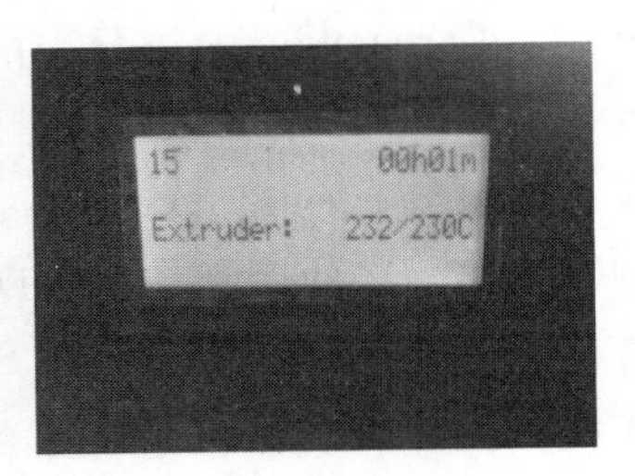

图 8-38　打印时间

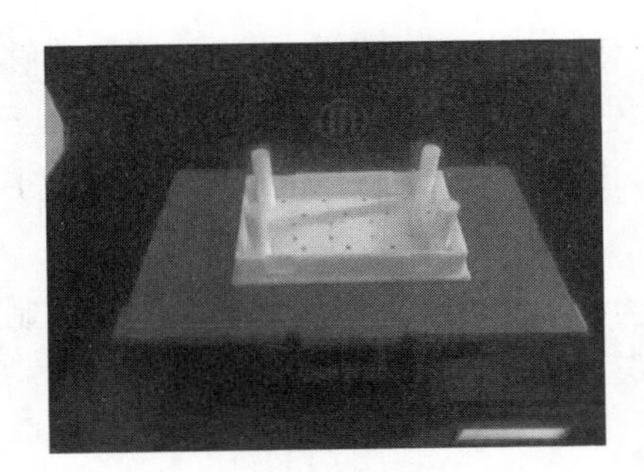

图 8-39　打印完成工件

8.3　知识拓展

3D 打印技术作为“第三次工业革命的重要标志”，被认为是推动新一轮工业革命的重要契机。3D 打印技术综合了数字化建模、机电控制、信息、材料科学与化学等诸多方面的前沿技术知识。3D 打印机是该技术的核心装备。此外，新型打印材料、打印工艺、设计与控制软件等也是 3D 打印技术体系的重要组成部分。

1. 发展历程

自1984年CharlesHull制作出第一台3D打印机以来，3D打印技术历经了30多年的发展。目前3D打印技术在消费电子产品、汽车、航空航天、医疗、军工、地理信息、艺术设计等多个领域都得到了广泛的应用。在欧美发达国家，3D打印技术已经初步形成了成功的商用模式。

1993年，麻省理工学院EmanualSachs教授发明Three-Dimensional Printing技术，利用金属、陶瓷等粉末，通过黏结剂成型。这种技术的优点在于制作速度快、价格低廉，但成品的强度较低。

1995年，Z. Corporation公司获得麻省理工学院的许可，利用该技术来生产3D打印机。

1996年，3D Systems、Stratasys、Z. Corporation分别推出Actua 2100、Genisys、Z402，第一次使用了“3D打印机”的称谓。

2005年，Z. Croporation公司发布Spectrum Z510，是世界上第一台高精度彩色添加打印机。同年，英国巴恩大学的Adrian Bowyer发起开源3D打印机项目RepRap，它的目标是做出“自我复制机”，通过添加打印机本身，能够制造出另一台添加打印机。

2008年，第一版RepRap发布，代号“Darwin”，能够打印自身50%的元件，它的体积仅一个箱子大小。

2008年，美国旧金山一家公司通过添加制造技术首次为客户定制出了假肢的全部部件。

2009年，美国Organovo公司首次使用添加制造技术制造出人造血管。

2011年，英国南安普敦大学工程师3D打印出世界首架无人驾驶飞机，造价5000英镑。

2011年，Kor Ecologic公司推出世界第一辆从表面到零部件都由3D打印制造的车“Urbee”，Urbee在城市速度可达100mile/h（1mile/h = 0.47704m/s），而在高速公路上则可飙升到200mile/h，汽油和甲醇都可以作为它的燃料。

2011年，i. materialise公司提供以14K金和纯银为原材料的3D打印服务，可能改变整个珠宝制造业。

2. 航空航天制造领域

3D打印技术在航空航天制造领域的应用主要集中在3个方面，即产品外形验证、直接产品制造和精密熔模铸造的原型制造。早在20世纪90年代后期，美国就已经采用选择性激光熔凝（SLM）3D打印技术制造了J-2X火箭发动机的排气孔盖，如图8-40所示。近年来波音公司已经利用3D打印技术制造了大约300

种不同的飞机零部件。空客使用 3D 打印技术制造了 A380 飞机客舱行李架；近年来制定了“透明飞机”概念，并计划在 2050 年左右采用 3D 打印技术生产制造出整架飞机。GE 航空在 2012 年 11 月 20 日收购了 MorrisTechnologies 3D 打印公司，计划采用该公司的 3D 打印技术制造 LEAP 发动机组件。2013 年 1 月 14 日美国 Sciaky 公司采用电子束 3D 激光打印技术成功制造了尺寸为 5.8m×1.2m×1.2m 的钛合金零件，美国军工巨头洛克希德·马丁公司立即宣布，将与 Sciaky 公司合作，采用该技术生产 F-35 战斗机的襟副翼翼梁。

2012 年 12 月 14 日，中国工业与信息化部联合中国工程院制定了我国 3D 打印技术的技术路线图与中长期发展战略。在 2013 年的全国两会上，中国航母舰载机歼-15 总设计师孙聪指出近几年中国航空工业快速发展的秘密就是 3D 打印技术已基本实现产业化，并已经处于世界领先水平。中国把钛合金和 M100 钢的 3D 打印技术已应用于新机试制过程。中航成飞与沈飞计划将在研制的第五代战斗机歼-20 和歼-31 中采用 3D 激光打印技术制造钛合金主体结构件，以期降低飞机的结构重量，提高其有效推重比。西北工业大学凝固技术国家重点实验室激光制造工程中心通过 3D 激光立体打印技术为国产客机 C919 制造了长度超过 5m 的钛合金翼梁，如图 8-41 所示。

图 8-40　火箭发动机的排气孔盖

图 8-41　钛合金翼梁

3. 医疗领域

随着 CT（Computer Tomography）、MRI（Magnetic Resonance Imaging）、PET（Position Emission Computed Tomography）等技术和数字化医疗技术的快速发展，医疗人员可以简单而又准确地获取生物体的三维立体数据信息，在 3D 打印技术的帮助下，三维立体医疗模型将会被快速构建完成。所构建的医疗模型可用于医疗教学和手术模拟，具有较大的实际意义。例如，医生可以根据医疗模型诊断患者病情，制定相关的手术方案，研究手术方式及模拟手术。医疗模型的应用将使得手术更加精确，手术时间缩短，在提高复杂、高难度手术成功率的同时也降低了相关并发症的发生概率。目前，国内外 3D 打印技术所构建的医疗模型已经被广泛地投入使用。

国内，医疗模型已经被用于血管外科、口腔颌面外科、神经外科等科室的诊断、术前评估及手术方式的确定中。与传统方法相比，医疗模型将更加直观、清晰、立体地显示人体内部结构，所能获取的医疗信息也更加丰富，在实际应用中有很好的发展前景。例如，复旦大学附属中山医院利用医疗模型，如图 8-42 所示，为一例主动脉瓣重度狭窄合并关闭不完全患者实施了主动脉瓣置换手术（TAVI）规划与导航，在医疗模型的帮助下，TAVI 手术成功进行。原沈阳军区总医院利用生物 3D 打印技术构建的肾盂成型术模型、肾部分切除术模型、肾根治切除术模型被应用到青年医师教学中，教学效果良好。肾脏模型如图 8-43 所示。IGAMI 等利用生物 3D 打印技术制造肝脏模型，如图 8-44 所示。该模型被用于肝脏小肿瘤切除手术中，其使用大大提高了手术的成功率。

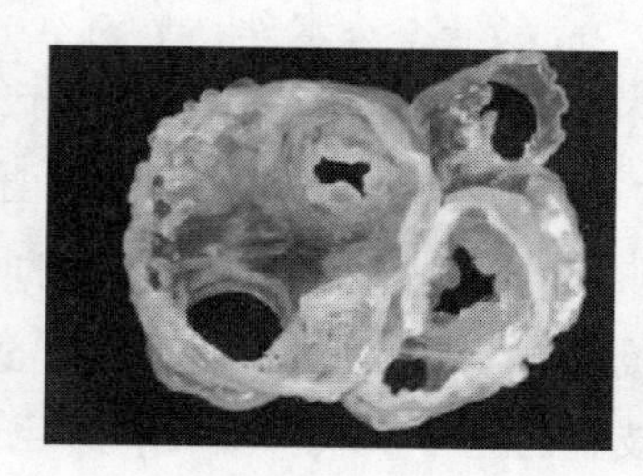

图 8-42 心脏模型

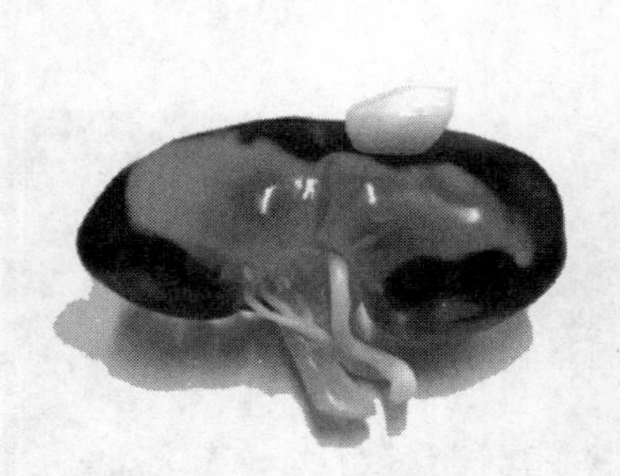

图 8-43 肾脏模型

图 8-44 肝脏模型

除了上述的领域外，还应用于建筑、个人消费等领域，所以 3D 打印技术应用的领域是非常多，学习好 3D 打印技术是比较重要的。

8.4 3D 打印技术理论测试卷

一、填空题

1. 通常 3D 打印机可以分为（　　　　）和（　　　　）两大类。

2. 3D 打印技术从大类上划分为（　　　　）、（　　　　）、（　　　　）等几大类。

3. 选择性激光烧结（SLS）技术基本材料有（　　　　）、（　　　　）、（　　　　）。

4. FDM 工艺要求成型材料的特点是（　　　　）、（　　　　）、（　　　　）和（　　　　）。

二、判断题

1. 3D 打印机可以自由移动，并制造出比自身体积还要庞大的物品。（　　）

2. 3D 打印技术只是增材制造的一种。（　　）

3. DLP 打印的义齿模型和珠宝模型可以用一种铸造树脂。（　　）

4. 桌面级机型目前基本使用 FDM 技术，特点是打印精度高而且成型尺寸小。（　　）

5. 光固化相对于 FDM 速度而言会更快一点。（　　）

三、选择题

1. 3D 打印文件的格式是（　　）。

A. SAL　　B. STL　　C. SAE　　D. RAT

2. 各种各样的 3D 打印机中，精度最高、效率最高、售价也相对最高的是（　　）。

A. 工业级 3D 打印机　　B. 个人级 3D 打印机

C. 桌面级 3D 打印机　　D. 专业级 3D 打印机

3. 下列关于 3D 打印机的描述，不正确的是（　　）。

A. 3D 打印是一种以数字模型文件为基础，通过逐层打印的方式来构造物体的技术。

B. 3D 打印起源于 20 世纪 80 年代，至今不过三四十年的历史。

C. 3D 打印多用于工业领域，尼龙、石膏、金属、塑料等材料均能打印。

D. 3D 打印为快速成型技术，打印速度十分迅速，成型往往仅需要几分钟的时间。

4. 立体光固化成型设备使用的原材料为（　　）。

A. 光敏树脂　　B. 尼龙粉末

C. 陶瓷粉末　　D. 金属粉末

5. 3D 打印机打印喷头温度升不上去，跟（　　）无关。

A. 热敏电阻短路　　B. 喉管喷头堵塞

C. 加热棒短路　　D. 电路板坏掉

四、简答题

1. 3D 打印的基本过程是什么？

2. 3D 打印的技术有哪些？

3. 熔融沉积成型技术的特点？

4. 3D 打印的安全操作规程有哪些？

第 3 篇　机械创新训练

第9章 机械创新（慧鱼机器人组件）

慧鱼创意组合模型主要用于机械创新设计、自动化技术和机器人技术等主干课的实验教学。慧鱼创意组合模型主要有组合包、培训模型、工业模型三大系列，涵盖了机械、电子、控制、气动、汽车技术、能源技术和机器人技术等领域和高新学科，利用工业标准的基本构件（机械元件/电气元件/气动元件），辅以传感器、控制器、执行器和软件的配合，运用设计构思和实验分析，可以实现任何技术过程的还原，更可以实现工业生产和大型机械设备操作的模拟，从而为实验教学、科研创新和生产流水线的可行性论证提供了可能。

组合包系列产品是以整包形式呈现的创新创意组合散件。每个组合包都提供了指导性的标准模型拼装手册，涉及的专业知识涵盖了机械、电子、自动控制等多个领域，适用于机械、自动化专业类基础教学实践。

9.1 机械创新概述

慧鱼创意组合模型主要部件采用优质尼龙塑胶制造，尺寸精确，不易磨损，可以保证反复拆装的同时不影响模型结合的精确度；慧鱼构件的工业燕尾槽设计使六面都可拼装，独特的设计可实现随心所欲的组合和扩充。慧鱼创意组合模型是技术含量很高的工程技术类智趣拼装模型，是展示科学原理和技术过程的理想教具，也是体现世界最先进教育理念的学具，为创新教育和创新实验提供了最佳的载体。

通过慧鱼模型的组装，程序的编制，任务的完成，阐述机械机构之间的配合关系；各种传感器的安装和使用以及软件程序的编制，实现对电动机的控制，不但操作简单，同时也能使我们了解机械运动的原理。

慧鱼加工中心如图 9-1 所示。它由各种型号和规格的零件构成，类似于积木。慧鱼零件几乎包括了机械课程和日常生活中的所有零件，如机械零件：连杆、凸轮、齿轮（普通齿轮、锥齿轮、斜齿轮、内啮合齿轮、外啮合齿轮等）、蜗轮、蜗杆、螺杆、铰链、带、链条、轴、联轴器、弹簧、减速器、齿轮箱、车轮等；电气零件：直流电动机、灯泡、电磁气阀、行程开关、传感器（光敏、热敏、磁敏、触敏）、可调直流变压器、计算机接口板、PLC 接口板、红外线发射接收装置等；气动零件：储气罐、气缸、活塞、气弯头、手动气阀、电磁气阀、气管等。由这些零件的不同组合便可构造出各式各样的模型。

图 9-1　慧鱼加工中心

9.1.1　慧鱼机器人组件的认知

在慧鱼实验过程中，通过对各类模型的认识和组装，可以熟悉并掌握各类机械设备和自动化装置的常用结构和工作原理。在模型的组建中，学生将运用到机械加工、气动技术、电子电路和软件编程等知识，加深对相关课程的理解。另外通过慧鱼模型的搭建和组装也培养了学生的实际动手能力、解决实际问题能力和创新设计能力。慧鱼机器人组件一般由控制系统、检测装置、执行系统和驱动装置等组成。

1. 控制系统

ROBO TX 控制器是慧鱼机器人的控制系统，实现计算机和模型之间的通信。它可以接收传感器获得的信号，进行软件的逻辑运算；可以将软件的指令传输给机器人，控制机器人的运动。ROBO TX 控制器外形如图 9-2 所示。

2. 检测装置

传感器是一种检测装置，能检测到被测量的信息，并能将检测到的信息按一定规律变换成电信号或其他形式的信息输出，以满足信息的传输、处理、存储、显示、记录和控制等要求。传感器的信号主要分为两大类：一类是模拟信号，指在时间和数值上都是连续变化的信号；另一类是数字信号，指在时间和数值上都是不连续变化的脉冲信号，如高电平或低电平，开或关，逻辑 1 或逻辑 0。传感

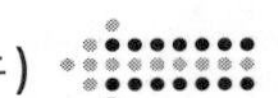

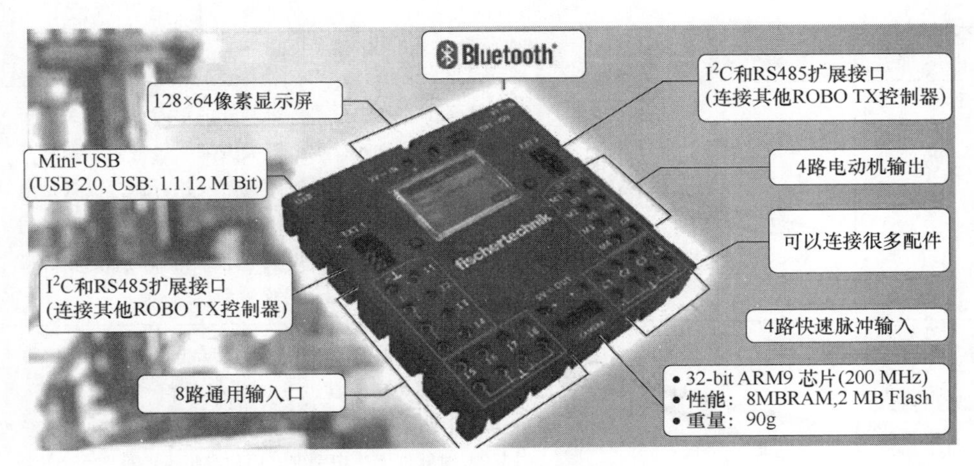

图 9-2　ROBO TX 控制器外形

器是慧鱼机器人的感觉器官。常用传感器见表 9-1。

表 9-1　常用传感器

名称	图　示	说　明
微动开关	3 1 2	尺寸：30mm×15mm×7.5mm，红色部分为触动按键，接口 1 和 2 为常闭接触，接口 1 和 3 为常开接触，一般接入 ROBO TX 控制器的通用输入口 I1～I8，用作数字量信号检测
轨迹传感器		尺寸：30mm×15mm×16mm，有两个红外线发射端和两个红外线接收端，工作时需要独立供电，红色接电源，绿色接地，蓝色和黄色接信号口，一般接入 ROBO TX 控制器的通用输入口 I1～I8，用作数字量信号检测
光敏晶体管		尺寸：15mm×15mm×7.5mm，红色端口为晶体管正极，另一端为晶体管负极，连接时需确保正、负极连接正确。光源使晶体管两极产生电子流，晶体管导通。一般接入 ROBO TX 控制器的通用输入口 I1～I8，用作数字量信号检测

（续）

名称	图示	说明
干簧管		干簧管本质上就是一个常开的单刀单掷开关。干簧管接近磁铁时，类似开关关闭。这是一个瞬时开关，意味着接近磁铁时才会触发执行器，也就是电路导通，但只要移开磁铁，干簧管又会变回原来的断开状态。一般接入 ROBO TX 控制器的通用输入口 I1~I8，用作数字量信号检测
温度传感器		NTC 电阻值随温度的上升而减小，故称为负温度系数电阻，是连续变化的模拟量信号。一般接入 ROBO TX 控制器的通用输入口 I1~I8，温度小于 -2℃时软件无法识别到。用作模拟量信号检测
距离传感器		尺寸：45mm×30mm×16.4mm，有一个超声波发射端，一个超声波接收端，工作时需要独立供电，红色接电源，绿色接地，黑色接信号口，一般接入 ROBO TX 控制器的通用输入口 I1~I8，用作模拟量信号检测
电位器		电位器是一个三端可变电阻器。电阻环上有两个固定的末端，中间端子连接到一个可以旋转移动的黄铜刷上，所以中间端和末端之间的电阻是可变的。一般接入 ROBO TX 控制器的通用输入口 I1~I8，用作模拟量信号检测
光敏传感器		尺寸：15mm×15mm×15mm，阻值随发光强度变化而变化，是连续变化的模拟量信号。一般接入 ROBO TX 控制器的通用输入口 I1~I8，用作模拟量信号检测，模拟量信号识别范围为 0~5kΩ
颜色传感器		尺寸：30mm×15mm×16mm，有一个红色光线发射端，一个红色光线接收端，工作时需要独立供电，红色接电源，绿色接地，黑色接信号口，受距离和外界光线影响，测量距离为 15mm 时状态最佳。一般接入 ROBO TX 控制器的通用输入口 I1~I8，用作模拟量信号检测

3. 执行系统

执行系统是自动化技术工具中接收控制信息并对受控对象施加控制作用的装置。执行系统由一个或多个零件组成，将控制信号转换成相应动作，是慧鱼机器人完成预定功能的重要组成部分。执行系统由机械、电子和气动零件组成。

（1）机械零件　机械零件主要起连接和传动的作用，并承受一定的作用力，构成结构骨架。机械零件包括方块、角块、梁、片、连杆、轴、齿轮、齿条、蜗轮蜗杆、销和板，见表 9-2。

表 9-2　常见机械零件

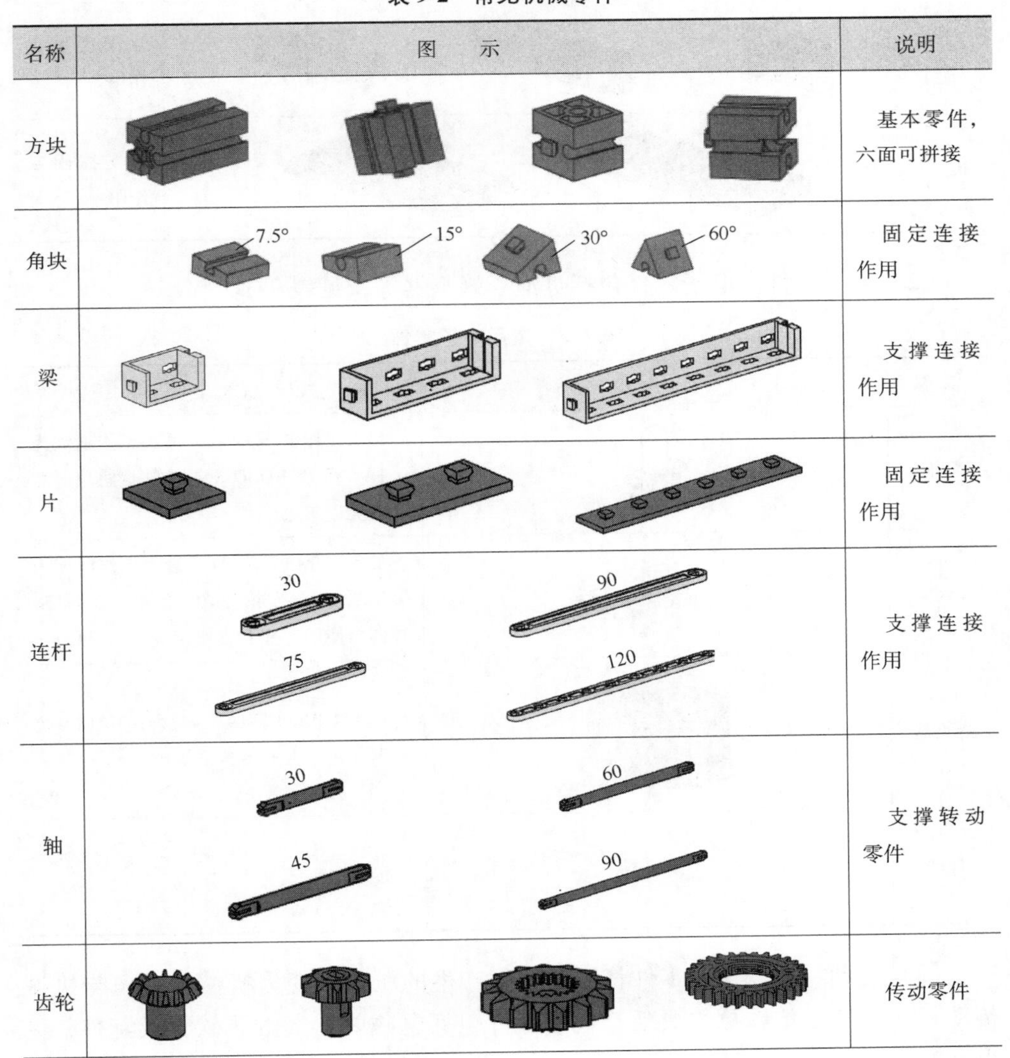

名称	图　示	说明
方块		基本零件，六面可拼接
角块	7.5°　15°　30°　60°	固定连接作用
梁		支撑连接作用
片		固定连接作用
连杆	30　90　75　120	支撑连接作用
轴	30　60　45　90	支撑转动零件
齿轮		传动零件

（续）

名称	图示	说明
齿条		传动零件
蜗轮 蜗杆		传动零件
销	15 30	固定连接作用
板		支撑固定作用

（2）电子零件　电子零件包括灯泡、蜂鸣器等，见表9-3。

表9-3　常用电子零件

名称	图示	说明
灯泡		最大工作电压为9V，最大工作电流为0.1A，配合ROBO TX控制器使用，有1~8亮度等级
透镜灯		最大工作电压为9V，最大工作电流为0.15A，作为发射光源，配合ROBO TX控制器使用，有1~8亮度等级
蜂鸣器		最大工作电压为9V，配合ROBO TX控制器使用，有1~8声音等级
导线		传输电流

（3）气动零件　气动零件将压缩空气产生的压力转变为机械动力。与机械传动相比，气压传动更加灵活。气动零件包括电磁阀、气缸、软管及配件，见表9-4。

表 9-4　常用气动零件

名称	图　示	说　明
电磁阀		气动控制零件，二位三通电磁阀，最大工作电压为 9V，最大工作电流为 130mA
气缸		承受气体压力，是重要的传动零件
软管及配件		传输气体

4. 驱动装置

驱动装置为慧鱼机器人运动提供动力，是驱使执行系统运动的零件。慧鱼机器人使用的驱动装置主要是电动机和气泵，见表 9-5。

表 9-5　常用驱动装置

名称	图　示	说　明
迷你电动机		尺寸：37.5mm×30mm×23mm，最大工作电压为 9V，最大工作电流为 0.65A，最大转速为 6000r/min，配合 ROBO TX 控制器使用，可以调整 1~8 级速度
XS 电动机		尺寸：30mm×15mm×20mm，最大工作电压为 9V，最大输出电流为 0.3A，输出功率为 1.0W，最大转速为 6000r/min，配合 ROBO TX 控制器使用，可以调整 1~8 级速度
XM 电动机		尺寸：60mm×30mm×30mm，最大工作电压为 9V，最大功率为 3.0W，最大转速为 340r/min，配合 ROBO TX 控制器使用，可以调整 1~8 级速度

（续）

名称	图示	说明
编码电动机	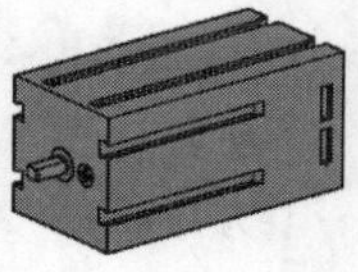	尺寸：60mm×30mm×30mm，内置独立计数器，最大工作电压为9V，最大工作电流为0.5A，最大转速为1800r/min，配合ROBO TX控制器使用，可以调整1~8级速度
气泵		尺寸：60mm×30mm×30mm，产生压缩空气，作为动力源，最大工作电压为9V，输出气压为0.7~0.8MPa
电源		9V直流电源
可充电池		输出电压为8.4V，电容为1500mAh，最大充电时间为2h
太阳能电池板		最大输出电压为1V，最大输出电流为400mA，用于配合太阳能电动机使用
太阳能电动机	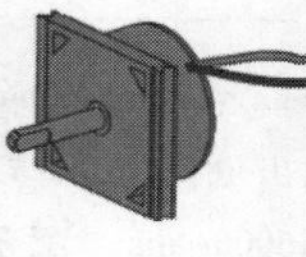	工作电压为2V，根据负载和外部光源不同，选配1~4块太阳能电池板

9.1.2 慧鱼机器人编程基础

1. ROBO TX控制器应用

ROBO TX控制器是慧鱼机器人的核心，如图9-2所示。ROBO TX控制器功能描述见表9-6。

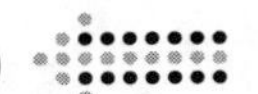

表 9-6　ROBO TX 控制器功能描述

编号	名　称	功　能
1	USB 2.0 接口	连接计算机，附带适用的 USB 连接线
2	左侧选择按钮	设置显示屏菜单
3	电池接口，9V IN	连接充电电池
4	显示屏	显示控制器状态，下载程序等信息
5	开关	接通或断开开关
6	右侧选择按钮	设置显示屏菜单
7	直流电插口，9V IN	连接电源
8	EXT2 扩展口	可连接更多控制器
9	输出口 M1～M4 或 01～08	可以连接 4 个电动机，也可以连接 8 个灯泡或电磁铁
10	输入口 C1～C4	快速计数输入端口，也可作为数字输入端口
11	9V OUT	可为颜色传感器、轨迹传感器、超声波传感器提供 9V 直流工作电压
12	摄像头接口	连接摄像头
13	通用输入口 I1～I8	连接数字量传感器和模拟量传感器
14	EXT1 扩展口	可连接更多控制器

2. ROBO Pro 软件

ROBO Pro 软件是专门针对 ROBO TX 控制器、ROBO 接口板设计的一款编程软件。为了简化编程过程，ROBO Pro 软件采用图形化编程方法，初学者通过一段时间的简单学习，加上已有逻辑思维能力，就可以掌握编程，实现慧鱼机器人的自动化控制。

（1）安装 ROBO Pro 软件　ROBO Pro 的安装软件可以到北京中教仪人工智能科技有限公司官网下载，https://www.cedutech.com/h-col-125.html 中 ROBO-Pro4.66.zip 为最新版本软件，建议使用。使用时要求对硬件控制器进行版本更新。

（2）ROBO Pro 软件的界面介绍　ROBO Pro 软件界面由菜单栏、工具栏、编程模块栏、编程窗口等组成，如图 9-3 所示。

1）菜单栏。菜单栏包括文件、编辑、绘图和查看等，见表 9-7。

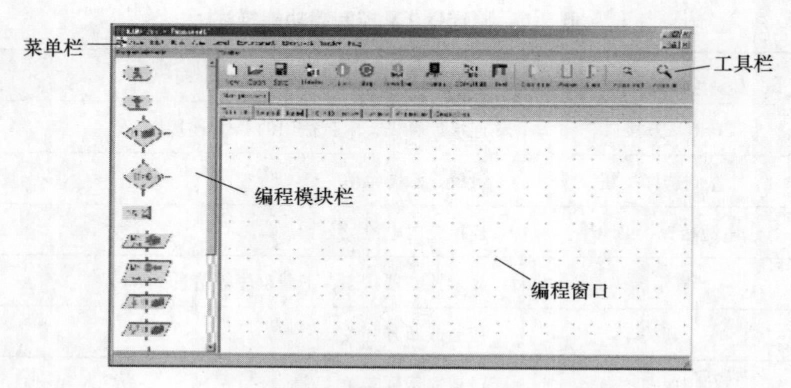

图 9-3　ROBO Pro 软件界面

表 9-7　菜单栏功能介绍

菜单	说　明
File　文件	包含新建、打开、存储、打印、用户自定义库等
Edit　编辑	包含撤销、剪切、复制、粘贴、子程序操作、选择程序备份数量
Draw　绘图	对已绘制连接线的编辑与设置
View　查看	设置工具栏显示状态
Level　级别	设置编程级别，共有 5 个级别
Environment　环境	控制器类型设置，默认为 ROBO TX 控制器，无须改动
Bluetooth　蓝牙	设置蓝牙连接
Window　窗口	设置编程窗口的显示方式
Help　帮助	包括查看软件属性、帮助、访问官网及下载更新

2）工具栏。工具栏将菜单栏中常用的命令以单独的形式体现出来，见表 9-8。

3）编程模块栏。在 Level1（一级）中，编程模块栏只显示最基本的模块；在 Level2（二级）及以上级别中，编程模块栏分栏显示，上部为编程模块组，下部为编程模块，如图 9-4 所示。

4）ROBO Pro 软件界面如图 9-5 所示。打开 ROBO Pro 软件时，创建一个新文件。

如图 9-6 所示，编程窗口上方出现 “Main program” 界面，具体功能见表 9-9。

表 9-8　工具栏介绍

工具	说　明	工具	说　明
New	新建一个编程窗口	TXTTX Environ.	切换控制器编程环境
Open	打开一个 ROBO Pro 程序	Bluetooth	设置蓝牙通信
Save	保存当前的 ROBO Pro 程序	COM USB COM/USB	设置 ROBO TX 控制器与计算机的连接方式
Delete	删除编程窗口中的编程模块或子程序模块	Test	联机模式下测试 ROBO TX 控制器端口
New sub	新建一个子程序	Continue	在调试模式下执行程序
Copy	复制当前子程序	Pause	在调试模式下暂停程序
Delete	删除当前子程序	Step	在调试模式下单步执行程序
Start	在联机（ROBO TX 控制器与计算机连接）模式下运行当前程序	Zoom out	缩小编程模块
Stop	终止所有运行的程序	Zoom in	放大编程模块
Download	下载程序，将编写好的程序下载到 ROBO TX 控制器		

表 9-9　编程窗口功能介绍

选项标签	说　明	选项标签	说　明
Function（功能）	主程序显示区域	TXT/TX Display（显示屏）	编辑控制器显示屏的区域
Symbol（符号）	子程序被引用时的符号	Camera（摄像头）	摄像头回调窗口功能
Panel（面板）	控制面板绘制区域	Properties（属性）	设置主程序或子程序属性
		Description（描述）	描述程序的功能

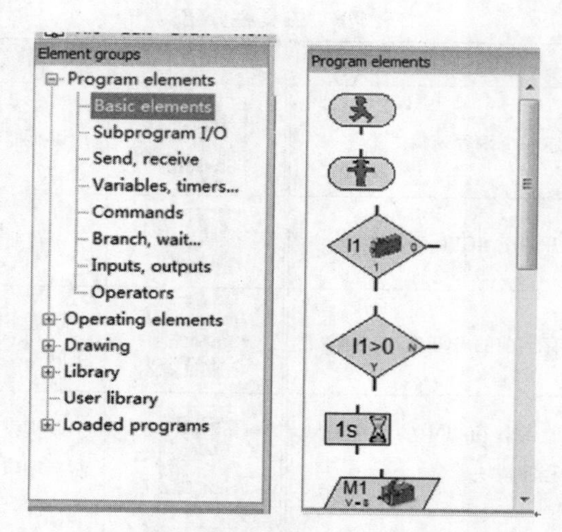

图 9-4　编程模块组与编程模块

图 9-5　ROBO Pro 软件界面

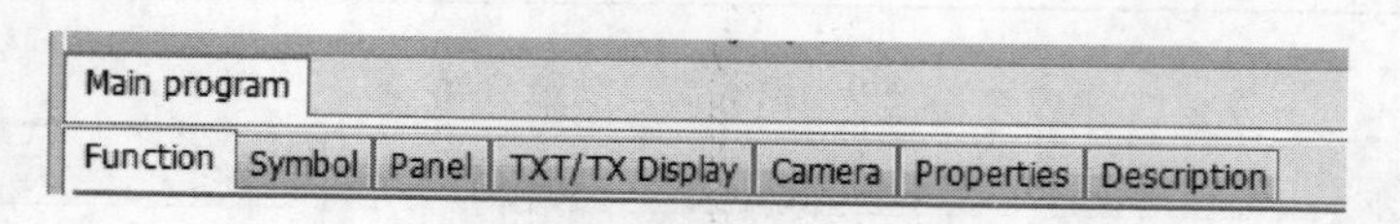

图 9-6　主界面工具栏

5）状态栏可以实时显示鼠标的坐标。

（3）流程图简介　ROBO Pro 软件采用了模块组成的流程图进行编程。流程图是图像化的逻辑算法，使用简单模块和箭头表达事物之间的逻辑关系。

下面介绍几种常用的流程图模块见表 9-10，通过对 ROBO Pro 软件中模块的学习加强对流程图的理解。

表 9-10　流程图介绍

名称	ROBO Pro 图标	说　明
Terminator（终端模块）		程序的起始或结束模块
Process Block（进程模块）	M1 V=8	代表发生的进程，如起动电动机、打开电灯、读取数值等
Decesion Block（决策模块）	I1 0 1	比较变量数值或开关位置后，将程序分为不同分支
Data Block（数据模块）	1s	变量赋值或延时
Flow Lines（流线）	M1 V=8	展示各模块的逻辑顺序

（4）ROBO Pro 编程方法　打开 ROBO Pro 软件，选择菜单栏上的“File”命令，选择“New”（新建）命令。如图 9-7 所示，单击“ ”表示的“Start”（起始）模块，然后松开鼠标左键，将鼠标移动到空白的编程窗口，再次单击，将选择的模块放置于合适的位置；也可以采用拖动的方式移动编程模块。将“1s ”表示的“Wait”（延时）模块和“ ”表示的“Stop”（结束）模块拖动到编程窗口。

将鼠标放到起始模块的流线出口，光标变成小手形状，单击并移动鼠标就可以拖动流线的箭头。如果编写有错误，可以选择需要删除的流线，按“Delete”按键。

如图 9-8 所示，右击“Wait”模块，弹出快捷菜单，选择“属性”命令，出现“属性”对话框，在“Time”（时间）栏中填入“10”，“Timeunit”（时间单位）设置为“1s”，单击“OK”按钮，完成 10s 延时命令的设置。

注意：起始和结束模块的属性无须更改，使用默认设置。

如图 9-9 所示，这个简单的程序基本编写完成，可以编辑几个注释来说明各模块的功能。选择“Drawing functions”（功能描述）模块，只能使用字母、数字及一些常用符号描述。

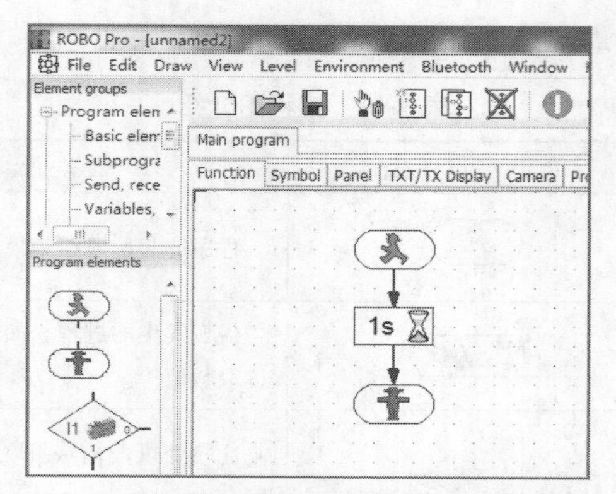

图 9-7 起始、延时、结束模块间的连接

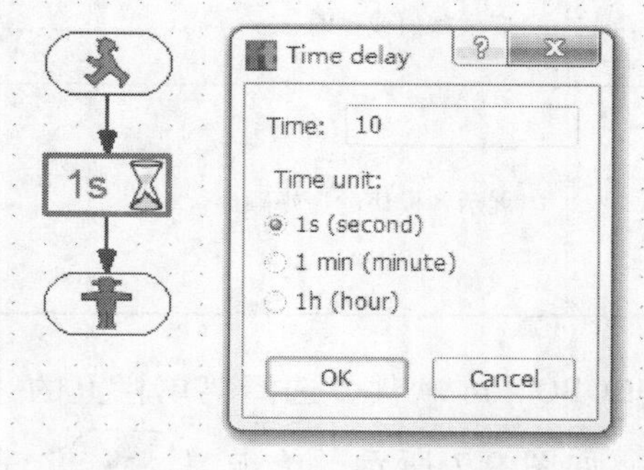

图 9-8 设置延时模块

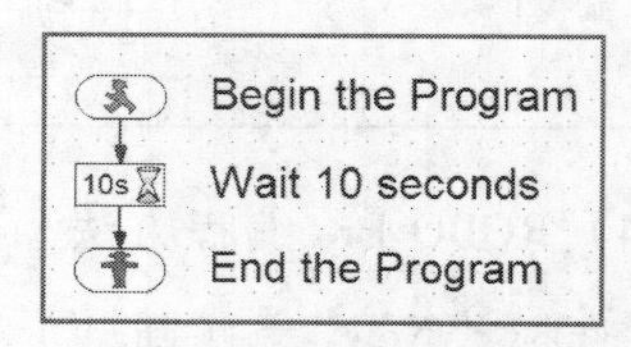

图 9-9 描述程序功能

如图 9-10 所示，单击工具栏上的“COM/USB”按钮，测试这个简单的程序，在“Port”（接口）栏中，选择“Simulation”（模拟）单选按钮，其余选项不变，单击“OK”按钮。

如图 9-11 所示，单击工具栏上的“Start”按钮，可以在没有连接控制器的情况下，模拟运行这个简单的程序。

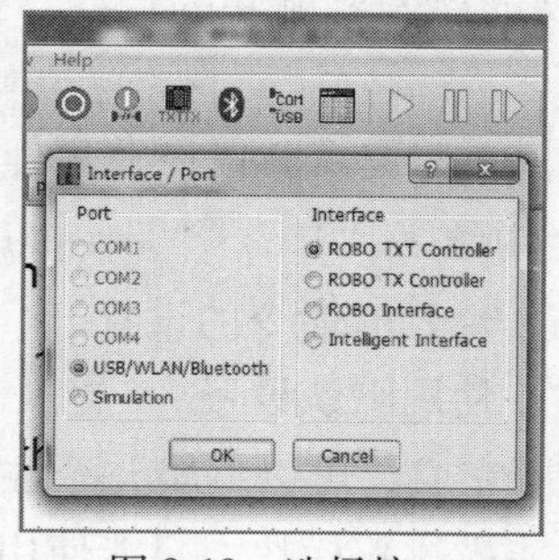

图 9-10 选择接口

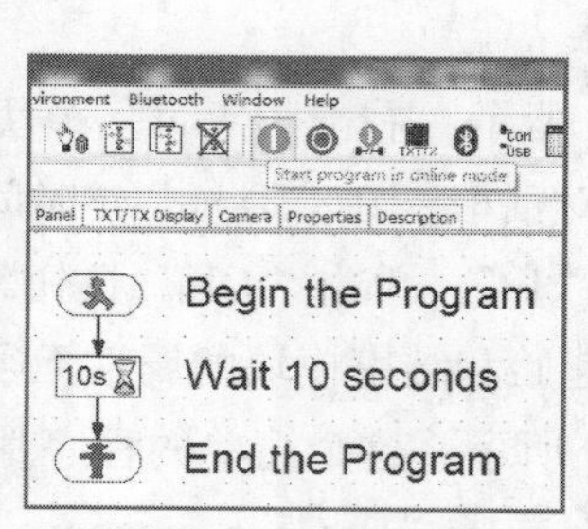

图 9-11 启动程序

程序启动后，依次运行，在延时模块处暂停 10s，然后程序结束。

现在对 ROBO Pro 软件的基本编程方法已经有了一个初步的认识。对于编程模块，可以右击该模块，弹出模块的帮助指南，如图 9-12 所示。

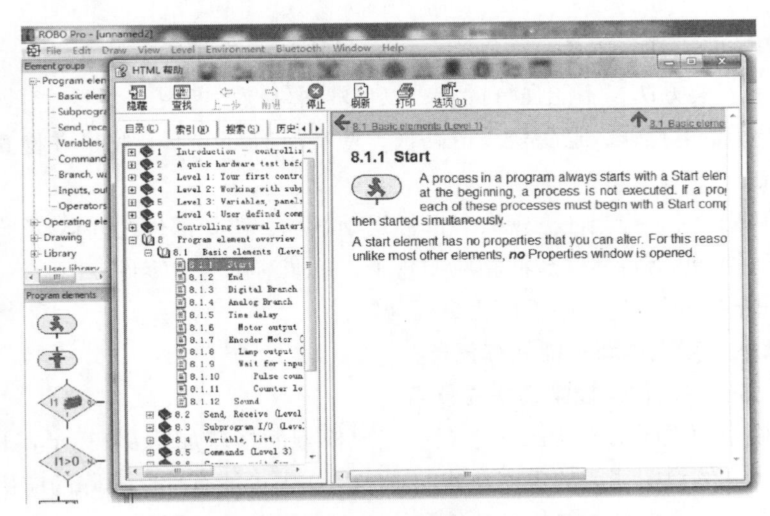

图 9-12　ROBO Pro 软件帮助指南

9.2　机械创新技能训练

通过慧鱼机器人，可以进行视觉、触觉和辨别能力的综合训练；促进手与脑、手与手臂的协调发展；促进顺序、逻辑、推论、计算、选择、构造、修正等智能的成长；在想象、感觉、表达、改进模型的过程使创造力成长；在培养自信心、耐心、注意力、独立自主能力及团队精神的同时，强调个性的发展。

搭建和最初控制慧鱼机器人，是非常重要的环节，一定要格外认真。连接各个电气元件时，需严格按照说明书操作，然后检查以确保准确无误。在进行机械结构搭建时，特别要注意连接的平滑度，尤其是齿轮与紧固件的连接，不可太用力，以免损坏元器件。

9.2.1　慧鱼机器人创新技能训练操作规程

1）实训前针对所选用的模型按照清单清点零件个数，熟悉模型的各个零部件组成、数量，并详细阅读说明书。保管好每一个零件，尤其是细小零件，以免丢失。

2）熟悉零件分装方式，了解零件分装的大致规律。

3）在进行模型搭建前，找出所需的零件，然后按照拼装图把这些零件一步一步搭建上去。

4）注意需要拧紧的地方（如轮心与轴）都要拧紧，否则模型就无法正常运行。

5）组装时，注意不要野蛮操作，对模型的各个零部件应轻拿轻放，应认真观察零件的安装方法，不能强行拆装，以免塑料件产生断裂或变形。

6）严禁带电操作，避免烧毁电路板，应在所有部件安装完毕并检查无误后接电源调试。

7）在调试时，应当注意观察各部件运动状况，避免部件之间运动干涉。

8）拆除模型后将零件放回相应的盒子，按照清单清点零件。

特别提醒：训练过程中不能丢失任何零件。

9.2.2 慧鱼机器人创新技能训练任务

1. 慧鱼机器人创意模型的搭建任务

按照模型的说明书或自己的创意，完成模型的搭建如图 9-13 所示，并具有某些功能。举例说明完成的模型在我们现实生活中可能有什么实际的应用。了解结构的基本单元或构件的结构、功能和用途；了解几种常用结构的工作原理和搭建过程。了解常用控制的类型、特点、功能和用途；了解几种常用结构的控制原理和过程。

图 9-13　寻踪车模型

2. 慧鱼机器人创新技能训练项目评分表

操作完成后根据评分表进行评分，再递交组长复评，最后递交指导教师终评。慧鱼机器人创新技能训练项目评分表，见表 9-11。

表 9-11　慧鱼机器人创新技能训练项目评分表

零件编号：　　　　　　姓名：　　　　　　学号：　　　　　　总分：

序号	鉴定项目及标准		配分	自己检测	组长检测	指导教师检测	指导教师评分
1	知识（25 分）	构建创新元素	10				
		程序编制合理性	15				
2	技能（70 分）	创新组件的搭建	15				
		程序编制及导入	10				
		整体效果可视性	15				
		运行参数调试	10				
		创新组件的运行	20				
3	素养（5 分）	元、器件摆放和操作习惯等	5				
合计			100				

操作者签字：　　　　　　组长签字：　　　　　　指导教师签字：

9.2.3　慧鱼机器人创新技能训练过程

1. 预备工作

一般情况下，预备工作需要包括以下 3 项：连接固定搭配零件；制作连接导线；裁剪软管和固定电磁阀。

（1）连接固定搭配零件　在慧鱼模型中，有一些零件只能完成某个特定任务，所以这些零件的拼装相对固定，可以在进行拼装之前进行预拼装。图 9-14 所示为固定搭配零件的预拼装。

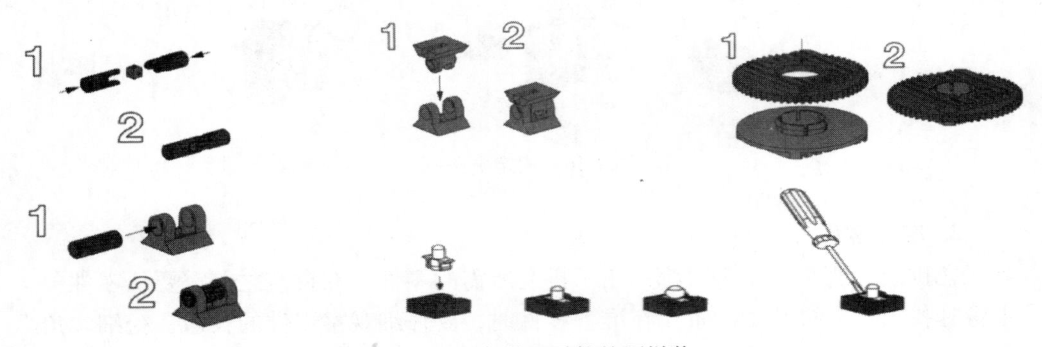

图 9-14　固定搭配零件的预拼装

（2）制作连接导线（图 9-15）　确定导线的长度和数量时，可以参考每个组合包中的操作手册里推荐的导线长度和数量。在自己设计模型时，就需要根据自己模型的实际位置以及走线的合理布置选择合适的长度以及所需导线数量。

制作接线头时，将导线两头分叉 3cm 左右，两头分别剥去塑料护套，露出约 4mm 左右的铜线，把铜线向后弯折，插入线头旋紧螺钉。

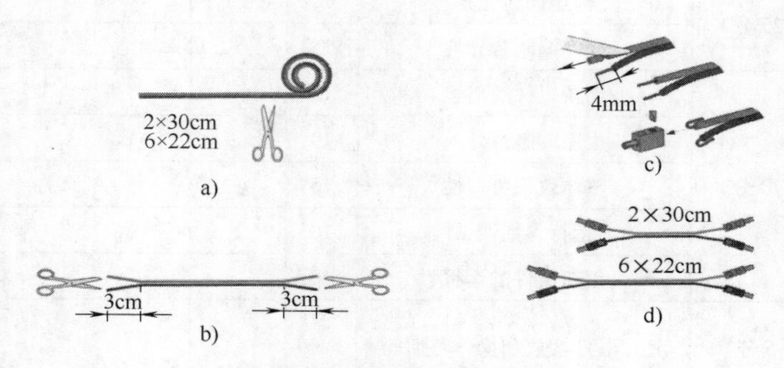

图 9-15　制作连接导线

（3）裁剪软管和固定电磁阀　相比于制作导线，软管的裁剪就显得十分简单，只需将软管按推荐长度剪下。同时由于电磁阀没有燕尾插槽，还需要将电磁阀固定到指定零件上，一般采用双面胶固定，如图 9-16 所示。

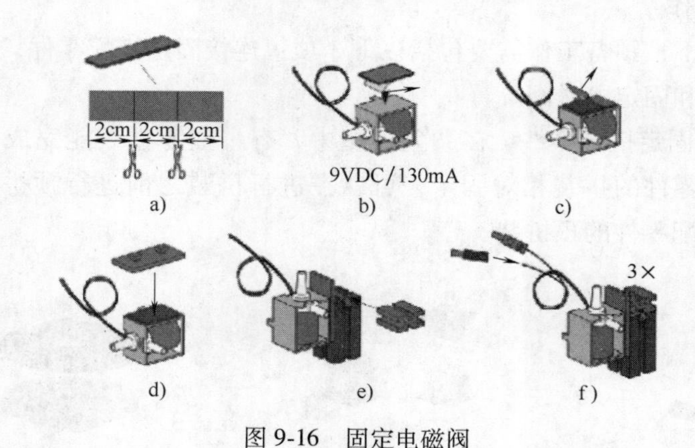

图 9-16　固定电磁阀

2. 准备零件

在拼装手册每一步旁，都列出了拼装所需的零件，在拼装之前需要从零件包中将其找出，为拼装做准备。在准备零件时，要仔细观察零件的长短、粗细、角度等细微差别，如图 9-17 所示。

3. 拼装过程

在拼装时，要按照步骤逐一拼装，尽量每步都接近理想位置，以减少累积误

图 9-17　不同角度的角块

差，同时还要注意拼装的先后顺序。寻踪车模型拼装步骤如图 9-18 ~ 图 9-38 所示。

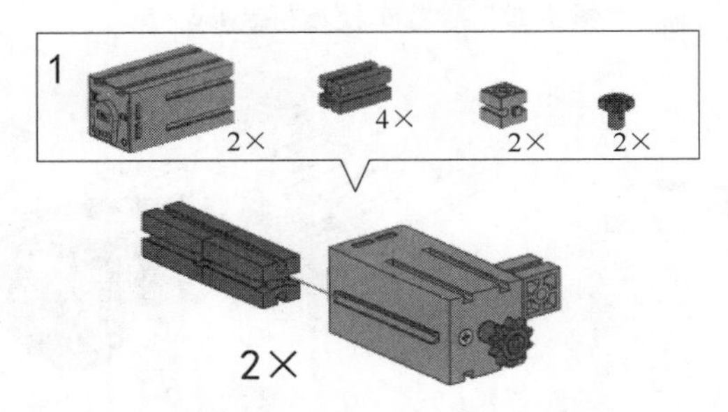

图 9-18　寻踪车模型拼装步骤 1

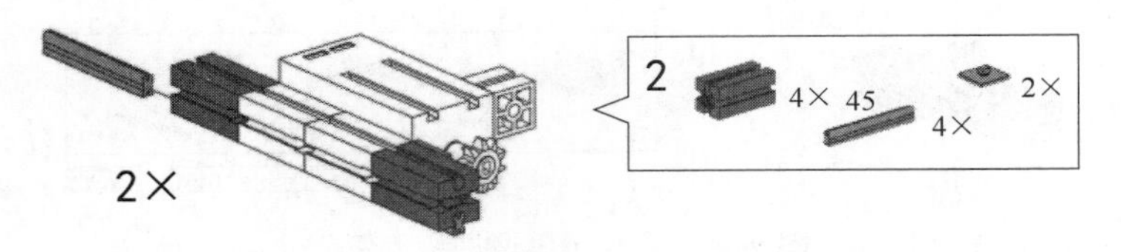

图 9-19　寻踪车模型拼装步骤 2

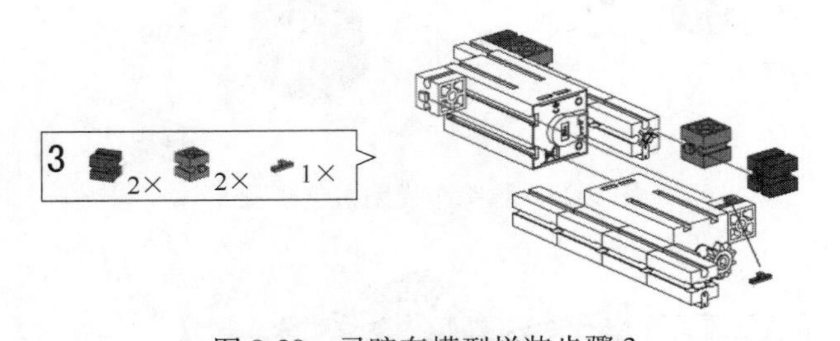

图 9-20　寻踪车模型拼装步骤 3

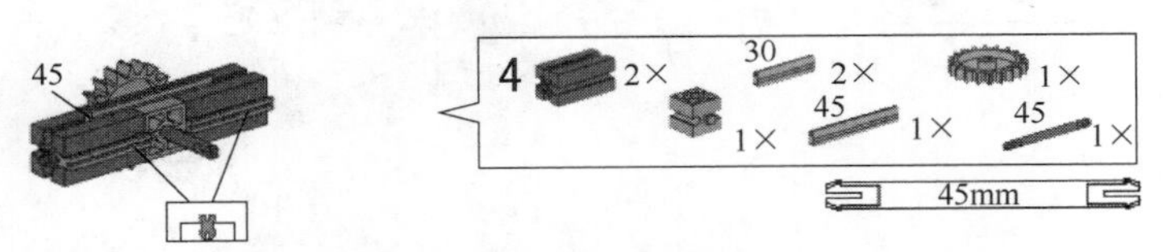

图 9-21　寻踪车模型拼装步骤 4

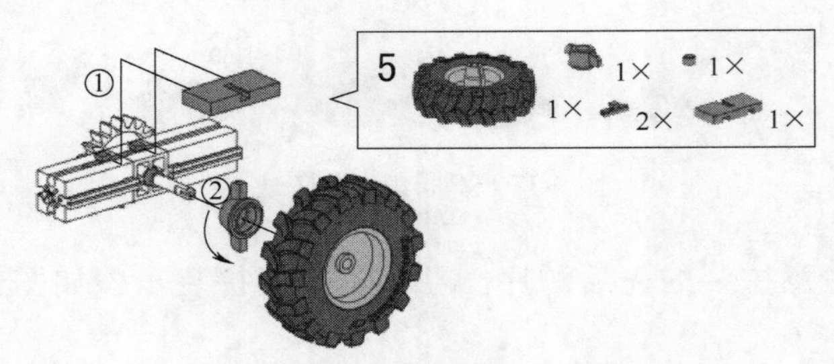

图 9-22　寻踪车模型拼装步骤 5

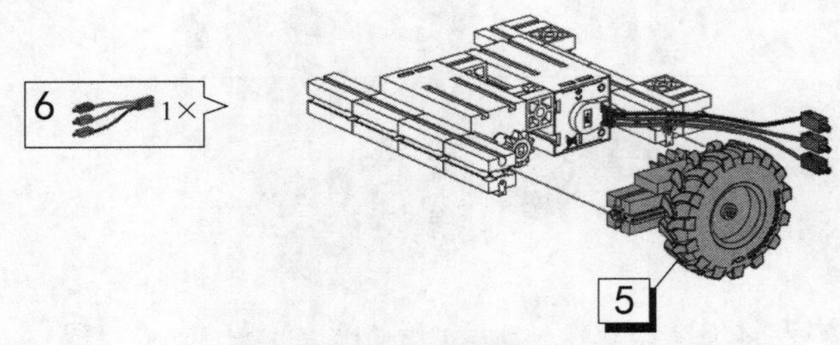

图 9-23　寻踪车模型拼装步骤 6

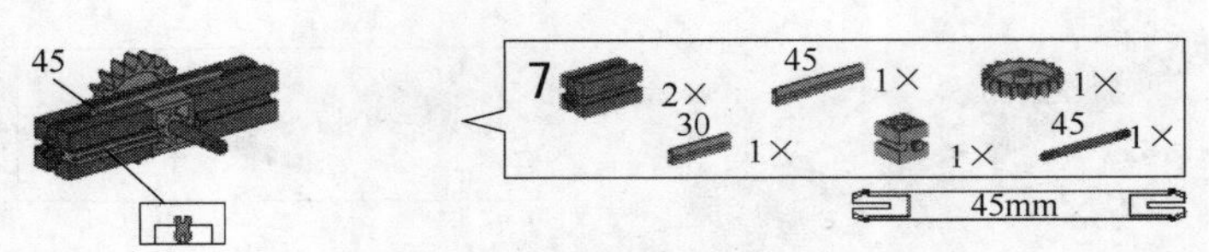

图 9-24　寻踪车模型拼装步骤 7

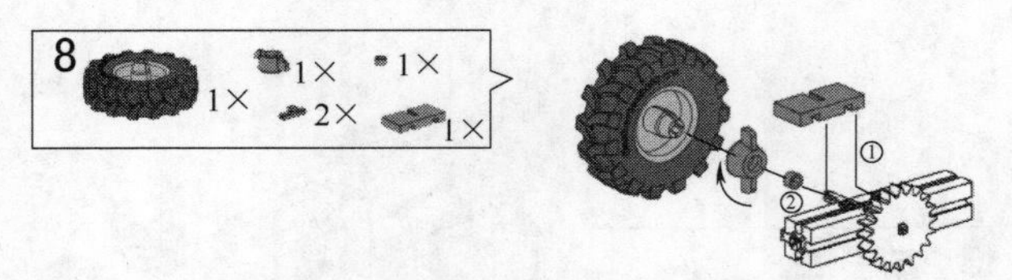

图 9-25　寻踪车模型拼装步骤 8

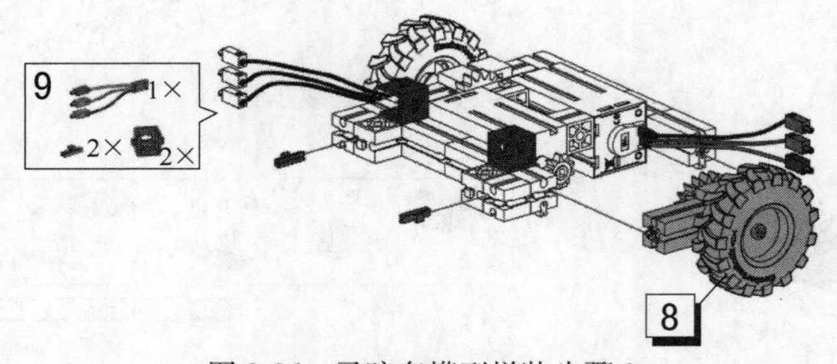

图 9-26　寻踪车模型拼装步骤 9

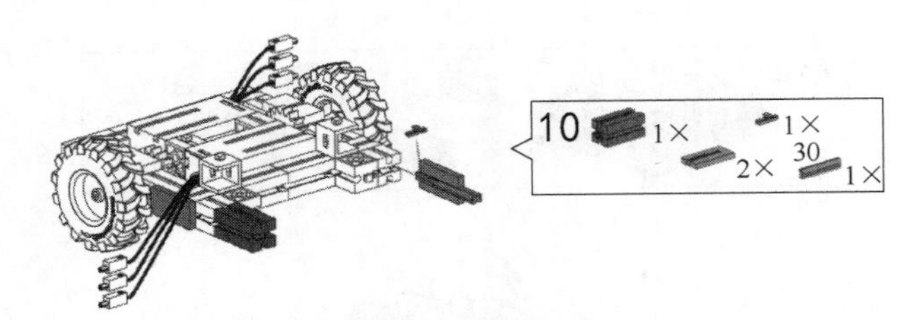

图 9-27　寻踪车模型拼装步骤 10

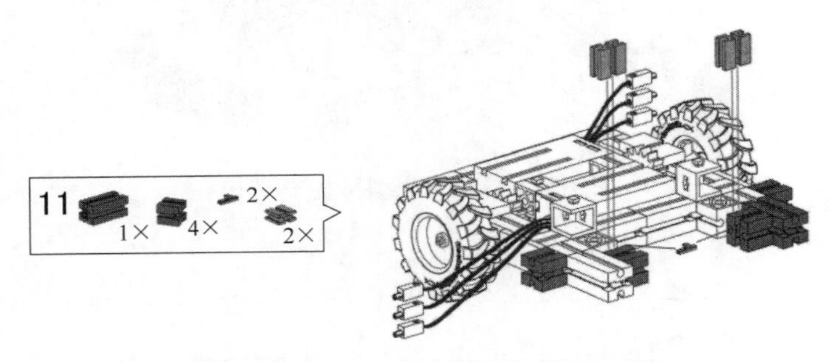

图 9-28　寻踪车模型拼装步骤 11

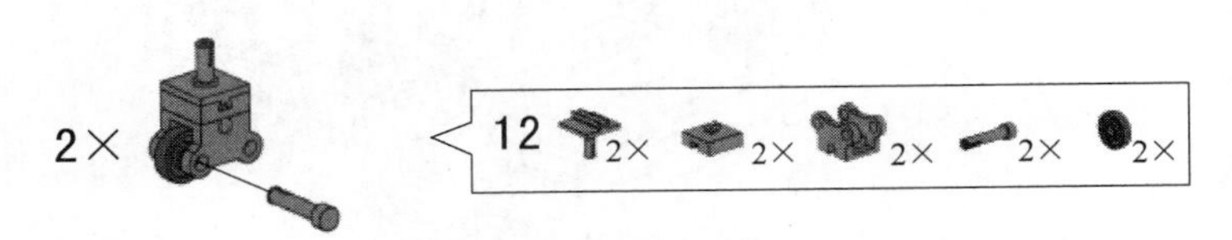

图 9-29　寻踪车模型拼装步骤 12

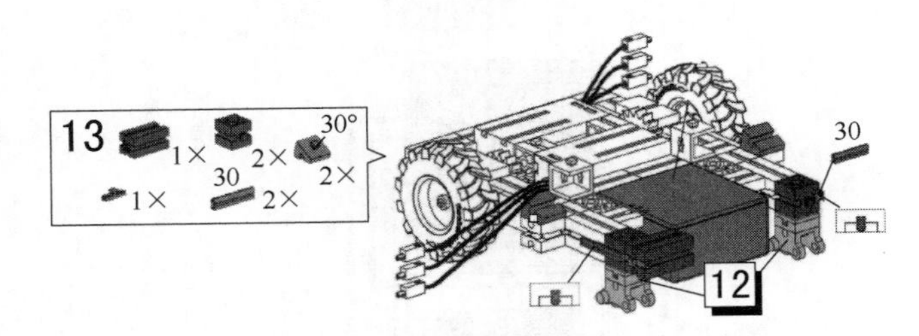

图 9-30　寻踪车模型拼装步骤 13

回路连接包括气动回路连接与电气控制回路连接。

气动回路连接要求连接处密封可靠，特别注意气缸、电磁阀与回路正确连接。

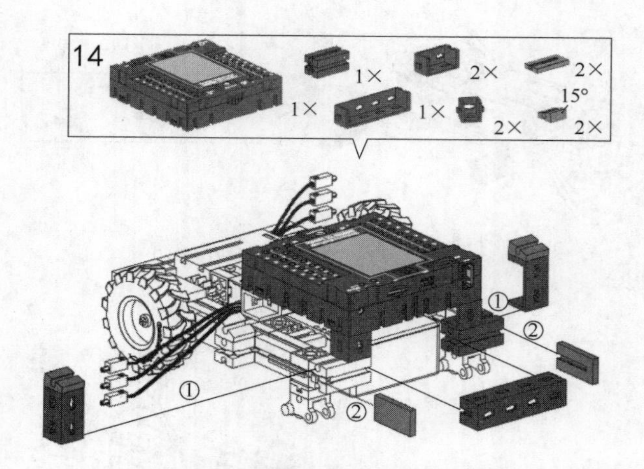

图 9-31　寻踪车模型拼装步骤 14

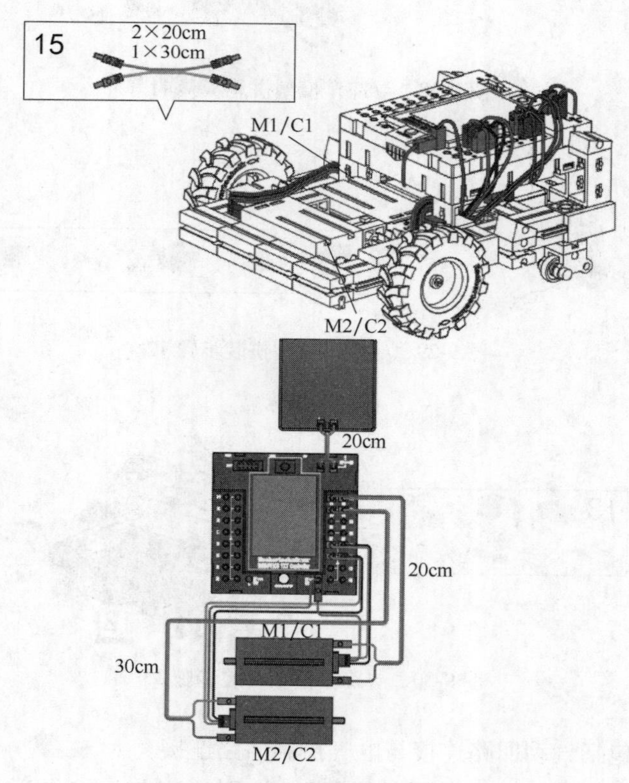

图 9-32　寻踪车模型拼装步骤 15

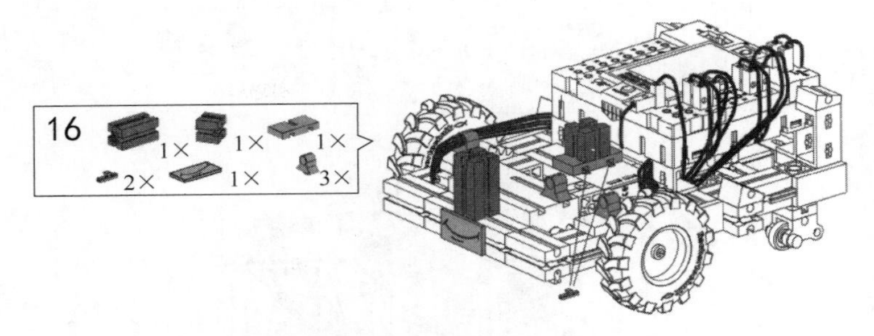

图 9-33　寻踪车模型拼装步骤 16

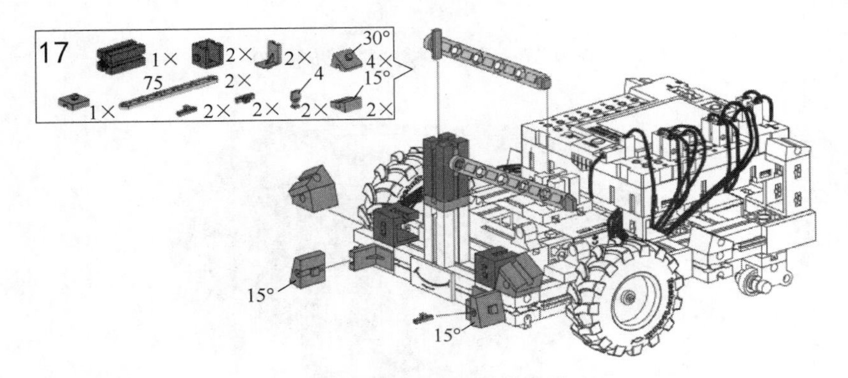

图 9-34　寻踪车模型拼装步骤 17

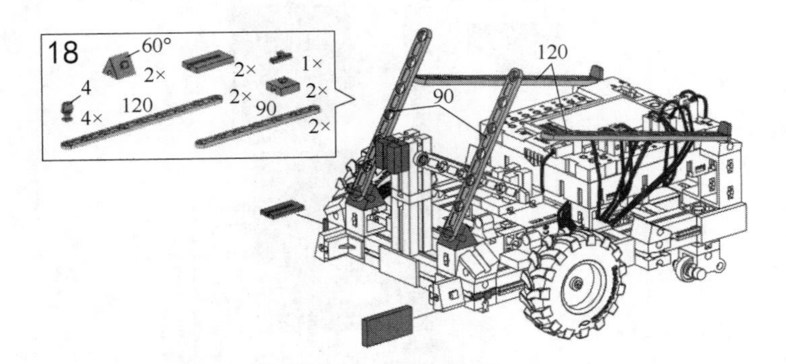

图 9-35　寻踪车模型拼装步骤 18

图 9-36　寻踪车模型拼装步骤 19

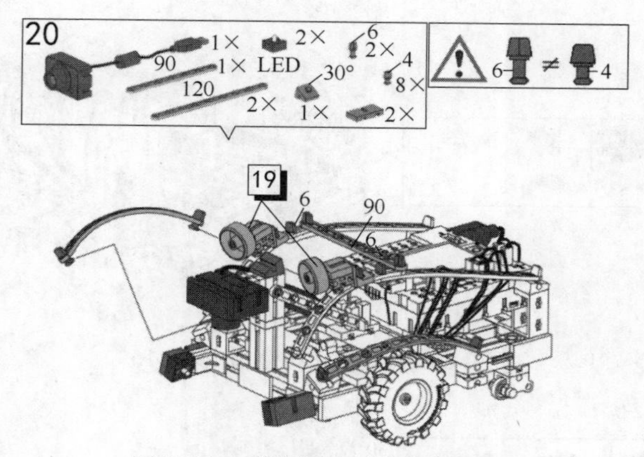

图 9-37　寻踪车模型拼装步骤 20

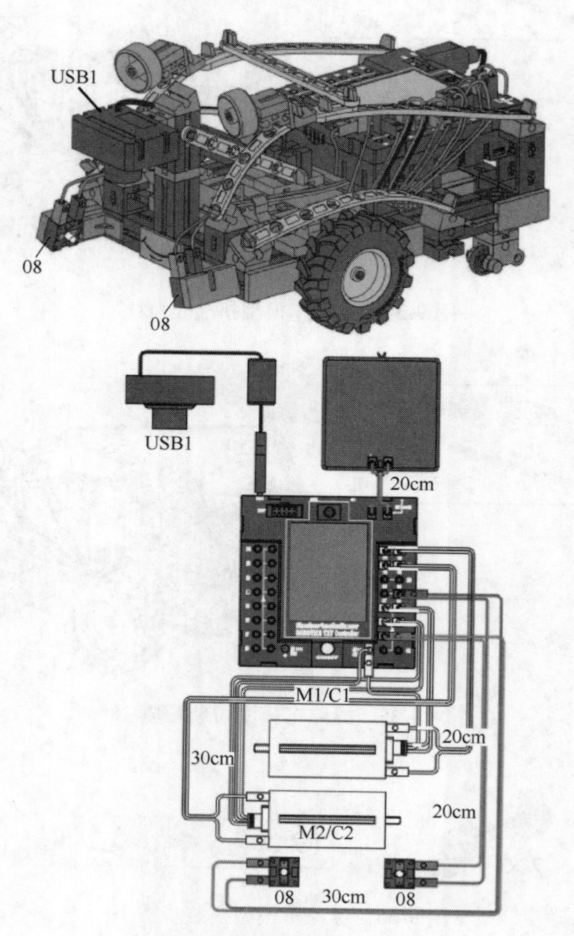

图 9-38　寻踪车模型拼装步骤 21

电气控制回路连接要求正确连接正负极（对要求正负极的设备），同时注意插头的连接是否可靠，对于比较松动的插头，用组合包中的螺钉旋具将插头的十字缝隙加大，增加插头的圆形外径，使其接触牢固可靠。

4. 寻踪车的编程

搭建好寻踪车模型后，下面我们来学习编写相关程序，让寻踪车完成指定功能。

（1）基本任务　寻踪车直线向前3s，然后直线向后3s，观察寻踪车能否精确回到起点。

1）使用“Motor output”（普通电动机）和“Timedelay”（延时）模块的直线控制程序，如图9-39所示。

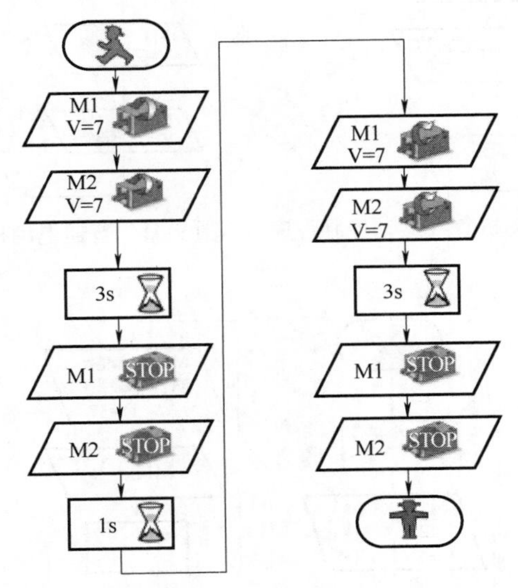

图9-39　普通电动机直线运动控制程序

2）使用“Encoder Motor”模块的“Distance”功能，可以保证两个电动机转动距离相同，如图9-40所示。

在实验过程中，我们可以观察寻踪车是否回到了原点，如果寻踪车没有准确回到原点，请分析一下可能的原因。

（2）转向控制　为寻踪车编写转弯控制程序。

1）使用“Motor output”（普通电动机）和“Timedelay”（延时）模块的转弯控制程序，如图9-41所示。

2）使用“Encoder Motor”模块的“Distance”功能的转弯控制程序，如图9-42所示。

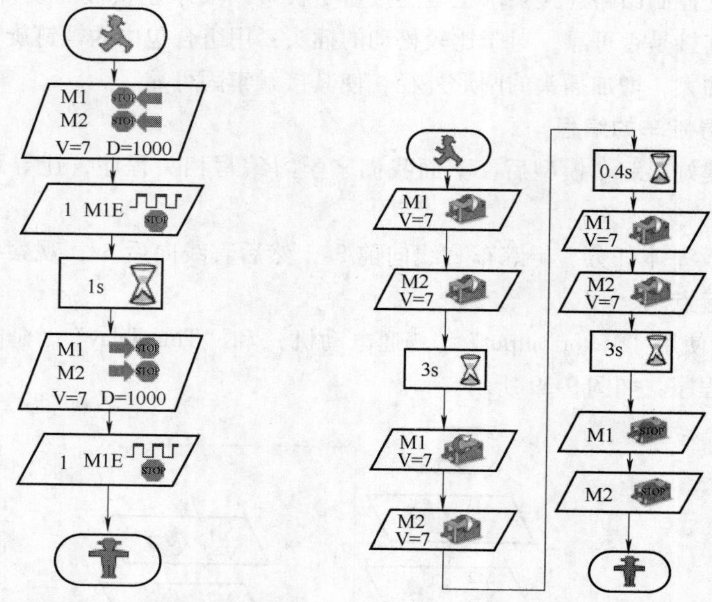

图 9-40 编码电动机直线运动控制程序　　图 9-41 普通电动机转弯控制程序

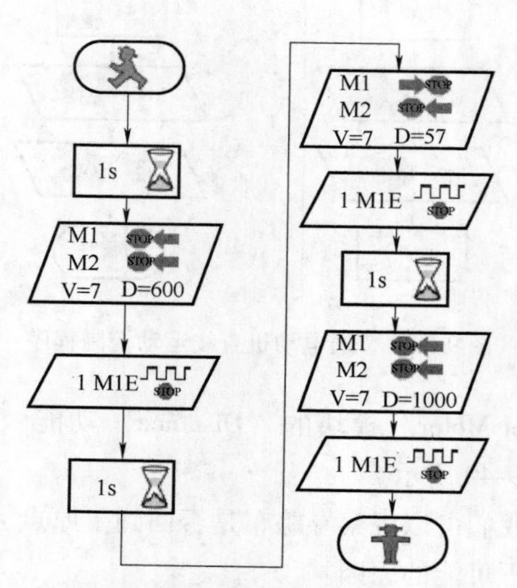

图 9-42 编码电动机转弯控制程序

（3）寻迹任务　寻踪车能够直线前行，也能转向行走。现在我们让寻踪车能够沿着黑色轨迹来行走。如果寻踪车丢失轨迹或到达轨迹末端，则寻踪车停止，两个指示灯闪烁 3 次。可以参考图 9-43 和图 9-44 所示的程序编写。

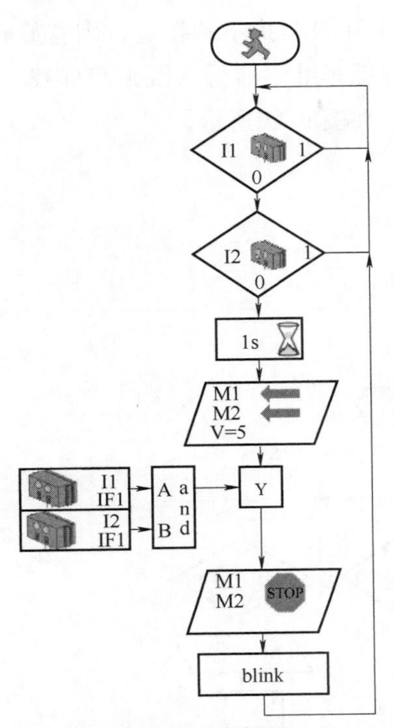

图 9-43　寻踪车寻迹程序

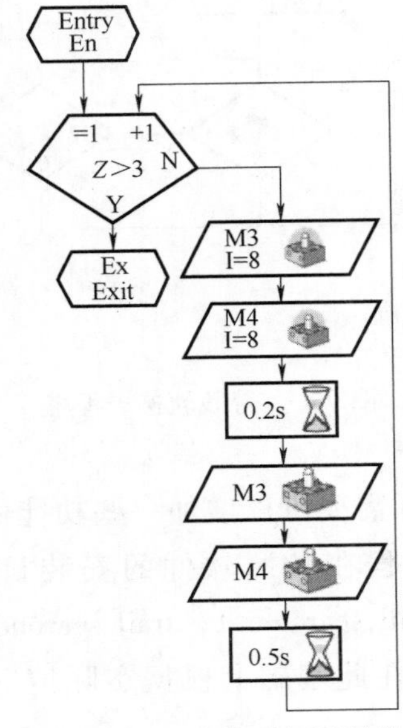

图 9-44　blink 指示灯子程序

（4）寻找轨迹　如果寻踪车找不到轨迹，则它旋转一圈寻找轨迹，如果没有检测到黑色轨迹，则寻踪车继续前行一段距离寻找；如果转了 10 圈仍未能找到轨迹，则寻踪车停止，如图 9-45 所示。

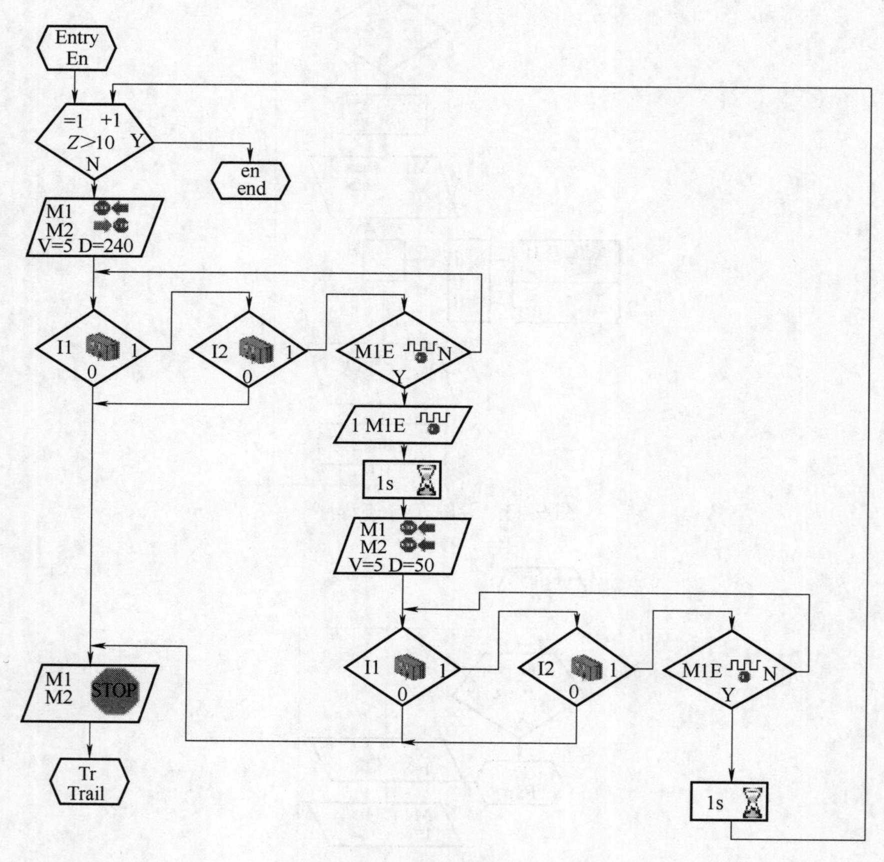

图 9-45　寻找轨迹子程序

在此基础上，结合实际需要可以增加一些功能做成类似足球机器人、叉车机器人等。寻踪车的编程在参照软件的安装目录下，找到“ROBO TX Training Lab”文件夹中 trail searcher-1，trail searcher-2，trail searcher-3 这三个文件，如图 9-46 所示。在此基础上根据实际情况，自己可以进一步完善程序。

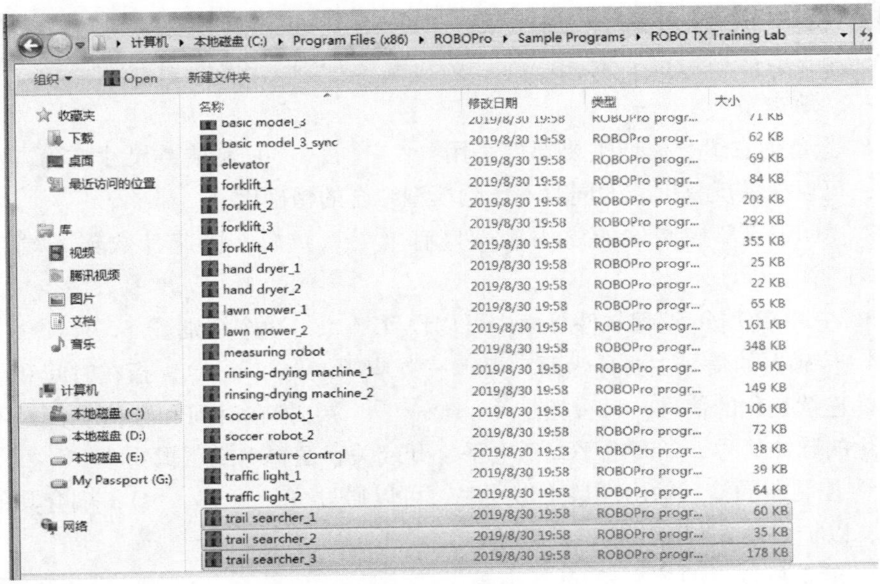

计算机 ▸ 本地磁盘 (C:) ▸ Program Files (x86) ▸ ROBOPro ▸ Sample Programs ▸ ROBO TX Training Lab

组织 ▾　Open　新建文件夹

收藏夹　下载　桌面　最近访问的位置　库　视频　腾讯视频　图片　文档　音乐　计算机　本地磁盘 (C:)　本地磁盘 (D:)　本地磁盘 (E:)　My Passport (G:)　网络

名称	修改日期	类型	大小
basic model_3	2019/8/30 19:58	ROBOPro progr...	71 KB
basic model_3_sync	2019/8/30 19:58	ROBOPro progr...	62 KB
elevator	2019/8/30 19:58	ROBOPro progr...	69 KB
forklift_1	2019/8/30 19:58	ROBOPro progr...	84 KB
forklift_2	2019/8/30 19:58	ROBOPro progr...	203 KB
forklift_3	2019/8/30 19:58	ROBOPro progr...	292 KB
forklift_4	2019/8/30 19:58	ROBOPro progr...	355 KB
hand dryer_1	2019/8/30 19:58	ROBOPro progr...	25 KB
hand dryer_2	2019/8/30 19:58	ROBOPro progr...	22 KB
lawn mower_1	2019/8/30 19:58	ROBOPro progr...	65 KB
lawn mower_2	2019/8/30 19:58	ROBOPro progr...	161 KB
measuring robot	2019/8/30 19:58	ROBOPro progr...	348 KB
rinsing-drying machine_1	2019/8/30 19:58	ROBOPro progr...	88 KB
rinsing-drying machine_2	2019/8/30 19:58	ROBOPro progr...	149 KB
soccer robot_1	2019/8/30 19:58	ROBOPro progr...	106 KB
soccer robot_2	2019/8/30 19:58	ROBOPro progr...	72 KB
temperature control	2019/8/30 19:58	ROBOPro progr...	38 KB
traffic light_1	2019/8/30 19:58	ROBOPro progr...	39 KB
traffic light_2	2019/8/30 19:58	ROBOPro progr...	64 KB
trail searcher_1	2019/8/30 19:58	ROBOPro progr...	60 KB
trail searcher_2	2019/8/30 19:58	ROBOPro progr...	35 KB
trail searcher_3	2019/8/30 19:58	ROBOPro progr...	178 KB

图 9-46　寻踪车例子程序

9.3　知识拓展

实践教学表明慧鱼创意组合模型发挥着极其重要的作用。在美国作为工程、项目教学实践和基础性研究的首选产品；在马来西亚，被列为政府采购的必备教具；在中国，慧鱼正日益为广大中国教育界人士接受和认可。

由于慧鱼创意组合模型的自身特点，通过模型的搭建和组装，提供了一种特殊的学习模式，即一边动手制作，一边学习相关知识。在此过程中，每时每刻都会出现新的问题，明确目标激发学生主动去寻找答案，培养了动手能力、解决实际问题能力和创新设计能力。

慧鱼创意组合模型不仅对教学改革以及工业发展有着积极的意义，同时充满了很多可能性。慧鱼创意组合模型在教学中进一步发展，尤其是作为学生工业化启蒙及工业化实践入门的课程，可以更好地推动课程改革以及课程进步。然而在工业生产中，仍然存在着多种局限性，因此在今后的发展过程中，慧鱼创意组合模型的趋势应更多地涉及学科交叉领域，尤其是工程材料及生物科技领域，与其他先进的技术相结合，从而达到相得益彰的作用。

9.4 慧鱼机器人理论测试卷

一、填空题

1. 慧鱼创意组合模型主要部件采用（　　　　）制造，尺寸精确，不易磨损，可以保证反复拆装的同时不影响模型结合的精确度。

2. ROBO TX 控制器的通用输入口有（　　）个，快速计数输入端口有（　　）个。

3. 在 ROBO pro 编程软件界面中可以设置（　　）个级别。

4. 传感器的信号主要分为两大类：一类是（　　　　），指在时间和数值上都是连续变化的信号；另一类是（　　　　），指在时间和数值上都是不连续变化的脉冲信号，如高电平或低电平，开或关，逻辑 1 或逻辑 0。

5. 控制器的输入输出端口不够用时，可以通过（　　　　），耦合其他控制器，以扩展输入与输出接口的数量。

6. 慧鱼机器人的核心是（　　　　）。

二、选择题

1. 下列传感器，属于数字量传感器的是（　　）。

A. 干簧管　　B. 距离传感器

C. 温度传感器　　D. 光敏传感器

2. 在实验过程中，下列（　　）情况可能出现短路现象？

A. 电源正负极直接连接在一起了　　B. 输出负载损坏

C. 不同连接头之间的固定螺钉接触上了　　D. 不同连接头之间断开了

3. 下列选项中，（　　）属于气动元件？

A. 电磁阀　　B. 活塞

C. 磁敏传感器　　D. 气缸

4. 下列（　　）属于驱动装置。

A. 迷你电动机　　B. 编码电动机　　C. 气泵　　D. 气缸

5. 下列选项中，（　　）属于检测装置。

A. 微动开关　　B. 编码电动机　　C. 干簧管　　D. 电位器

三、判断题

1. 轨迹传感器是模拟量传感器。（　　）

2. ROBO pro 编程软件界面中设置的 Level 级别越小，编写的程序可以越复杂。（　　）

3. I1～I8 既可以作为数字量输入端口，也可以作为模拟量输入端口。（　　）

4. M1～M4 可以连接 24V 直流电动机。（　　）

5. 光敏晶体管红色端口为晶体管正极。（　　）

四、简答题

1. 举例说明慧鱼机器人中有哪些机械零件？哪些电气元件？哪些气动元件？

2. 慧鱼机器人组件有什么特点？

3. ROBO TX 控制器的电源电压是多少？

4. C1～C4 作为快速计数输入端口，可以接受多少频率内的数字脉冲？C1～C4 端口能否作为输入端口？

5. 举例说明什么情况下会发生接触不良？如何解决接触不良问题？

参考文献

[1] 魏永涛，周敏. 工程训练教程 [M]. 成都：电子科技大学出版社，2015.

[2] 杨振贤，张磊，樊彬. 3D 打印：从全面了解到亲手制作 [M]. 北京：化学工业出版社，2015.

[3] 叶建斌，戴春祥. 激光切割技术 [M]. 上海：上海科学技术出版社，2012.